夏热冬冷地区建筑节能关键技术系列丛书

空气湿处理方法与技术

Principle and Technology of Air Humidity Conditioning

殷勇高　张小松　王汉青　编著

科学出版社
北京

内 容 简 介

本书主要介绍了空气湿处理的重要性、原理及设计方法，针对夏热冬冷地区气候湿度特点，系统介绍了目前成熟的表冷器湿处理技术、喷水室湿处理技术及相应的设计方法、新型的溶液除湿、固体除湿、膜除湿原理方法、调温调湿方面的技术及特性。全面阐述了较成熟的湿处理技术和新型的除湿方法，在内容侧重点上同时也注重完整的设计方法和体系，为相关领域研究生和工程技术人员提供设计方法的参考。

图书在版编目(CIP)数据

空气湿处理方法与技术＝Principle and Technology of Air Humidity Conditioning/殷勇高，张小松，王汉青编著．—北京：科学出版社，2017．3
(夏热冬冷地区建筑节能关键技术系列丛书)

ISBN 978-7-03-052339-6

Ⅰ．①空… Ⅱ．①殷… ②张… ③王… Ⅲ．①防潮-技术 Ⅳ．①TB4

中国版本图书馆 CIP 数据核字(2017)第 054174 号

责任编辑：范运年 赵晓廷 / 责任校对：桂伟利
责任印制：徐晓晨 / 封面设计：铭轩堂

科学出版社出版
北京东黄城根北街 16 号
邮政编码：100717
http://www.sciencep.com
北京建宏印刷有限公司印刷
科学出版社发行 各地新华书店经销
*
2017 年 3 月第 一 版 开本：720×1000 1/16
2018 年 1 月第二次印刷 印张：16 1/2
字数：320 000

定价：98.00 元

(如有印装质量问题，我社负责调换)

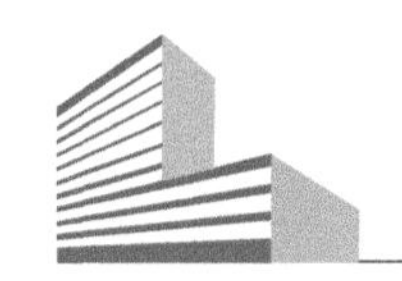

前　言

我国夏热冬冷地区经济发达、城镇化水平高、建筑总量和建筑能耗庞大，其中供冷、供暖、生活热水等能耗占有相当大的比例。发展高效的供冷、供暖及供热水技术是解决建筑节能的关键环节之一，对发展建筑节能技术具有重要的现实意义。

本建筑节能关键技术丛书包含了如下几个重要主题：湿处理方法与技术专题（由东南大学张小松教授、殷勇高教授和湖南工业大学王汉青教授组织）、热泵技术专题（有东南大学李舒宏研究员、徐国英博士组织）、监控技术专题（由东南大学梁彩华教授与重庆大学李楠教授组织）、采暖模式专题（由西安建筑科技大学王智伟教授组织）、保温技术专题（由浙江大学建筑设计院葛坚高工、上海建科院徐强高工组织）等。以上专题分别依据国家"十二五"科技支撑计划项目完成的研发内容，结合现有相关技术的应用现状，系统性地介绍了夏热冬冷地区建筑节能技术的应用水平及未来的发展方向，分别从夏热冬冷地区夏热高温高湿、冬季阴冷潮湿的气候特征发展高效湿处理技术、小温差的高效制热方法、适宜性的围护结构保温技术、建筑能源系统能耗监考与优化技术、高效的采暖方法等方面展开，系列专题兼顾技术方法原理和应用设计方法，为建筑节能领域的技术人员和相关研究人员提供指导和参考。

本书为空气湿处理方法与技术专题，围绕夏热冬冷地区冬夏湿度高的问题，如何对空气湿处理进行针对性的考虑与设计，对该地区高效热湿处理非常关键。目前还缺少对成熟的和正在逐渐应用的空气湿处理技术，从原理、设计方法到应用的完整介绍和总结，本书鉴于此目的以及在相关新湿处理技术研发的基础上，完成了本书。本书由东南大学和湖南工业大学组织编写，各章主要编写人员如下：第 1 章殷勇高，第 2 章沈子婧、郭枭爽、张小松，第 3 章邵彬、张凡、殷勇高，第 4 章陈婷婷、殷勇高，第 5 章梁之琦、张小松，第 6 章郑宝军、张凡、张小松，第 7 章李瑞茹、王汉青，第 8 章董亚明、殷勇高，第 9 章徐孟飞、梁之琦、殷勇高，本书最后由殷勇高、张小松、王汉青统稿，还有其他研究生参与资料收集和整理，在此一并表示感谢。限于作者水平有限，第一版难免有错误和不完善之处，恳请读者批评指正，希望能为针对性湿处理技术研究与设计提供参考。

殷勇高　张小松　王汉青

2016 年 10 月

目　　录

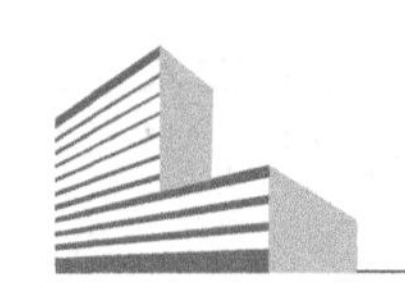

第1章 绪　论

1.1 夏热冬冷地区建筑节能需求及气候特征

我国的城镇化既是强国富民的必由之路，也是本世纪影响我国乃至世界的巨大机遇和挑战。一方面城市建筑规模持续以5%～8%的速度增长，在相对发达的夏热冬冷地区就更为明显，今后15年内城镇建筑拥有量将再增加1倍以上，从而使建筑运行总能耗持续增长；另一方面，随着经济增长和生活水平的提高，单位面积能耗大幅度增加。目前我国建筑运行能耗已占全社会总能耗的26%。而与发达国家相比，目前我国人均建筑运行能耗水平还比较低，仅为美国的1/12，西欧北欧国家的1/6；城市人口的人均建筑运行能耗为美国的1/7，西欧北欧国家的1/3.5；城市建筑单位面积平均运行能耗为美国的1/3；住宅单位面积平均能耗为美国的1/3，欧洲的1/2。然而，这并不表示我国的建筑节能水平高，而是由于我国的经济发展水平还相对落后，尤其人均水平还很落后。如果“与国外接轨”的建筑营造理念的趋势得到蔓延，将使中外在建筑运行能源消耗上的这一差别迅速减小，从而使我国建筑能耗不可避免地突飞猛涨，进而对我国能源供应和大气环境治理产生巨大压力，成为制约我国城市发展和社会持续发展的严重障碍。必须未雨绸缪，结合我国的国情和地区气候及文化特征，依靠科技创新来解决我国城市化进程的建筑节能问题，实现可持续发展。

夏热冬冷地区的主要区域——长江中下游流域历来是我国的富饶之地，是目前我国经济最发达也是经济和社会发展最活跃的地区之一，人口密集，城市化进程快速，建筑总量和每年新增的建筑面积都非常巨大，对建筑的要求也比较高。另外，长江中下游流域属于最典型的夏热冬冷气候特征，而且大气的含湿量大，夏季空调和冬季采暖要求都比较高，其气候特征可以说是全世界独一无二的，因此，针对夏热冬冷地区的夏天热、冬天冷、高温高湿气候特征开展建筑节能关键技术的研究和开发，具有重要的实际意义。

1）气候特点

夏热冬冷地区地理纬度在北纬30°～32°，属于气候过渡地区，这一地区的气候特点是：夏季闷热，太阳辐射强度大，最热月份室内气温高达32℃左右，持续时间长达3～4个月；冬季室内阴冷潮湿，相对湿度较大，最冷月份室内平均气温只有

4～6℃,时间长达2～3个月。

2）能源现状

夏热冬冷地区自身一次能源匮乏,能源状况以煤为主,完全依靠外界输入,大量燃煤的使用给该地区带来了诸多的环境污染问题,该地区酸雨问题严重、空气污染大。区域整体用能量大、节能潜力大。

3）室内热环境及生活习惯

自然条件下,室内热环境质量普遍较差。大量的建筑必须采用空调设备来改善室内的热舒适性,使建筑能耗大大增加,给能源供应带来了极大的压力。随着长江中下游地区经济的高速发展,人们对建筑室内舒适性的要求越来越高,对室内温湿度控制水平、气流组织也越来越关注,终究会造成大量的能源消耗。另外,该地区人们的生活习惯经常开窗获得新鲜空气、防止霉变,对室内空气的品质要求更高。作为封闭的空调区域,直接引入室外新风,无论是在夏季还是冬季,引入的新风负荷中,湿负荷占据总负荷的50%以上,因此给室内带来大量湿负荷,导致能耗很高。因此,针对室内环境要求及生活习惯,开发相应的湿处理技术,对该地区的建筑节能具有重要意义。

4）空调模式

目前除一些高档大型公共建筑外,大部分公共建筑和住宅的供(热)冷方式以间歇方式为主,现有空调的除湿模式主要采取冷冻除湿,该除湿模式存在耗能大、舒适性低等问题。因此,深入研究和探索适用于夏热冬冷地区气候特点空调湿处理技术和设计方法是非常迫切的。

1.2 湿处理需求及技术现状

湿空气中的水蒸气含量很少,其质量分数占湿空气的0.1%～4%。它来源于地球上的海洋、江河、湖泊表面水分的蒸发,各种生物的新陈代谢过程,以及生产工艺过程。虽然湿空气中水蒸气的含量少,但它对湿空气的状态变化影响很大,对人体的舒适、产品质量、工艺过程和设备的维护等将产生直接的影响。过高或过低的湿度使人们感到潮湿或干燥,不利于健康。尤其是工业生产中,湿度的控制决定了生产产品质量的好坏,甚至成为安全隐患,危害人身安全。因此,不同的生活、生产场合所需要的湿度需要控制在一定的范围内。

1.2.1 空气湿度控制需求广、差异大

电子厂、半导体厂、程控机房、防爆工厂等场所的相对湿度要求一般在40%～60%,否则会造成静电增高,产品的成品率下降、芯片受损,甚至在一些防爆场所会造成爆炸,“静电轰击”所带来的危害是不可估量的,当空气湿度低于40%时,极易

产生静电。纺织厂、印刷厂、胶片厂等场所的相对湿度要求都很高，一般都大于60%，例如，纺织厂的相对湿度要求一般在50%～85%，黄化工段防止静电、纺丝工段防止芒硝结晶都需要较高湿度，棉纤维的含湿量直接影响纤维强度，总之，纺织车间的空气调节以保证工艺需要的相对湿度为主。在印刷及胶片生产过程中，湿度不够会造成套色不准、纸张收缩变形、纸张粘连、产品质量下降等问题。精密机械加工车床、各种计量室的湿度要求一般在40%～65%，如精密轴承精加工、高精度刻线机、力学计量室、电学计量室等，否则将造成加工产品精度下降、计量数据失真。医药厂房、手术室等环境对湿度的要求更是有必要的，否则将会造成药品等级下降、细菌增多、伤口不易愈合等问题。在制药方面，胶囊干燥一般要求控制相对湿度在22%左右，在一些特殊的工艺过程中要求湿度更低，如锂电池注液需要小于1%等。

图1-1为不同工业过程、公共和商业建筑、医院和诊所、温室种植领域湿度的具体控制需求。可以看出，工业过程中需要控制的含湿量一般在5～20g/$kg_{干空气}$；公共和商业建筑内的湿空气含湿量一般控制在6～14g/$kg_{干空气}$。即使在含湿量相同的控制需求下，湿空气干球温度也存在很大的差异。因此，面对实际的温湿度控制需求，无论是从节能的角度还是从满足控制要求的角度，采取针对性的湿处理方法与技术显得甚为关键。

1.2.2 建筑空间湿度控制需求及节能潜力

在夏热冬冷地区，夏季温度高、湿度大，为了保证较舒适的室内热环境，需要控制室内空气湿度，通常较舒适的湿空气含湿量为8～12g/$kg_{干空气}$。为了控制室内空气的新鲜度及污染物浓度水平，通常需要一定量的新风，这时候室外的湿空气如果按照空气温度为37℃、相对湿度75%计算，含湿量可高达30g/$kg_{干空气}$。如果将该新鲜空气处理到室内状态，需要处理的湿负荷是显热负荷的3.6倍，也就是需要处理的湿负荷占总负荷的78%。因此，湿负荷处理能效的高低对空调系统能效起着决定性作用。

夏热冬冷地区在每年六七月存在近1个月的梅雨季节，空气温度一般不高于30℃，虽然不是很高，但是室内闷热潮湿，热舒适很差，进一步延长了空调系统的开启时间以满足湿度过高引起的不舒适性。目前的空调系统都是采用降温除湿的方式，送风参数的控制以温度控制为主，即通过调节送风量和送风参数来满足室内的温度要求，湿度很难得到有效的控制。即使是采用小型空调器的除湿模式，低风量导致送风温度便宜，舒适性较差，同时空调器性能也降低。因此，该季节的空调关键是需要高效地解决湿度过大引起的问题，合适的湿处理技术对降低该时期空调能耗具有重要的意义。

近些年兴起的温湿度独立控制空调方法作为一种不同于传统露点控制的空调

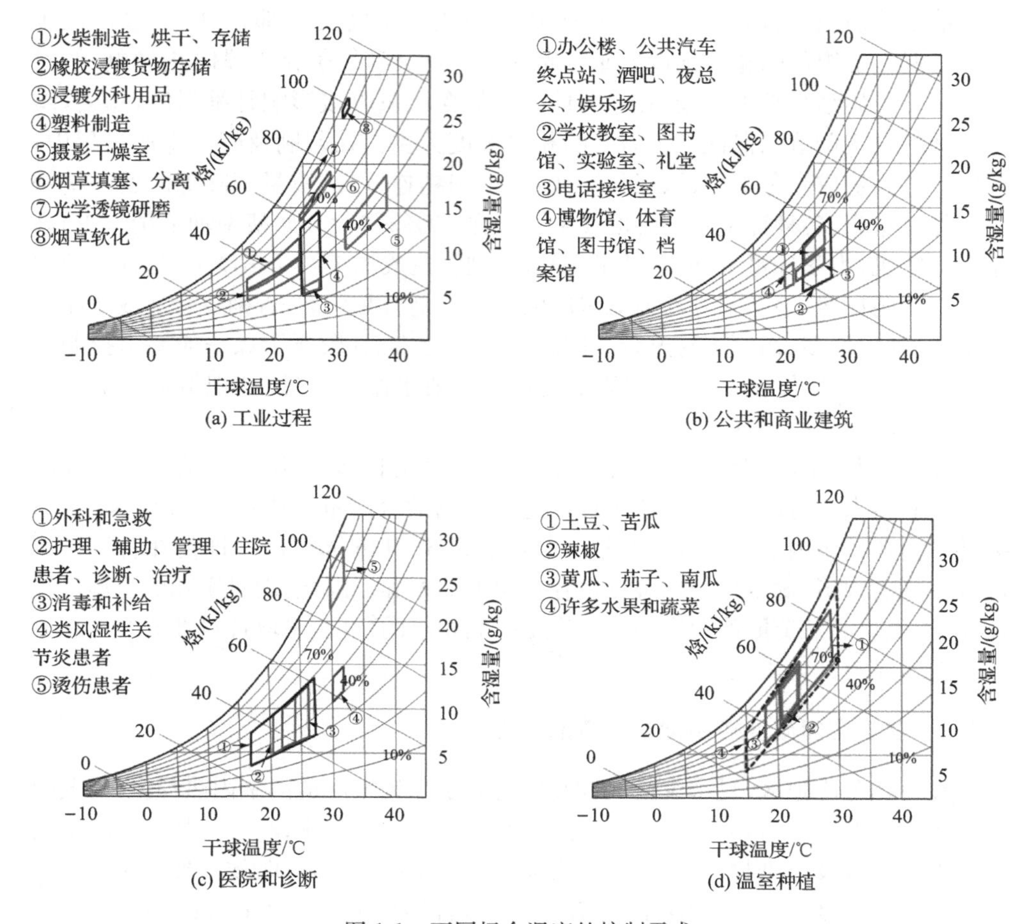

图 1-1　不同场合湿度的控制需求

模式，在除湿和显热处理上能够利用不同品位的冷量，使得系统能效能够有效提升，其关键在于有效的热湿处理技术，需要考虑高效的除湿能力、简单的系统结构组成以及合理的投资成本。

在一些特殊的建筑空间场合，如地下室、国防地下建筑等存在大量的除湿需要。夏季地下洞库受岩石温度较低的影响，室内的壁面温度也较低，由于地下水的渗透作用，室内壁面有持续散湿现象，空气相对湿度高。夏季室外新风含湿量大，露点温度很高，如果除湿机不能把新风露点温度控制得足够低，新风进入地下洞库室内就会结露，使环境条件恶化，造成各种设备因受潮而损坏。国防工程的地下建筑中有大量的存有特殊材料的洞库因涉及有害物质和有害气体的散发问题，不能采用回风方式，通风系统只能设计成全新风的方式，这就对地下空间湿度的控制提出了特殊的要求。

在寒冷的冬季，夏热冬冷地区冬季气温一般在0～10℃，相对湿度很高，一般在70%以上。热泵机组蒸发温度较低，一般在0℃以下，蒸发器表面很容易结霜，堵塞翅片间通道，增加了空气流动阻力，风量减少，同时还增加了空气与蒸发器间的传热热阻，减少了蒸发器的换热量，最终蒸发压力降低，热泵的制热性能恶化。因此，冬季空气湿度过大、水蒸气分压力相对较高造成容易结霜的问题。如何解决好冬季湿度高引起的热泵系统结霜问题也亟待探索有效的解决方法及相应的技术途径。

1.3 本书的主要内容及意义

针对夏热冬冷地区在湿处理、工业生产及工艺湿度控制要求等方面存在着大量的现实需求，目前能够专门对湿处理方法进行详细阐述的文献还较少。未来无论是从空调系统节能、工业节能的角度考虑，还是从舒适性要求方面考虑，湿处理技术对解决以上几方面的问题都占有举足轻重的地位，同时也是未来技术发展的一个重要方面。因此，本书在概述湿空气物理性质及描述方法的基础上，主要介绍夏热冬冷地区热湿气候特点以及几种主要的除湿方式、原理和设计方法，详细介绍夏热冬冷地区比较适宜的热湿独立处理系统构建方法、工作原理及技术应用现状。

第 2 章　湿空气状态描述

2.1　湿空气组成与状态参数

2.1.1　湿空气的组成

湿空气实际上是干空气加水蒸气，也就是人们平时所说的“空气”。自然界的空气是由多种气体和水蒸气组成的混合物，一般称其为湿空气。从湿空气中除去水蒸气，剩下的混合气体称为干空气。干空气的成分主要是氮(N_2，78.09%)、氧(O_2，20.95%)、二氧化碳(CO_2，0.03%)以及氖(Ne)、氩(Ar)、氦(He)等其他稀有气体(0.93%)。多数成分比较稳定，少数随着季节变化有所波动，但从总体上可将干空气作为一个稳定的混合物来看待。

湿空气中水蒸气的含量很少，并且没有固定比例，它随着气候以及产生水蒸气的来源情况而经常变化。实践表明，空气中水蒸气含量的多少，直接影响到人们的日常生活，影响到许多工业生产过程以及对产品和物质的储存保管。因此，尽管水蒸气的含量很少，它却是影响空气性质的一个重要因素。

另外，在靠近地面的湿空气中，还含有一些尘粒、烟雾、微生物以及废气等污染物质，这些污染物质含量不多，却直接影响着空气的洁净程度。

2.1.2　湿空气的状态参数

湿空气的性质不仅取决于空气的组成成分，还与所处的状态有关。表示湿空气状态的参数称为其状态参数，下面介绍常用的几个状态参数。

1. 大气压力 B

在常温常压下的空气可以视为理想气体，而湿空气中的水蒸气一般处于过热状态，且含量很少，可近似地视作理想气体。这样，即可利用理想气体的状态方程来表示干空气和水蒸气的主要状态参数——压力、温度、比容等的相互关系，即

$$P_gV = m_gR_gT \text{ 或 } P_gv_g = R_gT \tag{2-1}$$

$$P_qV = m_qR_qT \text{ 或 } P_qv_q = R_qT \tag{2-2}$$

式中，P_g、P_q 为干空气及水蒸气的压力，Pa；V 为湿空气的总容积，m^3；m_g、m_q 为干空气及水蒸气的质量，kg；R_g、R_q 为干空气及水蒸气的气体常数，$R_g=287J/(kg\cdot K)$，$R_q=461J/(kg\cdot K)$；T 为湿空气的热力学温度，K；$v_g=\dfrac{V}{m_g}$、$v_q=\dfrac{V}{m_q}$ 分别为干空气及水蒸气的比容，m^3/kg；而干空气及水蒸气的密度则等于比容的倒数，即 $\rho_g=\dfrac{m_g}{V}=\dfrac{1}{v_g}$，$\rho_q=\dfrac{m_q}{V}=\dfrac{1}{v_q}$。

根据道尔顿分压定律，在组分之间不发生化学反应的前提下，理想气体混合物的总压力等于各组分的分压力之和。那么，湿空气的压力应等于干空气的压力与水蒸气的压力之和，即

$$B=P_g+P_q \tag{2-3}$$

B 一般称为大气压力，以 Pa 或 kPa 表示。海平面的标准大气压为 101325Pa 或 101.325kPa，相当于 1013.25mbar(毫巴)。多种大气压力之间的换算见表 2-1。

表 2-1　大气压力单位换算表

帕(Pa)	千帕(kPa)	巴(bar)	毫巴(mbar)	物理大气压(atm)	毫米汞柱(mmHg)
1	10^{-3}	10^{-5}	10^{-2}	9.86923×10^{-6}	7.50062×10^{-3}
10^3	1	10^{-2}	10	9.86923×10^{-3}	7.50062
10^5	10^2	1	10^3	9.86923×10^{-1}	7.50062×10^2
10^2	10^{-1}	10^{-3}	1	9.86923×10^{-4}	0.750062×10^{-1}
101325	101.325	1.01325	1013.25	1	760
133.332	0.133332	1.33332×10^{-3}	1.33332	1.31579×10^{-3}	1

大气压力不是一个定值，它随着各个地区海拔的不同而存在着差异，同时还随着季节、天气的变化稍有变化。大气压力随着海拔的变化如图 2-1 所示，大气压力值一般在±5%范围内波动。

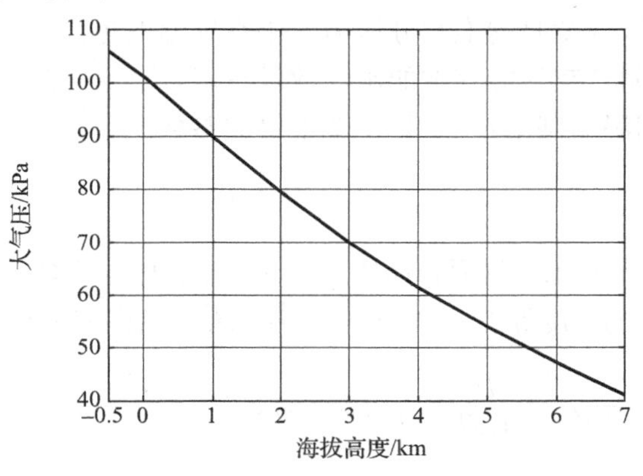

图 2-1　大气压力随着海拔高度的变化

在相同的大气压力下，随着温度的变化，空气的容重和密度也发生着变化，见表2-2。

表2-2　标准大气压下空气的容重和密度

温度/℃	容重/(N/m³)	密度/(kg/m³)	温度/℃	容重/(N/m³)	密度/(kg/m³)	温度/℃	容重/(N/m³)	密度/(kg/m³)
0	12.70	1.293	25	11.62	1.185	60	10.40	1.060
5	12.47	1.270	30	11.43	1.165	70	10.10	1.029
10	12.24	1.248	35	11.23	1.146	80	9.81	1.000
15	12.02	1.226	40	11.05	1.128	90	9.55	0.973
20	11.80	1.205	45	10.72	1.093	100	9.30	0.947

2. 水蒸气分压力 P_q

从微观角度来讲，气体的压力是气体分子对器壁撞击程度的体现。温度越高，分子撞击器壁的机会越多，气体压力越高。湿空气中，水蒸气分压力是指在某一温度下，水蒸气独占湿空气的体积时所产生的压力，在式(2-3)中，即 P_q。显然，水蒸气分压力的大小反映了空气中水蒸气含量的多少。水蒸气含量越多，其分压力也越大，反之亦然。为了加深对水蒸气分压力的理解，下面引进饱和空气与未饱和空气的概念。

在未饱和空气中，水蒸气含量和水蒸气分压力都没有达到最大值，还具有一定的吸收水汽的能力。一般情况下，我们周围的大气属于未饱和空气。然而，在一定的温度条件下，一定量的湿空气中能吸纳水蒸气的数量是有限度的。当空气中水蒸气含量超过某一限量时，多余的水汽会以水珠形式析出，此时水蒸气处于饱和状态。将干空气与饱和水蒸气的混合物称为饱和(湿)空气，相应于饱和状态下的水蒸气分压力，称为该温度时的饱和分压力。湿空气温度越高，空气中饱和水蒸气分压力也就越大，说明该空气能容纳的水气数量越多，反之亦然。水蒸气分压力是衡量湿空气干燥与潮湿的基本指标，是一个重要的参数。

3. 密度 ρ

湿空气由干空气和水蒸气混合而成，而干空气和水蒸气均匀混合并占有相同的体积。因此，湿空气的密度等于干空气的密度和水蒸气的密度之和，单位为kg/m³，即

$$\rho = \rho_g + \rho_q = \frac{P_g}{R_g T} + \frac{P_q}{R_q T} = 0.003484\,\frac{B}{T} - 0.00132\,\frac{P_q}{T} \tag{2-4}$$

由式(2-4)可见，湿空气的密度随水蒸气分压力的升高而降低，所以有如下

结论。

(1) 湿空气比干空气轻。

(2) 空气越潮湿,水蒸气的含量越大,则空气密度越小,大气压力也就越低。所以,阴雨天大气压力比晴天低。

(3) 温度越高,则空气密度越小,大气压力也就越低。所以,同一个地区夏天比冬天气压低。

当有必要精确计算湿空气的密度时,特别在实验室进行空气参数测量时,也可按式(2-5)进行计算。

$$\rho = \frac{B(1+d)}{461(273.15+t)(0.622+d)} \tag{2-5}$$

式中, d 为湿空气的含湿量($g/kg_{干空气}$)。

工程上为了简化计算,往往用干空气的密度来代替湿空气的密度,所产生的误差也在允许的范围以内。

对于干空气,其密度的计算公式变为

$$\rho_0 = \frac{0.003484B}{273.15+t} \tag{2-6}$$

在标准大气压下, B 值为 101325Pa。代入式(2-6),得到适用于标准大气压下的干空气的密度计算式为

$$\rho_0 = \frac{353}{T} \tag{2-7}$$

式中, T 为空气的热力学温度,K。

在标准条件下(压力为 101325Pa,温度为 293K,即 20℃)干空气的密度 $\rho_g = 1.205kg/m^3$,而湿空气的密度取决于 P_q 值的大小。由于 P_q 值相对于 P_g 值而言数值较小,在实际计算时可近似取 $\rho_g = 1.2kg/m^3$。

4. 含湿量 d

现取湿空气中的水蒸气密度与干空气密度之比作为湿空气含有水蒸气量的指标,换言之,即取对应于 1kg 的湿空气所含有的水蒸气量。所以有

$$d = \frac{\rho_q}{\rho_g} = \frac{R_g}{R_q} \times \frac{P_q}{P_g} = 0.622\frac{P_q}{P_g}$$

或

$$d = 0.622\frac{P_q}{B-P_q}(kg/kg_{干} \text{ 或 } kg/kg_{干空气}) \tag{2-8}$$

由式(2-8)可知，在一定的大气压下，空气的含湿量 d 取决于水蒸气分压力 P_q。水蒸气分压力越大，含湿量也越大，因此，含湿量 d 与水蒸气分压力 P_q 是一对相互关联的参数。在空调工程中，常用含湿量来表示空气被加湿或减湿的程度。

考虑到湿空气中水蒸气含量较少，因此含湿量 d 的单位也可以用 $g/kg_{干空气}$ 表示，这样公式(2-8)则可以写成

$$d = 622\frac{P_q}{B - P_q}(g/kg_{干空气}) \tag{2-9}$$

空气湿度的表示方法除含湿量以外，还可以用绝对湿度(湿空气中水蒸气的密度)，即 $1m^3$ 空气中所含有的水蒸气量($kg/m^3_{湿空气}$)来表示。考虑到在近似等压的条件下，湿空气体积会随着温度变化而变化，而空调过程经常涉及湿空气的温度变化，因此若采用绝对湿度来表征空气中含有水蒸气的量会给实际计算带来不便。因此，还是采用含湿量来确切表示湿空气中水蒸气的绝对含量。

5. 相对湿度 φ

由于含湿量只能反映湿空气中所含水蒸气绝对含量的多少，而不能反映空气的吸湿能力，所以引出另一种度量湿空气中水蒸气相对含量的直接指标——相对湿度 φ。

相对湿度就是在某一温度下，空气的水蒸气分压力与同温度下饱和湿空气的水蒸气分压力的比值，即

$$\varphi = \frac{P_q}{P_{q,b}} \times 100\% \tag{2-10}$$

式中，φ 为湿空气的相对湿度，%；P_q 为湿空气的水蒸气分压力，Pa；$P_{q,b}$ 为空气的饱和水蒸气分压力，Pa。

由式(2-10)可知，相对湿度反映了在某一温度下，湿空气中水蒸气接近饱和的程度。φ 值小，说明湿空气距离饱和状态很远，空气干燥，吸收水蒸气的能力强；φ 值大，说明湿空气接近饱和状态，空气潮湿，吸收水蒸气的能力弱。当 φ 为 0 时，空气为干空气；反之 φ 为 100%时，空气为饱和状态。

湿空气的相对湿度和含湿量的关系式可由式(2-8)和式(2-10)导出，根据

$$d = 0.622\frac{\varphi P_{q,b}}{B - \varphi P_{q,b}} \tag{2-11}$$

$$d_b = 0.622\frac{P_{q,b}}{B - P_{q,b}}$$

式中，d_b 为饱和空气的含湿量，即饱和含湿量，$kg/kg_{干空气}$。

得

$$\frac{d}{d_b}=\frac{P_q(B-P_{q,b})}{P_{q,b}(B-P_q)}$$

即

$$\varphi=\frac{d}{d_b}\cdot\frac{(B-P_q)}{(B-P_{q,b})}\times100\% \tag{2-12}$$

式(2-12)中的 B 要比 $P_{q,b}$ 大得多，认为 $B-P_q\approx B-P_{q,b}$，只会造成 1%～3% 的误差，因此相对湿度可近似表达为

$$\varphi=\frac{d}{d_b}\times100\% \tag{2-13}$$

6. 湿空气的焓 h

在空气调节过程中，常需要确定空气状态变化过程中发生的热量交换。湿空气的状态经常发生变化，但压力变化一般很小，近似于等压过程，根据工程热力学知识，在等压过程中，可用焓差来表示热交换量，即

$$q\Delta h=\Delta Q \tag{2-14}$$

湿空气的比焓是以 1kg 为计算基础。1kg 的比焓和 $d$kg 水蒸气的比焓的总和，称为(1＋d)kg 湿空气的比焓。若取 0℃的干空气和 0℃的水比焓值为零，则湿空气的比焓(kJ/kg)表达为

$$h=h_g+dh_q \tag{2-15}$$

干空气的比焓 h_g(kJ/kg)为

$$h_g=c_{p,g}\cdot t$$

水蒸气的比焓 h_q(kJ/kg)为

$$h_q=c_{p,q}\cdot t+2500$$

式中，$c_{p,g}$为干空气的比定压热容，在常温下 $c_{p,q}$＝1.005kJ/(kg·℃)，近似取 1 或 1.01kJ/(kg·℃)；$c_{p,q}$为水蒸气的比定压热容，在常温下 $c_{p,q}$＝1.84kJ/(kg·℃)；2500 为 0℃时水的汽化潜热，kJ/kg。

则湿空气的比焓为

$$h=1.01t+d(2500+1.84t) \tag{2-16}$$

或

$$h = (1.01 + 1.84d)t + 2500d \tag{2-17}$$

由此可见，湿空气的比焓将随温度和含湿量的变化而变化，当温度和含湿量升高时，比焓值增加；反之，比焓值降低。而在温度升高、含湿量减少时，由于 2500 比 1.84 和 1.01 大得多，比焓值不一定会增加。

2.2 湿空气焓湿图

2.2.1 焓湿图的构成及绘制原理

在空气调节中，湿空气的状态参数可以用含湿量计算式(2-11)、比焓计算式(2-16)进行计算。当大气压力 B 为定值时，公式中包含有 t、d、h、φ、B、$P_{q,b}$ 6 个参数，其中 t、d、h、φ 4 个参数为独立参数。说明湿空气状态参数的确定可以用公式计算，也可查湿空气物理性质表(附录 1)来确定。但是采用焓湿图来进行空调过程的设计和空调运行工况的分析，更加直观和方便。

焓湿图是对应于某一大气压力 B 下以比焓 h 为纵坐标、含湿量 d 为横坐标绘制而成的，也常称为 h-d 图。对应于不同的大气压力 B 下，可绘制出不同的焓湿图。湿空气在饱和状态下，温度、压力等状态参数存在一一对应的函数关系。空气调节过程，空气的状态变化可以认为是在一定的大气压下进行的。取 $t=0$ 和 $d=0$ 的干空气状态点为坐标原点，采用斜角坐标系统，两坐标夹角等于 135°。坐标夹角大小不影响湿空气状态参数之间的对应关系，只是改变了图线的形状和位置，目的是使图面展开，避免图上线条挤到一起，以保持图线清晰。我国使用的焓湿图是参照苏联和德国等国家使用的形式，如图 2-2 所示。下面重点介绍这种焓湿图的绘制。

1. 等温线

根据公式 $h = 1.01t + (2500 + 1.84t)d$，当 t 为常数时，公式化为 $h = a + bd$ 的形式，因此只需给定两个值，即可确定一等温线。

显然 $1.01t$ 为等温线在纵坐标上的截距，$(2500 + 1.84t)$ 为等温线的斜率。可见不同温度的等温线并非平行线，其斜率的差别在于 $1.84t$，又由于 $1.84t$ 与 2500 相比很小，所以等温线又可以近似看成平行的(图 2-3)。

2. 等相对湿度线

由式(2-8)可得

$$P_q = \frac{Bd}{0.622 + d}$$

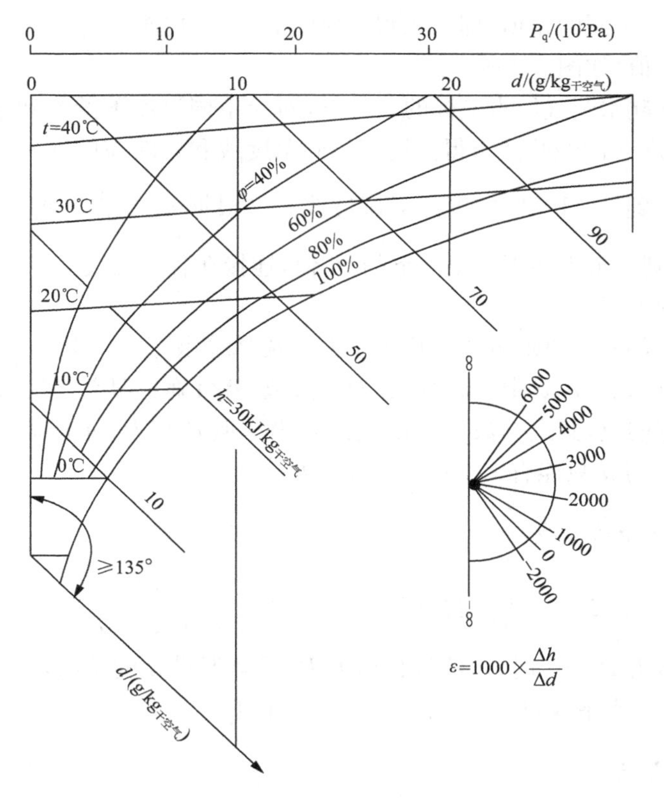

图 2-2　湿空气 h-d 图

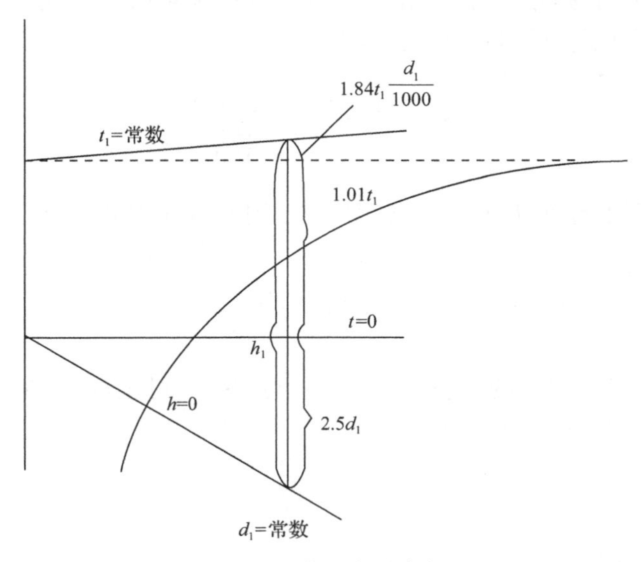

图 2-3　等温线的确定

因此，给定不同的 d 值，即可求得对应的 P_q 值。在 h-d 图上，取一横坐标表示水蒸气分压力值，如图 2-2 所示。

在已建立起水蒸气压力坐标的条件下，对应不同温度下的饱和水蒸气压力可以由 $P_{q,b} = f(t)$ 的经验式求得。连接不同温度线和其对应的饱和水蒸气压力线的交点即可得到 $\varphi = 100\%$ 的等相对湿度线。又根据 $\varphi = \dfrac{P_q}{P_{q,b}}$ 或 $P_q = \varphi P_{q,b}$，当 $\varphi =$ 常数时，则可求得各不同温度下的 P_q 值，连接在各等温线与 P_q 值相交的各点即成等相对湿度线。

这样作出的 h-d 图则包含了 B、t、d、h、φ 及 P_q 等湿空气参数。在大气压力 B 一定的条件下，在 t、d、h、φ 中，已知任意两个参数，就可确定湿空气状态，在 h-d 图上也就有一确定的点，其余参数均可由此点查出。但 d 与 P_q 不能确定一个空气状态点，因而 P_q 与 d 只能有一个作为独立参数。

3. 水蒸气分压力线

根据 $d = 0.622 \dfrac{P_q}{B - P_q}$，经变换后可得 $P_q = \dfrac{Bd}{0.622 + d}$。

当大气压力 B 一定时，水蒸气分压力 P_q 是含湿量 d 的单值函数，因此可以在 d 轴上方绘一条水平线，标上与 d 对应的 P_q 即可。

4. 热湿比线

一般在 h-d 图的周边或右下角给出热湿比(或称角系数)ε 线。热湿比的定义是湿空气的焓变化与含湿量变化之比，即

$$\varepsilon = \frac{\Delta h}{\Delta d} \text{ 或 } \varepsilon = \frac{\Delta h}{\dfrac{\Delta d}{100}} \tag{2-18}$$

若在 h-d 图上有 A、B 两状态点(图 2-4)，则由 A 至 B 的热湿比为

$$\varepsilon = \frac{h_B - h_A}{\dfrac{d_B - d_A}{1000}}$$

进一步，若有 A 状态的湿空气，其热量(Q)变化(可正可负)和湿量(W)变化(可正可负)已知，则其热湿比应为

$$\varepsilon = \frac{\pm Q}{\pm W}$$

式中，Q 的单位为 kJ/h；W 的单位为 kg/h。

可见，热湿比有正有负，并代表湿空气状态变化的方向。

在图 2-2 的右下角示出不同热湿比值的等值线。若 A 状态湿空气的 ε 值已知，则可过 A 点作平行于 ε 等值线的直线，这一直线(假定如图 2-4 中 $A \to B$ 的方向)则代表 A 状态的湿空气在一定的热湿作用下的变化方向。

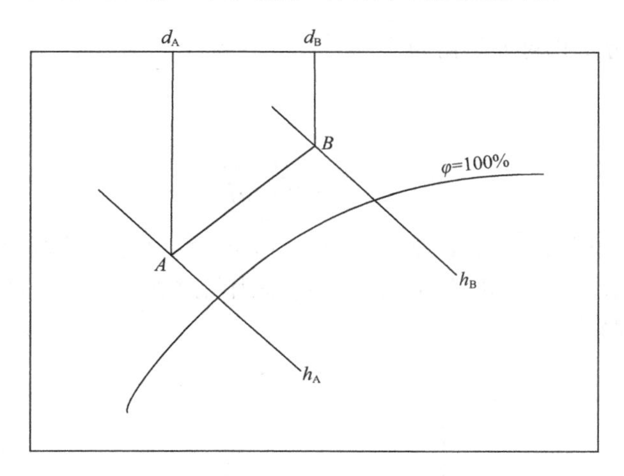

图 2-4　在 h-d 图上湿空气状态变化

画热湿比线有 3 种方法：第 1 种方法，可以从图 2-5 所示的事先画好的方向线

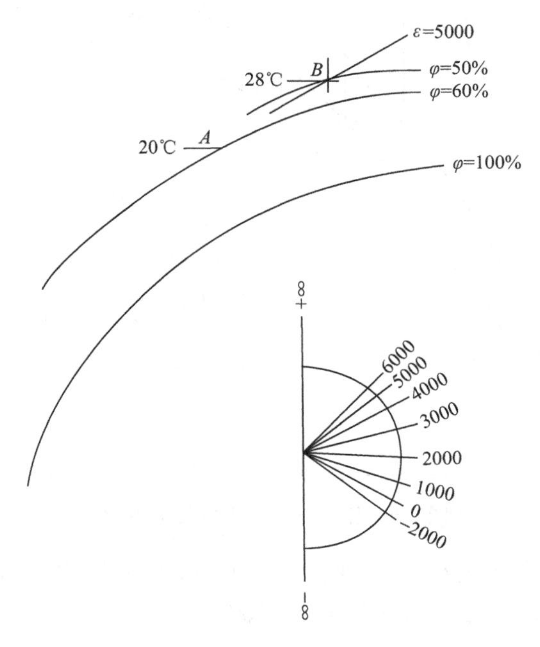

图 2-5　热湿比线示意图

中选出与算得的值相同的方向线，以它为依据，用三角板推平行线，通过已知初状态点 A 作平行线，就可以得到该状态的变化过程线；第 2 种方法，借鉴量角器的方法，制作一个热湿比量角器来画 ε 线；第 3 种方法，按照已知的热湿比值，用计算的方法直接画出空气状态变化过程 ε 线。

5. **大气压力变化对 h-d 图的影响**

根据公式

$$d = 0.622\frac{\varphi P_{q,b}}{B - \varphi P_{q,b}}$$

可知，当 φ 为常数时，B 增大，d 则减小，反之 d 增大。因此，绘制出的等 φ 线也不同，如图 2-6 所示。所以不同的大气压力应采用与之相对应的 h-d 图，否则，所得的参数将会有误差。

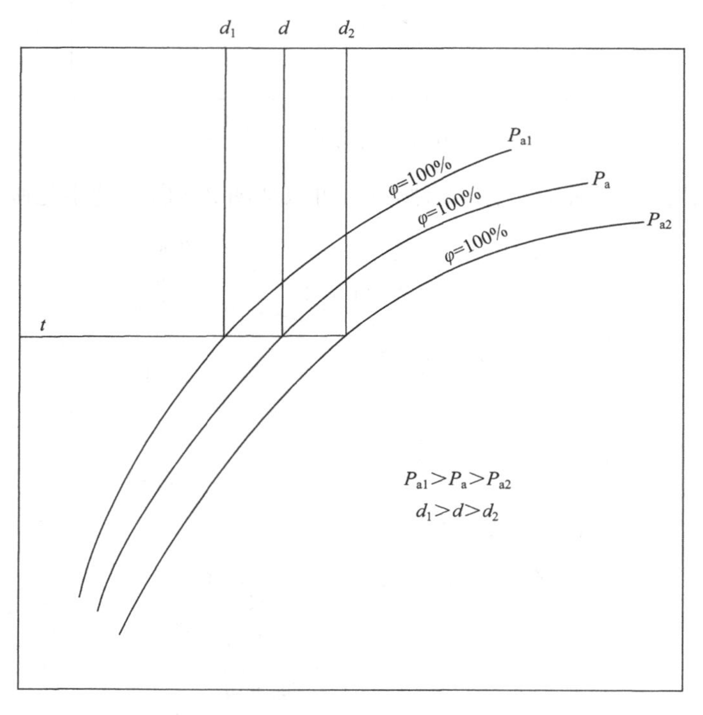

图 2-6　相对湿度随大气压力变化

但一般大气压力变化不大（B 变化小于 10^3 Pa 时），所得的结果误差不大，因此在工程中允许采用同一张 h-d 图来确定参数。

2.2.2　露点温度和湿球温度

1. 露点温度

将未饱和的空气冷却，并且保持其含湿量不变，随着空气温度的降低，所对应的饱和含湿量也降低，而实际含湿量未变化，因此空气的相对湿度增大。温度降低至 t_L 时，空气的相对湿度达到 100%，此时，空气的含湿量达到饱和，若再继续冷却，则会有凝结水出现。把 t_L 称为该状态空气的露点温度，即空气开始结露时的临界温度。

确定空气的露点温度有三种方法：第一种方法就是查表法，查附录 1 湿空气的密度、水蒸气压力、含湿量和比焓的关系表，将湿空气的水蒸气分压力视为饱和空气的水蒸气分压力，饱和空气的水蒸气分压力所对应的空气温度就是该状态下湿空气的露点温度；第二种方法就是查图法，即利用 h-d 图，由 A 沿等 d 线向下与 $\varphi=100\%$线交点的温度即为露点温度，如图 2-7 所示；第三种方法就是计算法，空气的露点温度 t_L 是间接反映空气湿度的状态参数，可用下面的公式来近似计算：

$$t_L = A\varphi + Bt$$

式中，φ 为空气的相对湿度，%；t 为空气的温度（干球温度），℃；A、B 为计算参数，见表 2-3。

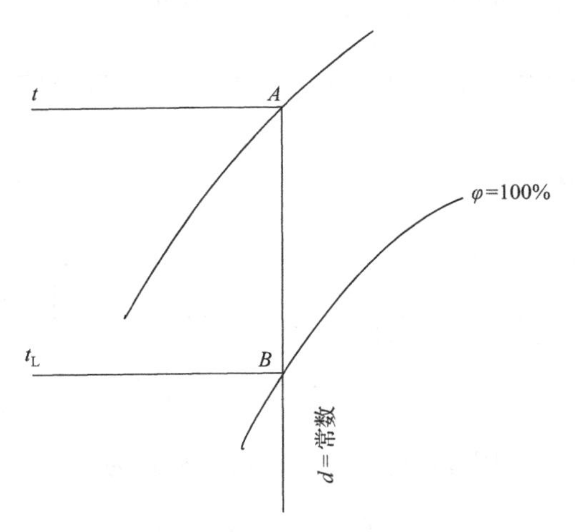

图 2-7　露点温度

表 2-3 露点温度计算系数值

φ/%	A/℃	B/(℃/℃)
30	−14.501922	0.842345
40	−11.195327	0.876491
50	−8.539849	0.904096
60	−6.345999	0.927906
70	−4.461370	0.948767
80	−2.809702	0.967488
90	−1.329306	0.984380
100	0.000000	1.000000

2. 湿球温度

1) 热力学湿球温度

假设有一理想绝热加湿系统如图 2-8 所示，它的器壁与外界环境是完全绝热的。加湿系统内装有温度恒定为 t_w 的水，状态为 p、t_1、d_1、h_1 的湿空气进入加湿器，与水有充分的接触时间和接触面积，湿空气离开加湿系统时已经达到饱和状态，湿空气的温度等于水温。通常把在等压绝热条件下，空气与水直接接触达到稳定热湿平衡时的绝热饱和温度称为热力学湿球温度。

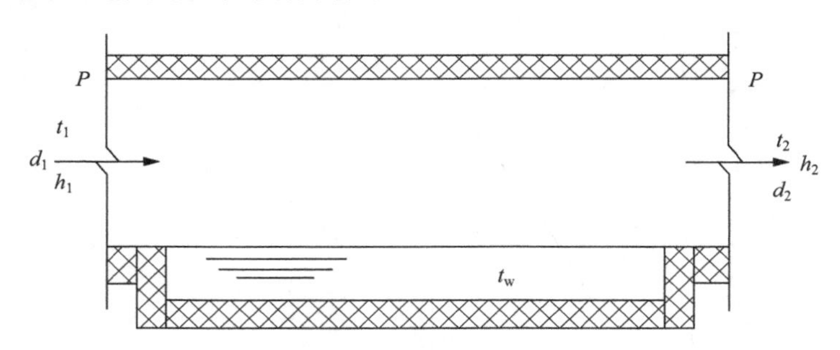

图 2-8 理想绝热加湿过程

在这个绝热加湿过程中，其稳定流动能量方程式为

$$h_1 + (d_2 - d_1)h_w = h_2$$

式中，h_w 为液态水的比焓，$h_w = 4.19t_w$。

可得

$$h_2 - h_1 = (d_2 - d_1) \times 4.19t_w$$

虽然空气因提供水分蒸发所需的热量而温度下降，但它的比焓值却因为得到了水蒸气的汽化潜热和液体热而增加，比焓值的增量等于蒸发的水分所具有的比焓。

2）实际测量湿球温度

在实际应用中，一般用干、湿球温度计测量出的湿球温度，近似代替热力学湿球温度。干、湿球温度计由两只温度计或其他感温元件组成，通常用普通温度计。一只温度计的感温包裹上纱布，纱布的下端浸入盛有蒸馏水的容器中，在纱布纤维的毛细作用下，使纱布始终长期处于润湿状态，把此温度计称为湿球温度计；另一只未包纱布的温度计称为干球温度计（图 2-9）。

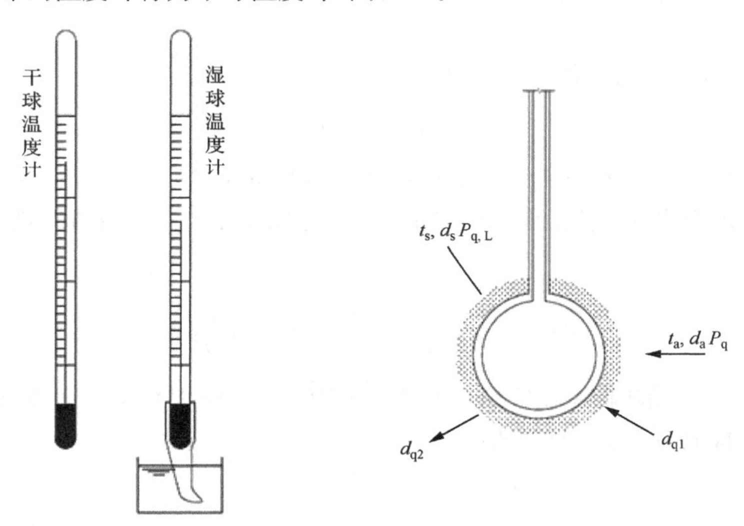

图 2-9　干、湿球温度计

当空气 $\varphi<100\%$时，湿纱布中的水分必然存在着蒸发现象。若水温高于空气的温度，水蒸发的热量首先取自水分本身，因此纱布的温度下降。不管原来水温多高，经过一段时间后，水温最终降至空气温度以下，这时空气向水面传热，该传热量随着空气与水之间温差的加大而增多。当水温降至某一温度值时，空气向水面的传热量（显热）刚好补充水分蒸发所需的汽化潜热，此时水温不再下降，达到稳定的状态。在这一稳定状态下，湿球温度计所读出的数就是湿球温度。若水温低于空气温度，空气向水面的温差传热一方面供给水分蒸发所需的汽化潜热，另一方面供水温的升高。随着水温的升高，传热量减少，最终达到温差传热（显热）与蒸发所需汽化潜热的平衡，水温稳定并等于空气的湿球温度。

如果忽略湿球与周围物体表面之间辐射换热的影响，同时保持湿球表面周围的空气不滞留，热湿交换充分，则分析湿球表面的热湿交换情况可以看出：湿球周围空气向湿球表面的温差传热量为

$$dq_1 = \alpha(t - t_s')df \tag{2-19}$$

式中，α 为空气与湿球表面的换热系数 W/(m^2 • ℃)；t 为空气的干球温度，℃；t_s'为湿球表面水的温度，℃；df 为湿球表面的面积，m^2。

与温差传热同时进行的水的蒸发量为

$$dw = \beta(P'_{q,b} - P_q)df\frac{P_{a0}}{P_a} \tag{2-20}$$

式中，β 为湿交换系数，kg/(m^2 • s • Pa)；$P'_{q,b}$为湿球表面水温下的饱和水蒸气分压力，Pa；P_q 为周围空气的水蒸气分压力，Pa；P_{a0}、P_a 为标准大气压和当地实际大气压，Pa。

水分蒸发所需的汽化潜热量为

$$dq_2 = dwr \tag{2-21}$$

当湿球与周围空气间的热湿交换达到稳定状态时，湿球温度计的指示值将是定值，同时也说明空气传给湿球的热量必定等于湿球水分蒸发所需的热量，即

$$dq_1 = dq_2$$

$$\alpha(t - t_s')df = \beta(P'_{q,b} - P_q)df\frac{P_{a0}}{P_a}r \tag{2-22}$$

式中，t_s'为湿空气的湿球温度 t_s；湿球表面的 $P'_{q,b}$为对应于 t_s 下的饱和空气层的水蒸气分压力，记为 $P^*_{q,b}$。整理式(2-22)得

$$P_q = P^*_{q,b} - A(t - t_s)P_a \tag{2-23}$$

式中，$A = \alpha/(r \cdot \beta \cdot 101325)$，由于$\alpha$、$\beta$均与空气流过湿球表面的风速有关，所以 A 值应由实验确定或采用经验公式计算。

$$A = \left(65 + \frac{6.75}{u}\right) \times 10^{-5} \tag{2-24}$$

式中，u 为空气流速，m/s，一般取 $u \geqslant 2.5$m/s。

根据式(2-23)可知，可以用干、湿球温度差$(t - t_s)$来计算湿空气中水蒸气的分压力 P_q。干、湿球温度差值越大，水蒸气分压力越小，当 $t - t_s = 0$ 时，$P_q = P^*_{q,b}$，空气达到饱和。由干球温度 t，查附录 1 或有关图表可得空气的饱和水蒸气分压力 $P_{q,b}$，再根据 $\varphi = \frac{P_q}{P_{q,b}}$ 计算出空气的相对湿度。应该注意的是，此处的 P_q 与 $P_{q,b}$ 有区别。由此可见，干、湿球温度计读数差的大小，间接地反映了湿空气相对湿度的状况。另外根据式(2-23)可知，只要知道了空气的 t、t_s 和 P_q(或 d)3 个参数中任意两个，就可以求第三者，然后再利用其他公式，可求出其余参数。因此，湿球温度 t_s 可以看成确定空气状态的又一独立参数，只有当 $t_s = 0$℃时，湿球温度成为非

独立参数。在空气调节中，由于这个参数比较容易测量，所以是测定工作中必须使用的参数。除此之外，可以利用湿球温度来衡量使用喷水室、空气蒸发冷却器、冷却塔、蒸发式冷凝器等设备的冷却和散热效果，并判断它们的使用范围。

需要注意的是，水与空气的热湿交换与湿球周围的空气流速有很大的关系。即使在相同的空气条件下，空气流速不同，所测得的湿球温度也会出现差异。空气流速越小，空气与水的热湿交换越不充分，所测得的误差就越大；空气流速越大，空气与水的热湿交换就越充分，所测得的湿球温度就越准确。实验证明，当空气流速大于2.5m/s时，空气流速对水与空气的热湿交换影响不大，湿球温度趋于稳定。因此，要用干、湿球温度计准确地反映湿空气的相对湿度，应使流经湿球的空气流速大于2.5m/s。在实际测量中，要求湿球周围的空气流速保持在2.5～4.0m/s。

3) 湿球温度在 h-d 图上的表示及其确定方法

当空气流经湿球时，湿球表面的水与空气存在热湿交换。该热湿交换过程根据热湿比的定义可以导出，为

$$\varepsilon = \frac{h_2 - h_1}{d_2 - d_1} = 4.19t_s$$

在 h-d 图上，从各等温线与 $\varphi=100\%$ 饱和线的交点出发，作 $\varepsilon=4.19t_s$ 的热湿比线，则可得到等湿球温度线。当 $t_s=0$℃时，$\varepsilon=0$，即等湿球温度线与等焓线完全重合；而当 $t_s>0$℃时，$\varepsilon>0$；当 $t_s<0$℃时，$\varepsilon<0$。所以，严格来说，等湿球温度线与等焓线并不重合，但在空气调节工程中，一般 $t_s\leqslant30$℃，$\varepsilon=4.19t_s$ 的等湿球温度线与等焓线非常接近，可以近似认为等焓线即为等湿球温度线。

若已知某湿空气状态点 A（图2-10），过 A 点作 $\varepsilon=4.19t_s$ 的热湿比线，与 $\varphi=100\%$ 的交点 S 为 A 点准确的湿球温度。若由 A 沿 $h=$ 常数（$\varepsilon=0$）线找到与 $\varphi=100\%$ 的交点 B，B 点的温度 t_B 即为 A 点的湿球温度（近似）。同样，若已知某湿空气的干球温度 t_A 和湿球温度 t_B，则由 t_B 与 $\varphi=100\%$ 线的交点 B 沿等焓线找到与 $t_A=$ 常数线的交点 A 即为该湿空气的状态点。

确定湿球温度的方法有三种：第一种方法为根据式(2-22)直接计算；第二种方法为查图法，即利用 h-d 图，由 A 沿等焓线向下与 $\varphi=100\%$ 线交点的温度为湿球温度，如图2-10所示；第三种方法为简化计算法，空气的湿球温度 t_s 是间接反映空气湿度的状态参数，可用下面的公式来近似计算：

$$t_s = C\varphi + Dt$$

式中，φ 为空气的相对湿度，%；t 为空气的温度（干球温度），℃；C、D 为计算系数，见表2-4。

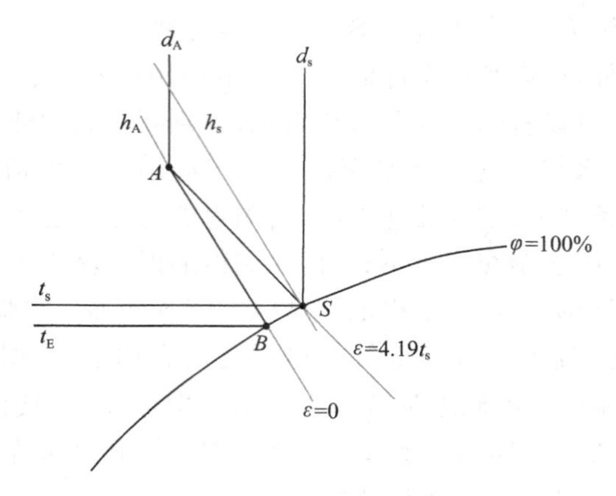

图 2-10　等湿球温度线

表 2-4　湿球温度计算系数值

φ/%	C/℃	D/(℃/℃)
30	−5.082366	0.750256
40	−4.740581	0.811202
50	−4.131947	0.858568
60	−3.342766	0.896106
70	−2.536432	0.928161
80	−1.666897	0.955048
90	−0.824302	0.978813
100	0.000000	1.000000

2.3　典型的湿空气处理过程

2.3.1　确定湿空气状态参数

空气调节的过程实际上就是湿空气状态变化的过程，如何确定湿空气状态是经常遇到的问题。

通过上节内容可知在大气压力一定的情况下，已知 t、h、d、φ 中任何两个参数就可以在 h-d 图上确定湿空气状态点，从而可以查取其他参数。虽然热湿比 ε 不是状态参数，但是可以帮助确定湿空气状态点的位置。

同时也可以利用式(2-16)等公式，在已知 t、d 等参数的条件下计算得出其他参数。空气的干球温度 t 是可以用各类温度计测量的，空气的含湿量 d 是不能用仪器直接测量出来的，而且也没有直接测量 d 的仪器。所以，空气参数的测量，主要是测定所在地区的大气压力 B、空调区的干球温度 t 和湿球温度 t_s，然后通过计算求得其他参数，如 d、h 和 φ 等。

2.3.2　典型湿空气状态变化过程

1. 湿空气的加热过程

空气调节中，常用蒸汽加热器或电加热器来处理空气，当空气通过加热器时，获得了热量，提高了温度，但含湿量没有变化，又称为干式加热过程或等湿加热过程。因此，空气状态变化是等湿、增焓、升温过程。在 h-d 图上这一过程表示为 $A \rightarrow B$ 的变化过程(图 2-11)。此过程的热湿比为

$$\varepsilon = \frac{\Delta h}{\Delta d} = \frac{h_B - h_A}{d_B - d_A} = \frac{h_B - h_A}{0} = + \infty$$

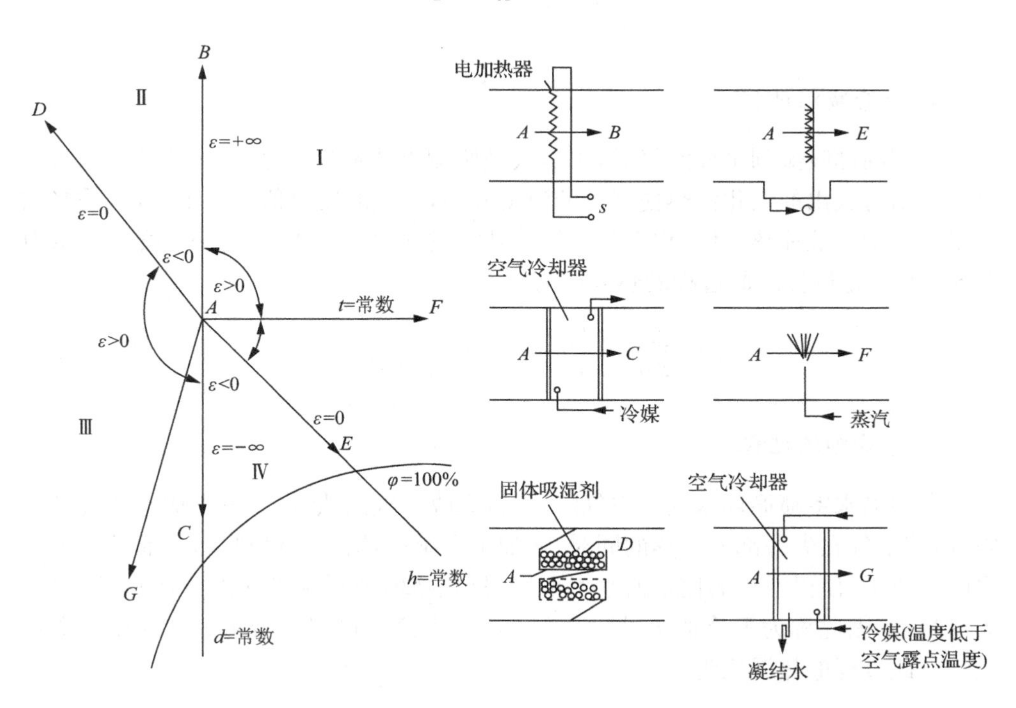

图 2-11　几种典型湿空气的状态变化过程

2. 湿空气的冷却过程

利用冷水或其他冷媒通过空气冷却器对湿空气进行冷却，根据冷却器表面的温度高低可分为干式冷却过程和减湿冷却过程两类。

(1) 干式冷却过程。干式冷却过程是指用表面温度低于空气温度又高于空气露点温度的空气冷却器来处理空气所实现的过程。此时，空气的温度降低，比焓值减少。空气状态变化是等湿、减焓、降温过程，在 h-d 图上这一过程表示为 $A\rightarrow C$ 的变化过程。此过程的热湿比为

$$\varepsilon=\frac{-\Delta h}{\Delta d}=\frac{h_{\mathrm{C}}-h_{\mathrm{A}}}{d_{\mathrm{C}}-d_{\mathrm{A}}}=\frac{h_{\mathrm{C}}-h_{\mathrm{A}}}{0}=-\infty$$

(2) 减湿冷却过程。减湿冷却过程是指用温度低于空气露点温度的空气冷却器来处理空气所实现的过程。空气中的水蒸气将凝结为水，从而使空气减湿，空气的状态变化是减湿冷却或冷却干燥过程。在 h-d 图上这一过程可表示为 $A\rightarrow G$ 的变化过程。此过程的热湿比为

$$\varepsilon=\frac{\Delta h}{\Delta d}=\frac{h_{\mathrm{G}}-h_{\mathrm{A}}}{d_{\mathrm{G}}-d_{\mathrm{A}}}>0$$

3. 等焓减湿过程

利用固体吸湿剂干燥空气时，水蒸气被吸湿剂吸附，空气的含湿量降低，而水蒸气凝结时放出的汽化潜热使空气的温度升高，空气的比焓值基本不变，只是略减少了水带走的液体热，其过程近似于等焓减湿过程，在 h-d 图上这一过程可表示为 $A\rightarrow D$ 的变化过程。此过程的热湿比为

$$\varepsilon=\frac{\Delta h}{\Delta d}=\frac{h_{\mathrm{D}}-h_{\mathrm{A}}}{d_{\mathrm{D}}-d_{\mathrm{A}}}=\frac{0}{d_{\mathrm{D}}-d_{\mathrm{A}}}=0$$

4. 等焓加湿过程

利用喷水室喷循环水处理空气时，水将吸收空气的热量，蒸发形成水蒸气进入空气，使空气在失去部分显热的同时，增加了含湿量，增加了潜热量，从而补偿了失去的显热量，使得空气的比焓值基本不变，只是略增加了水带入的液体热，近似于等焓过程，因此称为等焓加湿过程。在 h-d 图上这一过程可表示为 $A\rightarrow E$ 的变化过程。此过程的热湿比为

$$\varepsilon=\frac{\Delta h}{\Delta d}=\frac{h_{\mathrm{E}}-h_{\mathrm{A}}}{d_{\mathrm{E}}-d_{\mathrm{A}}}=4.19t_{\mathrm{s}}=0$$

5. 等温加湿过程

通过向空气中喷蒸汽来实现。空气中增加水蒸气后，比焓值和含湿量将增加，比焓的增量(kJ/kg)为加入的水蒸气的全热量，即

$$\Delta h = \Delta d(2500 + 1.84t_q)$$

式中，Δd 为每千克干空气增加的含湿量，$kg/kg_{干空气}$；t_q 为蒸汽的温度，℃。

此过程的热湿比为

$$\varepsilon = \frac{\Delta h}{\Delta d} = \frac{\Delta d(2500 + 1.84t_q)}{\Delta d} = 2500 + 1.84t_q$$

当蒸汽的温度为 100℃时，$\varepsilon = 2684$ 的过程线近似于等温线，该过程线与等温线之间形成的偏角只有 3°～4°。因此，喷蒸汽可使湿空气实现等温加湿过程，在 h-d 图上这一过程可表示为 $A \rightarrow F$ 的变化过程。但从严格意义上来讲，由于干饱和蒸汽的温度高于空气温度，所以蒸汽喷入后也同时将显热带给空气，从而使加湿后的空气温度略有升高，但从工程角度来说，这种误差是微乎其微的。

以上介绍了空气调节中常用的几种典型空气状态变化过程。从图 2-11 可以看出，代表空气状态变化的 4 个典型过程的 $\varepsilon = \pm\infty$ 和 $\varepsilon = 0$ 的两条线，以任意湿空气状态 A 为原点将 h-d 图分为 4 个象限，不同象限内湿空气状态变化的特征见表 2-5。

表 2-5　h-d 图上各象限内空气状态变化的特征

象限	热湿比 ε	状态参数变化趋势			过程特征
		h	d	T	
Ⅰ	ε>0	+	+	±	增焓增湿 喷蒸汽可近似实现等温过程
Ⅱ	ε<0	+	−	+	增焓、减湿、升温
Ⅲ	ε>0	−	−	±	减焓、减湿
Ⅳ	ε<0	−	+	−	减焓、增湿、降温

2.3.3　确定两种不同状态空气混合参数

在空气调节中，确定两种不同状态的湿空气混合后的状态，可以采用计算和图解两种办法解决(图 2-12)。

在大气压力已知的前提下，已知状态为 h_A、d_A 的空气 q_A(kg/s)与状态为 h_B、d_B 的空气 q_B(kg/s)相混合，混合后的空气状态为 h_C、d_C，流量为 q_C(kg/s)，根据质量和能量守恒原理有

$$q_A h_A + q_B h_B = (q_A + q_B)h_C = q_C h_C \tag{2-25}$$

$$q_A d_A + q_B d_B = (q_A + q_B)d_C = q_C d_C \tag{2-26}$$

由式(2-25)和式(2-26)，求得混合点的比焓为

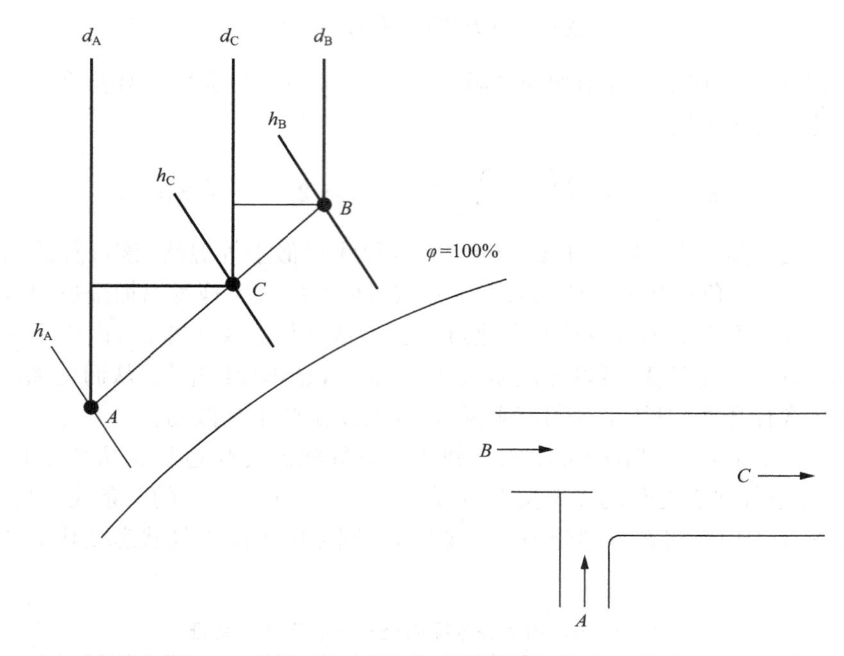

图 2-12　两种状态湿空气混合

$$h_C = \frac{q_A h_A + q_B h_B}{q_A + q_B} = \frac{q_A h_A + q_B h_B}{q_C} \tag{2-27}$$

混合点的含湿量为

$$d_C = \frac{q_A d_A + q_B d_B}{q_A + q_B} = \frac{q_A d_A + q_B d_B}{q_C} \tag{2-28}$$

由式(2-25)推出：

$$\frac{q_A}{q_B} = \frac{h_B - h_C}{h_C - h_A}$$

同理，由式(2-26)推出：

$$\frac{q_A}{q_B} = \frac{d_B - d_C}{d_C - d_A}$$

即

$$\frac{q_A}{q_B} = \frac{h_B - h_C}{h_C - h_A} = \frac{d_B - d_C}{d_C - d_A} \tag{2-29}$$

$\frac{h_B - h_C}{d_B - d_C} = \frac{h_C - h_A}{d_C - d_A}$ 表示线段$\overline{BC}$与线段$\overline{CA}$的斜率相等，说明 A、C、B 在同一条直

线上。

$$\frac{\overline{CB}}{\overline{AC}}=\frac{h_B-h_C}{h_C-h_A}=\frac{d_B-d_C}{d_C-d_A}=\frac{q_A}{q_B}$$

$$\overline{CB}=\overline{AB}-\overline{AC},\quad \frac{\overline{AB}-\overline{AC}}{\overline{AC}}=\frac{q_A}{q_B},\quad \frac{\overline{AB}}{\overline{AC}}-1=\frac{q_A}{q_B}$$

$$\frac{\overline{AB}}{\overline{AC}}=\frac{q_A}{q_B}+1=\frac{q_A+q_B}{q_B}=\frac{q_C}{q_B}$$

则有

$$\overline{AC}=\frac{q_B}{q_C}\times\overline{AB}\quad 或者\quad \overline{CB}=\frac{q_A}{q_C}\times\overline{AB}$$

说明，混合点 C 将线段$\overline{AB}$ 分成两段，两段的长度比之与参与混合的两种空气的质量成反比，混合点 C 靠近质量大的空气状态一端。C 点在 h-d 图上确定后，可以查取混合后的状态参数。

若混合点 C 处于“结雾区”，此时空气的状态是饱和空气加水雾，这是一种不稳定的状态，状态变化过程如图 2-13 所示。空气中的蒸汽凝结后带走了水的液体热，使得空气的比焓值略有降低。混合点的比焓值为

$$h_C=h_D+4.19t_D\Delta d \tag{2-30}$$

式中，由于 h_D、t_D、Δd 是 3 个相互关联的未知数，且 h_C 已知，可以通过试算的方法来确定 D 的状态。

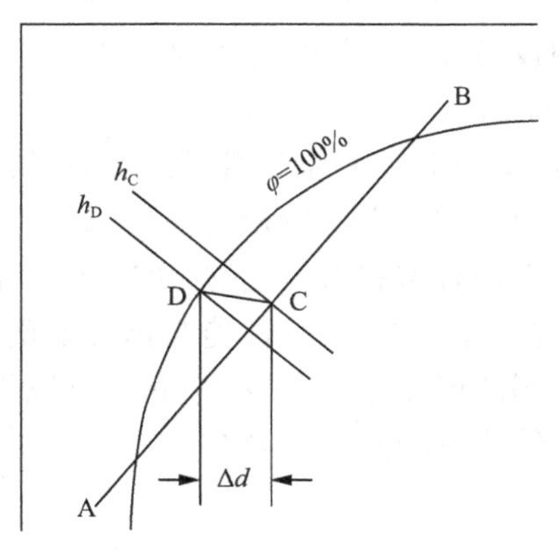

图 2-13　不稳定状态变化过程

2.4 湿度的测量

湿度测量从原理上划分有二三十种之多,但湿度测量始终是世界计量领域中著名的难题之一。一个看似简单的量值,深究起来,涉及相当复杂的物理-化学理论分析和计算,初涉者可能会忽略在湿度测量中必须注意的许多因素,因而影响传感器的合理使用。

常见的湿度测量方法有:动态法(双压法、双温法、分流法)、静态法(饱和盐法、硫酸法)、露点法、干湿球法和电子式传感器法。几种测量湿度方法精确程度比较见表 2-6。

表 2-6 几种测量湿度方法精确程度比较

测量方法	精确程度
动态法	±2%RH
露点法	±0.2℃
干湿球法	57%RH(准确度)
电学测量法	±0.2%

2.4.1 双压、温法

双压法、双温法是基于热力学 P、V、T 平衡原理的,平衡时间较长;分流法是基于绝对湿空气和绝对干空气的精确混合。由于采用了现代测控手段,这些设备可以做得相当精密,却因设备复杂、昂贵、运作费时费工,主要作为标准计量之用,其测量精度可达±2%RH 以上。

双压湿度发生器通常由如下 6 个部分组成:气源系统、载气干燥系统、饱和器系统、试验腔、恒温系统、温度和压力的测量与控制系统。饱和器是这些发生器结构的重要组成部分,是发生含有饱和水蒸气的湿空气的装置。因此,建立在发生饱和湿气基础上的各种恒湿气体发生器,其性能与饱和器的效率密切相关。从发生器的工作原理、特点和适用的湿度范围出发,饱和器可以设计成多种形式,主要有鼓泡式、喷雾式、塔板式、管式、离心式、“迷宫”式。双压法湿度发生器的基本结构如图 2-14 所示。

2.4.2 静态法

静态法中的饱和盐法是湿度测量中最常见的方法,简单易行。但饱和盐法对液、气两相的平衡要求很严,对环境温度的稳定要求较高。用起来要很长时间去平

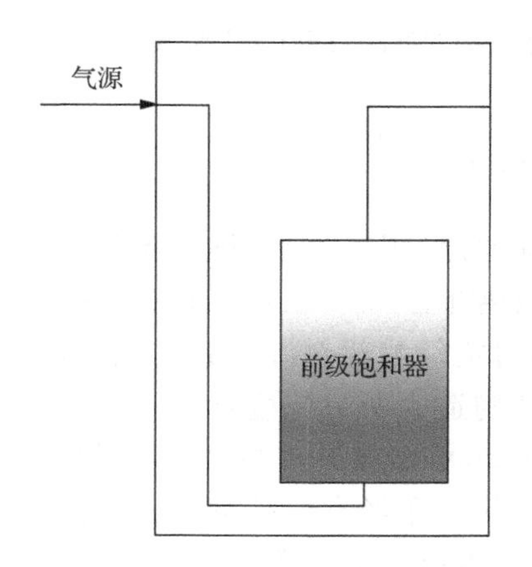

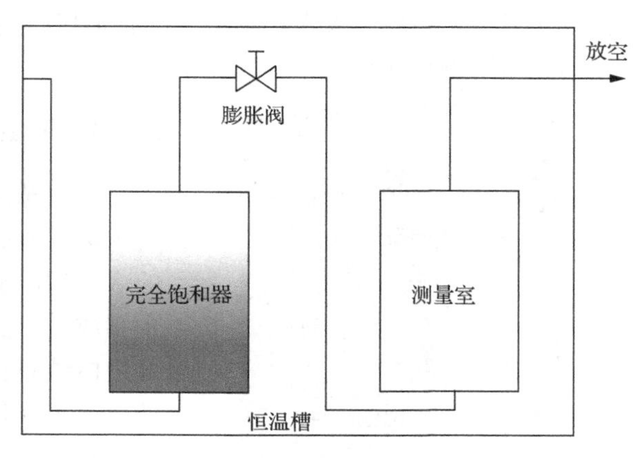

图 2-14　双压法湿度发生器的结构原理图

衡，低湿点要求更长。特别是在室内湿度和瓶内湿度差值较大时，每次开启都需要平衡 6～8h。

2.4.3　露点法

露点法用来测量湿空气达到饱和时的温度，是热力学的直接结果，准确度高，测量范围宽。计量用的精密露点仪准确度可达±0.2℃，甚至更高。

现代光-电原理的冷镜式精密露点仪（图 2-15）价格昂贵，测湿精度高，常和标准湿度发生器配套使用。工作原理为：使一个镜面处在样品湿空气中降温，直到镜面上隐现露滴（或冰晶）的瞬间，测出镜面平均温度，即为露（霜）点温度。但需光洁度很高的镜面、精度很高的温控系统，以及灵敏度很高的露滴（冰晶）光学探测系

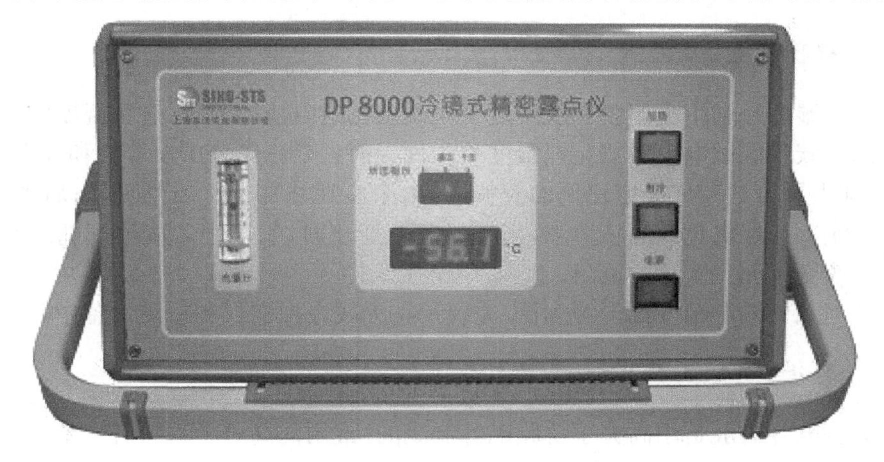

图 2-15　冷镜式精密露点仪

统，并且使用时必须使吸入样本空气的管道保持清洁，否则管道内的杂质将吸收或放出水分造成测量误差。

2.4.4 干湿球法

干湿球湿度计（图 2-16）又称干湿计，利用水蒸发要吸热降温，而蒸发的快慢（即降温的多少）和当时空气的相对湿度有关这一原理制成的。其构造为两只温度计，一只在球部用白纱布包好，将纱布另一端浸在水槽里，即由毛细作用使纱布经常保持潮湿，此即湿球；另一只未用纱布包而露置于空气中的温度计，称为干球（干球即表示气温的温度）。

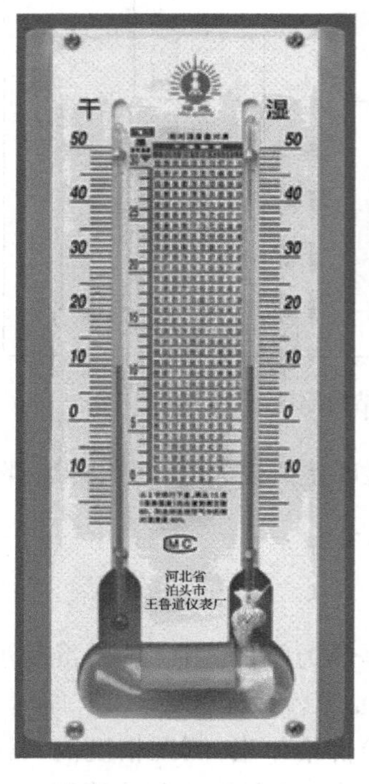

图 2-16　干湿球湿度计

使用时，应将干湿计放置距地面 1.2～1.5m 的高处。读出干、湿两球所指示的温度差，由该湿度计所附的对照表就可查出当时空气的相对湿度。因为湿球所包纱布水分蒸发的快慢，不仅和当时空气的相对湿度有关，还和空气的流通速度有关，所以干湿球湿度计所附的对照表只适用于指定的风速，不能任意应用。

2.4.5 电学湿度表

1. 碳膜湿度片

碳膜湿度片利用吸湿膜片随湿度变化改变其电阻值的原理，进行湿度的测量。常用的有碳膜湿敏电阻和氯化锂湿度片两种。前者是用高分子聚合物和导电材料碳黑，加上黏合剂配成一定比例的胶状液体，涂覆到基片上组成电阻片；后者是在基片上涂上一层氯化锂酒精溶液，当空气湿度变化时，氯化锂溶液浓度随之改变，从而也改变了测湿膜片的电阻。

这类元件测湿精度比干湿表低，主要用在无线电探空仪和遥测设备中。

2. 高分子薄膜湿敏电容

湿敏电容一般是用高分子薄膜电容制成的，常用的高分子材料有聚苯乙烯、聚酰亚胺、酷酸醋酸纤维等。当环境湿度发生改变时，湿敏电容的介电常数发生变化，使其电容量也发生变化，其电容变化量与相对湿度成正比。

电容式湿度传感器在测量过程中，相当于一个微小电容，对于电容的测量，主要是测量其电容值 C。湿度传感器并不是一个纯电容，它的等效形式如图 2-17 虚线部分所示，相当于一个电容和一个电阻的并联。

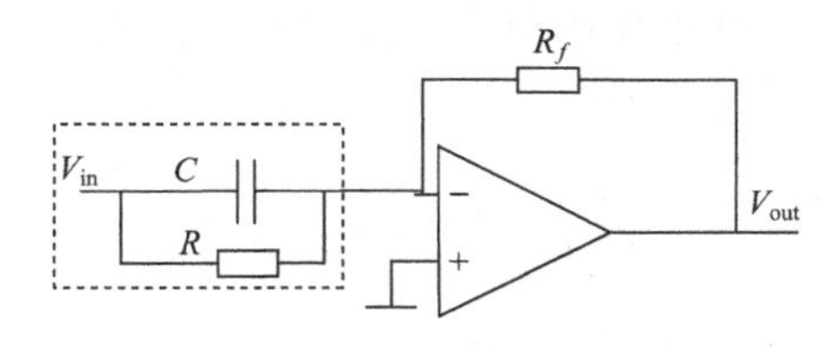

图 2-17　湿度传感器的等效形式

图 2-18 为电容式湿度传感器复数电压法测量的具体测量电路，包括三部分：微分电路、反相电路和积分电路。正弦波发生器产生的正弦信号 V_{in} 经过微分电路后变成 V_{out}，然后将 V_{out} 的输出分成两路：一路直接经电子开关 K_1 直接进入积分电路；另一路先经过反相电路，使 V_{out} 的输出为 V'_{out}，经过电子开关 K_2 后，也同样进入积分电路。电子开关 K_1、K_2 的作用是将 V_{out} 信号进行整流，然后经过积分电路进行测量。

利用上述方法测量湿敏电容的值，测量范围在 30～100pF，测量的相对误差可达±0.2%。

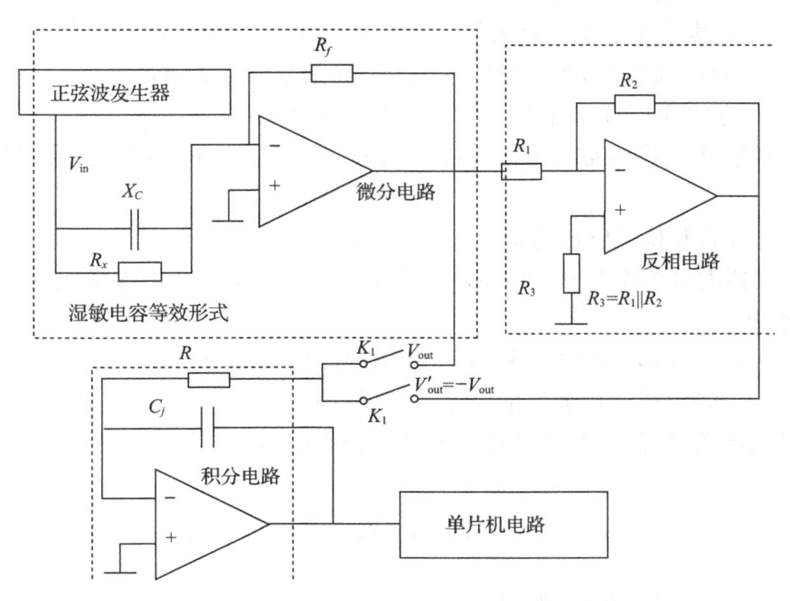

图 2-18　测量电路原理图

2.4.6 光学湿度计

吸收光谱法在现代湿度测量中占有一定的位置，而且是唯一用来测量快速脉动的方法。强水汽吸收带可在红外和紫外波段找到。根据贝尔定律，单色光学辐射透过吸收介质的衰减可表示为

$$\ln\left[\frac{F(\lambda)}{F_o(\lambda)}\right]=-\alpha_w\rho_w I$$

式中，$F_o(\lambda)$ 为发射光源的通量密度；$F(\lambda)$ 为到达检测器的通量密度；α_w 为水汽对该波长的吸收系数；ρ_w 为水汽密度（绝对湿度）；I 为光学路径。

在 α_w 和 I 固定的情况下，测定比值$\frac{F(\lambda)}{F_o(\lambda)}$或某个输出电压$V$值，即可标定出相应的 ρ_w 值。

现代光学湿度计多采用双通道的方式，以便达到绝对标定的目的。有两种方式：①选择两个波长，一个是强水汽吸收带，另一个是弱水汽吸收带；②选择一个已知水汽密度的样本通道，使用同一探测波长，比较待测样本和基准样本的值，以确定待测值。

最早开始投入使用的光学湿度计为紫外波段的拉曼-阿尔法湿度计，工作波长为 0.1216μm，其光源管为充有氢气的直流激发的冷阴极电离管。管内加入了铀化氢，从而使谱线比较纯，光源管内还充有适量的氖气作为缓冲气体。

拉曼-阿尔法湿度计未能解决如下的 3 个致命缺陷。

(1) 在紫外水汽吸收线附近，存在着较强的氧气和臭氧吸收线，导致测量误差。

(2) 光源管和检测管的寿命太短，只有几百到 1000h。

(3) 仪器的分辨率为 0.03℃露点，精度为 0.6℃露点。不能探测大气中较小的湿度脉冲。

转而进行红外湿度计的研制，其吸收谱线附近较少受到其他大气成分的干扰，光源管和检测管可以使用通用的电子器件，使用寿命高达 8000h。但是也有缺陷：需要较长的吸收路径，且光源和检测元件有较大的温度系数。

参考文献

黄翔. 2013. 空调工程. 北京：机械工业出版社.

任泽霈，蔡睿贤. 2002. 热工手册. 北京：机械工业出版社.

苏小勇，赵世军，高太长，等. 2011. 冷镜式露点仪现状及关键技术分析. 大气与环境光学学报，(6)：323-328.

张余丰. 1991. 光学测湿法. 陕西气象,(4):50-51.
赵荣义,范存养,薛殿华,等. 2009. 空气调节. 北京:中国建筑工业出版社.
郑爱平. 2008. 空气调节工程. 北京:科学出版社.
Teruko I, Chiharu T. 1985. Trial construction of precision humidity generator, Humidity and moisture, 101-109.

第3章　夏热冬冷地区建筑热湿环境特点

3.1　夏热冬冷地区温湿度特点

3.1.1　夏热冬冷地区气候特点

我国《民用建筑热工设计规范》(GB 50176—1993)，从建筑热工设计的角度，针对建筑的防寒与防热要求将我国划分为五个气候区，用累年最冷月(一月）和最热月(七月)平均温度作为分区的主要指标，并以累年日平均温度≤5℃和≥25℃的天数作为辅助指标进行确定，五个气候区分别为严寒地区、寒冷地区、夏热冬冷地区、夏热冬暖地区及温和地区。这五个区各区的分区指标、气候特征的定性描述以及对建筑的基本要求见表3-1。

表3-1　建筑热工设计分区及设计要求

分区名称	分区指标		设计要求
	主要指标	辅助指标	
严寒地区	最冷月平均温度≤－10℃	日平均温度≤5℃的天数≥145天	必须充分满足冬季保温要求，一般可不考虑夏季防热
寒冷地区	最冷月平均温度－10～0℃	日平均温度≤5℃的天数90～145天	应满足冬季保温要求，部分地区兼顾夏季防热
夏热冬冷地区	最冷月平均温度0～10℃，最热月平均温度25～30℃	日平均温度≤5℃的天数0～90天，日平均温度≥25℃的天数为49～110天	必须满足夏季防热要求，适当兼顾冬季保温
夏热冬暖地区	最冷月平均温度>10℃，最热月平均温度25～29℃	日平均温度≥25℃的天数100～200天	必须充分满足夏季防热要求，一般可不考虑冬季保温
温和地区	最冷月平均温度0～13℃，最热月平均温度18～25℃	日平均温度≤5℃的天数0～90天	部分地区应考虑冬季保温，一般可不考虑夏季防热

在中国5个建筑热工设计分区中，夏热冬冷地区是唯一对采暖与空调均有较长时间要求的地区，气候条件决定了其相应的建筑热工设计要求是必须满足夏季防热要求、适当兼顾冬季保温。

我国中部的长江流域及其周围广大地区属夏热冬冷地区(图 3-1)。我国的夏热冬冷地区大致为陇海线以南、南岭以北、四川盆地以东,包括上海、重庆两直辖市,湖北、湖南、江西、安徽、浙江五省全部,四川、贵州两省东半部,江苏、河南两省南半部,福建省北半部,陕西、甘肃两省南端,广东、广西两省北端,涉及 16 个省、市、自治区。其面积(约 180 万 km^2)虽不到我国陆上国土面积的 1/5,但人口数量和国内生产总值(GDP)均将近占全国总量的 1/2,是一个人口密集、经济发达的地区。

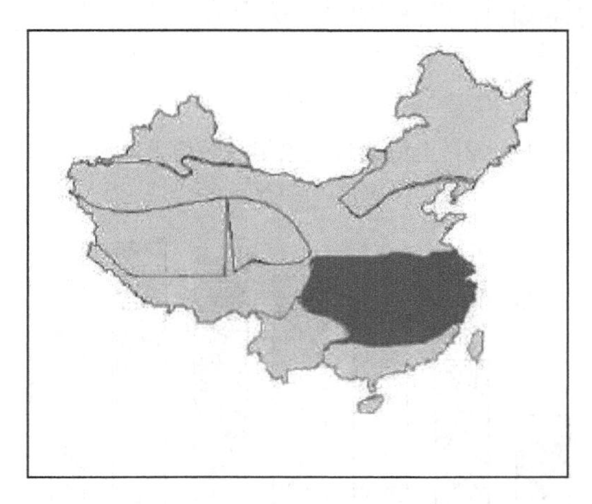

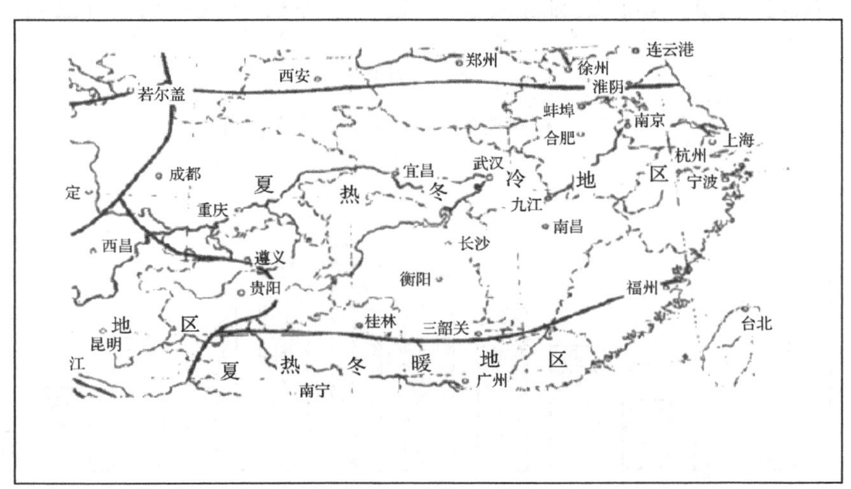

图 3-1　中国夏热冬冷地区范围

对上海、杭州、南京、合肥、武汉、重庆等夏热冬冷地区典型城市气象进行比较分析,以便进一步了解夏热冬冷地区的气候特点。以上各城市典型气象年逐时参数报表具体温湿度详见图 3-2～图 3-19。

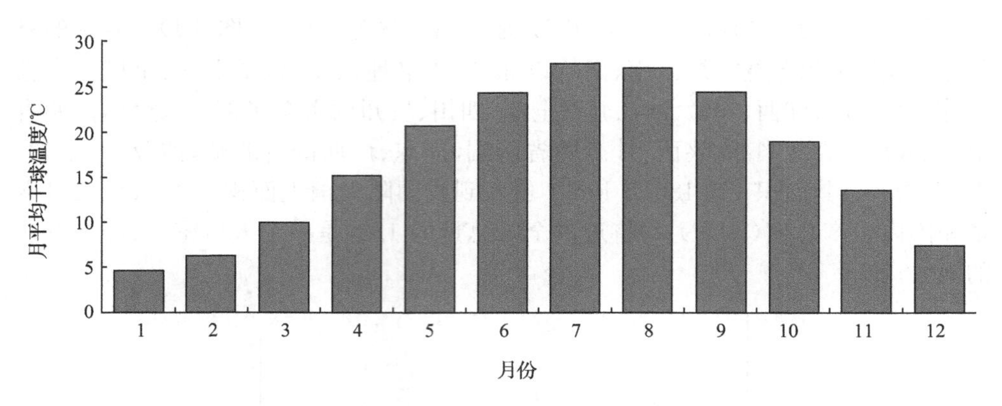

图 3-2 上海典型气象年月平均干球温度

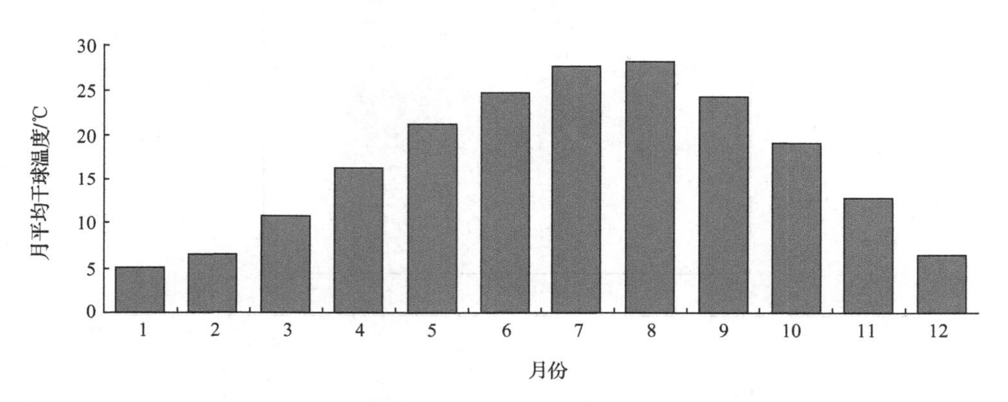

图 3-3 杭州典型气象年月平均干球温度

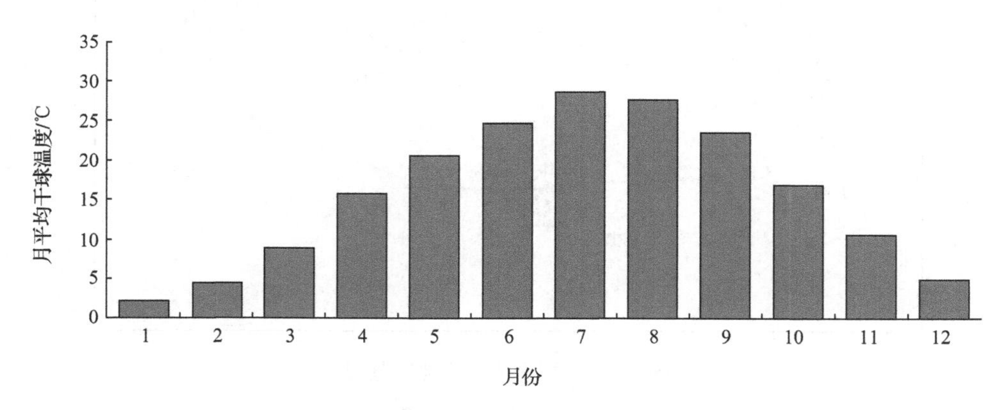

图 3-4 南京典型气象年月平均干球温度

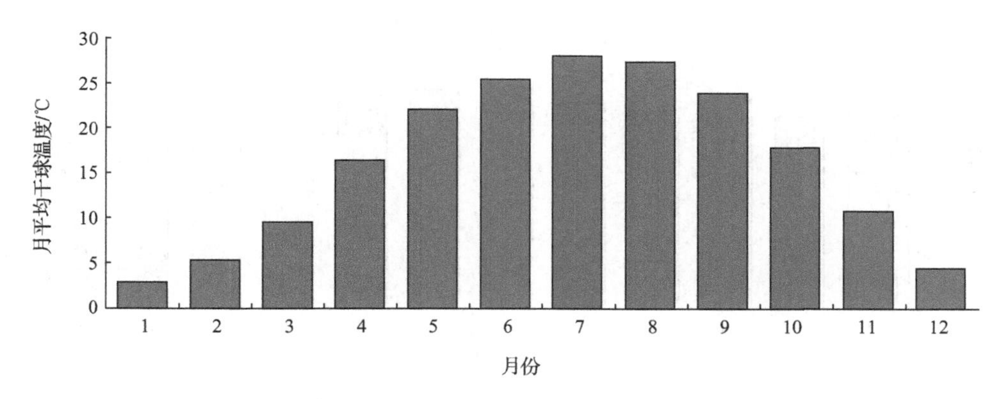

图 3-5　合肥典型气象年月平均干球温度

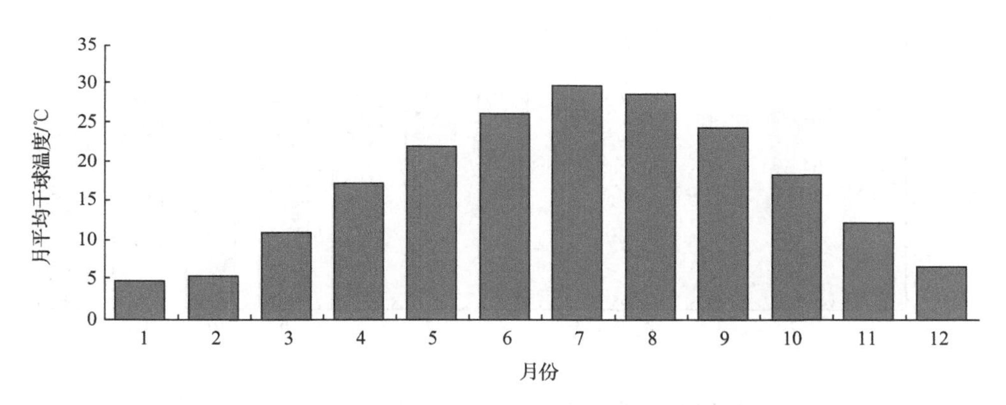

图 3-6　武汉典型气象年月平均干球温度

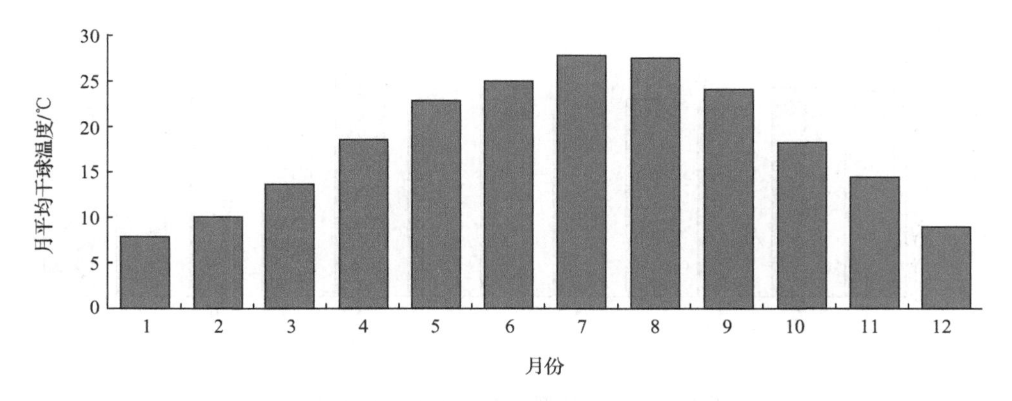

图 3-7　重庆典型气象年月平均干球温度

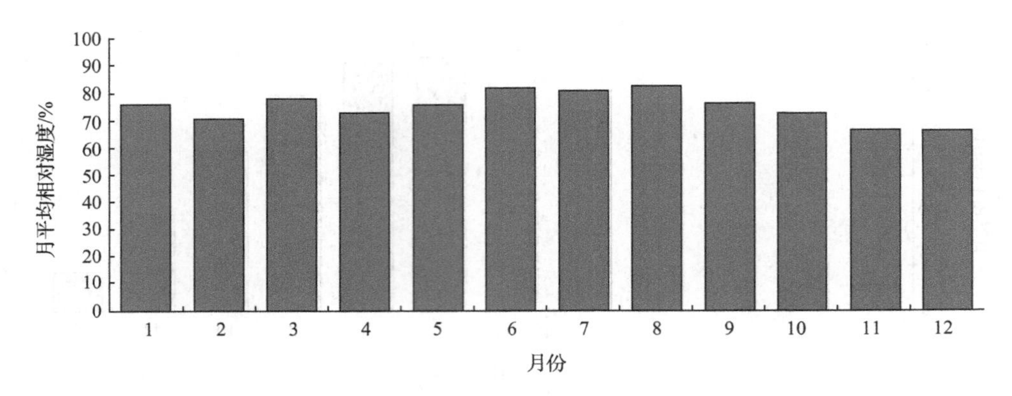

图 3-8 上海典型气象年月平均相对湿度

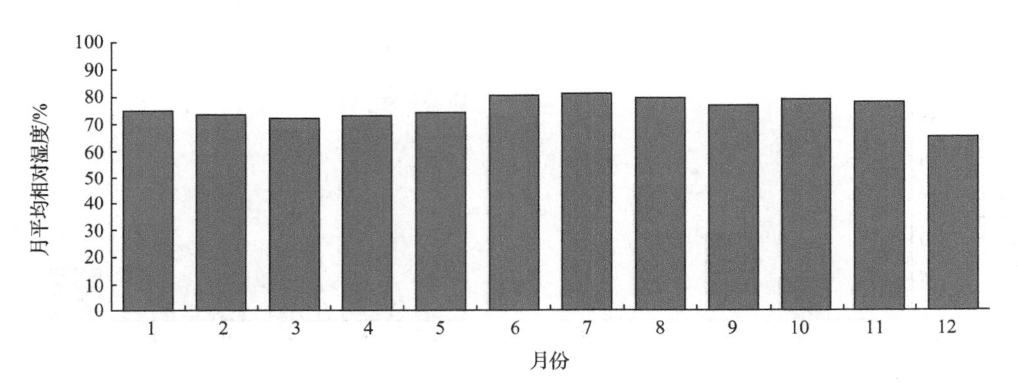

图 3-9 杭州典型气象年月平均相对湿度

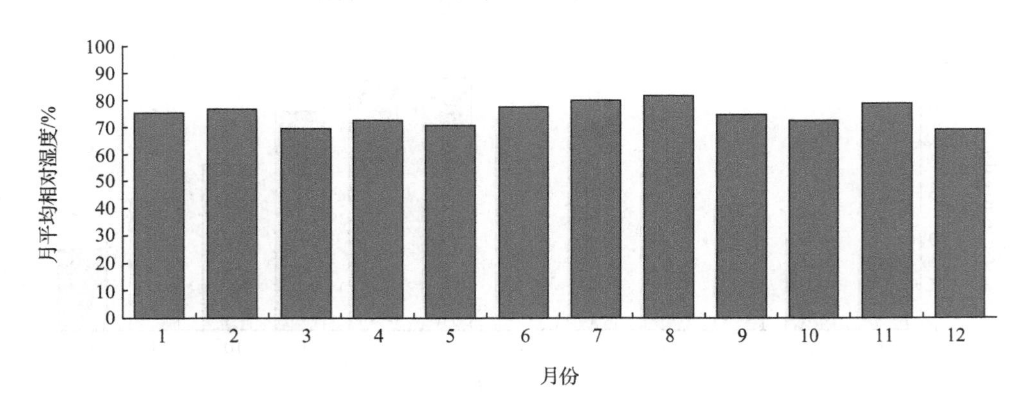

图 3-10 南京典型气象年月平均相对湿度

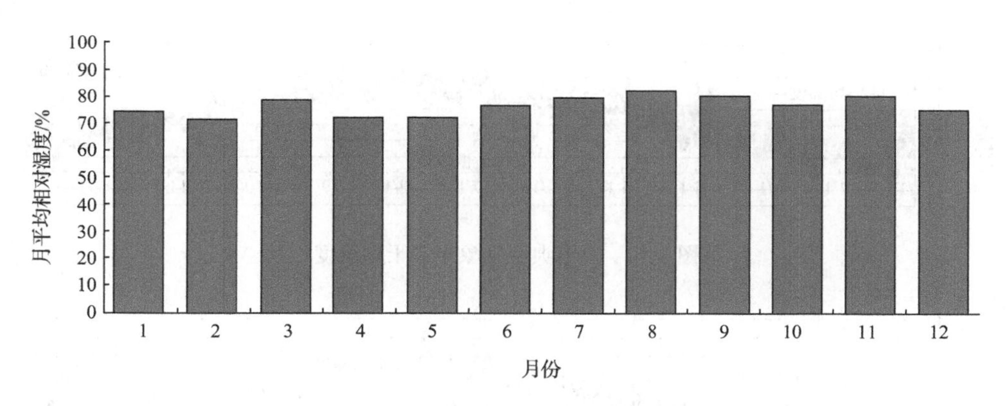

图 3-11　合肥典型气象年月平均相对湿度

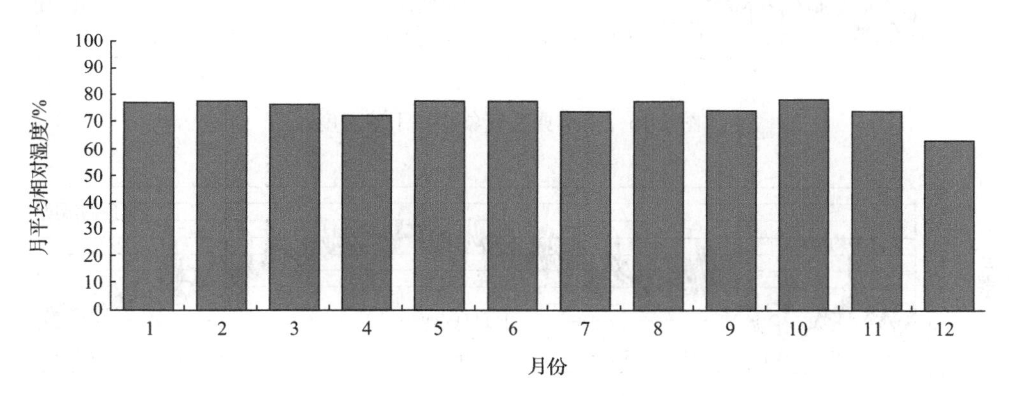

图 3-12　武汉典型气象年月平均相对湿度

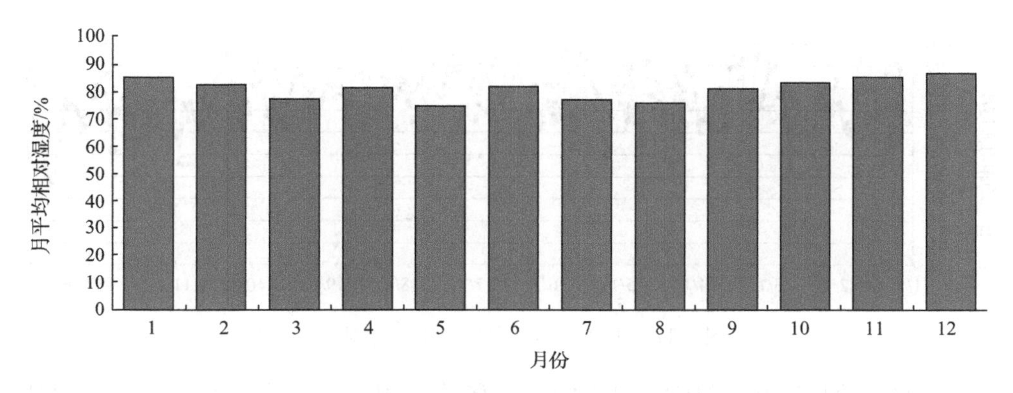

图 3-13　重庆典型气象年月平均相对湿度

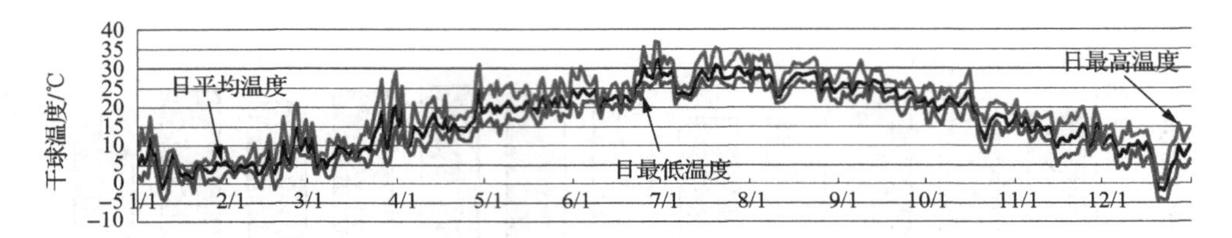

图 3-14 上海典型气象年日干球温度

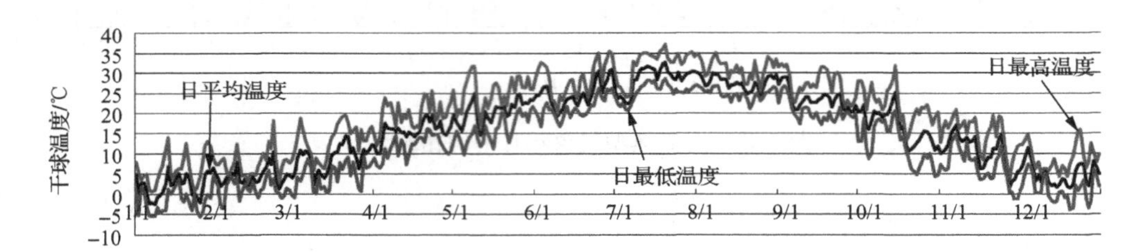

图 3-15 南京典型气象年日干球温度

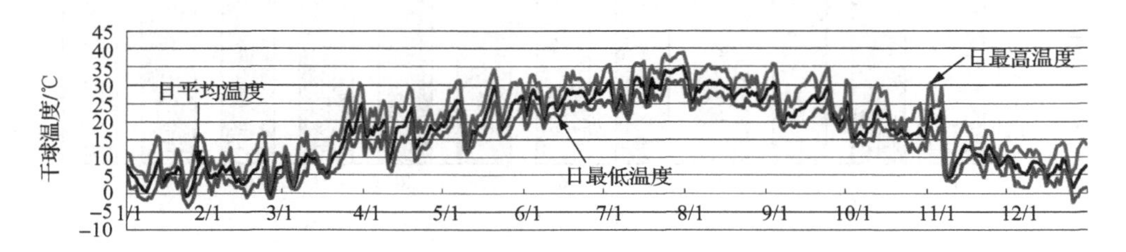

图 3-16 武汉典型气象年日干球温度

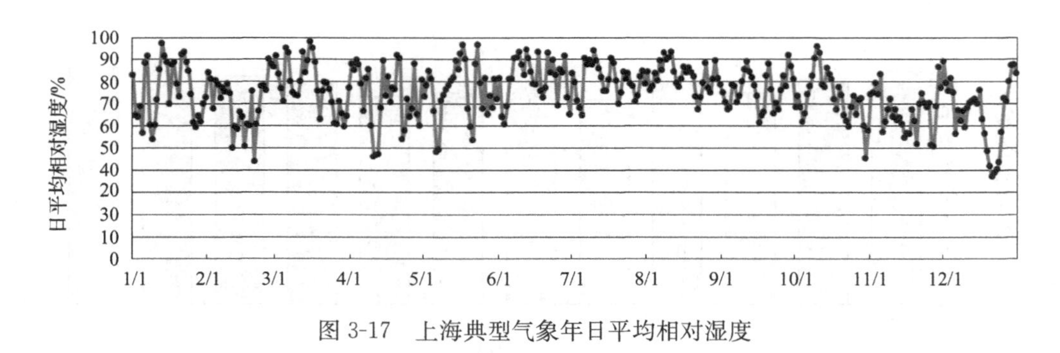

图 3-17 上海典型气象年日平均相对湿度

夏热冬冷地区在气候学上具有“高温、高湿、多雨、风缓”的气候特征。主要特点是夏季极端气温高、夏季静风率低、冬季寒冷，以及冬夏季相对湿度高、夏季闷热、冬季湿冷。相对于世界上相同纬度下的地区，我国夏热冬冷地区的气候条件比较恶劣、热舒适性较差。

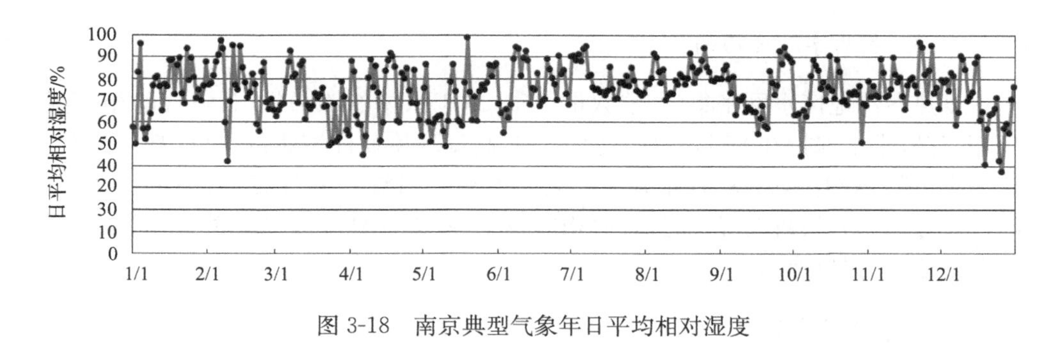

图 3-18　南京典型气象年日平均相对湿度

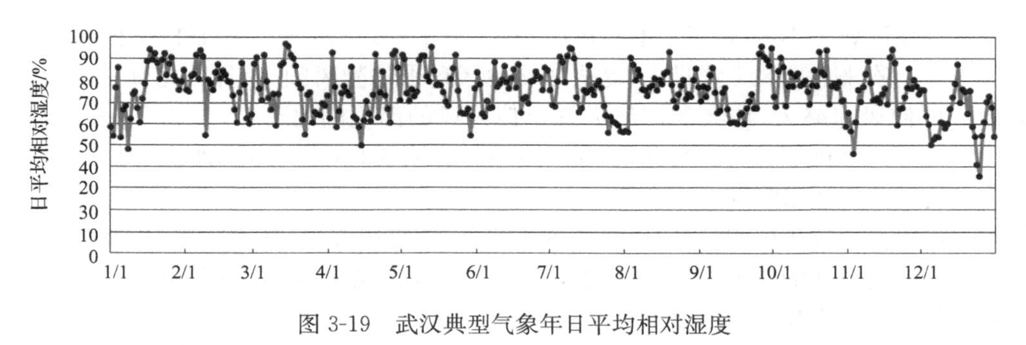

图 3-19　武汉典型气象年日平均相对湿度

1. 夏季极端气温高

与世界同纬度地区其他城市相比，我国长江流域一带城市夏季气温比较高，而且天热时间长，加上该地区水系众多，水热同季、湿润多雨，夏天湿度也非常高。此外，夏热冬冷地区夏季极端气温相当高。最高气温高于 35℃的天数和最热月平均温度是衡量一个地区夏天炎热程度的两个重要指标。由于纬度较低，夏天太阳辐射相当强烈，夏热冬冷地区许多城市白天气温高于 35℃的酷热天数达 15～30 天之多，七月该地区气温比世界上同纬度其他地区一般高出 2℃左右，是在这个纬度范围内除沙漠干旱地区以外最炎热的地区。

2. 冬季寒冷

夏热冬冷地区冬季的寒冷状况更加不容乐观。在冬季，西伯利亚寒潮频繁南侵，经华北平原长驱直入该地区后，在南部又受到南岭和东南丘陵的阻挡，使得冷空气滞留，除了四川、重庆北部有秦岭的阻挡导致冬天较为暖和，该地区绝大部分冬季寒冷，一月气温比世界上同纬度其他地区一般要低 8～10℃，是世界同纬度地区冬季最寒冷的地区。因此，冬季防寒也是该地区需要关注的问题。

3. 夏、冬两季湿度均高

夏热冬冷地区水网密集、湖泊数量丰富，由于水体的蒸腾作用，空气的相对湿度相当高，常常保持在80%左右，夏季高温、高湿环境使汗液难以排出，难以蒸发，让人觉得闷热潮湿，极为不舒适。该地区冬季相对湿度同样很高，达到73%～83%，造成衣物、被褥潮湿，而且日照相对较少，所以这种湿冷是穿透身体的冷，南方形象地称为“鬼冷”。

4. 夏季静风率高

该地区属于季风区，冬夏盛行风向相反，由于受到南岭和东南丘陵的阻挡，从太平洋上吹来的凉风无法进入，夏热冬冷地区夏季的静风频率很高，尤其是晚上，白天即使风速略大，持续的高温天气也使得风的温度随之升高，变为了“阵阵热浪”，热舒适性极端恶劣。因此，在我国夏热冬冷地区的夏季，不能通过一些简单的自然通风的方法来降温。

以上量化分析证明，我国夏热冬冷地区具有“夏季湿热、冬季阴冷”以及“夏季白天有一定风速的热风，不足以降温，而晚上风速低，难以降温”的气候特点，这种特点与人类的生物舒适性要求相差太远。

3.1.2 特殊气候现象

1. 梅雨

在中国长江中下游地区，每年6、7月都会出现持续天阴有雨的气候现象，由于正是江南梅子的成熟期，故称其为“梅雨”，此时段便称为梅雨季节。梅雨是初夏季节长江中下游特有的天气气候现象，它是中国东部地区主要雨带北移过程中在长江流域停滞的结果。这种季节的转变以及雨带随季节的移动年年大致如此，已形成一定的气候规律性。长江中下游梅雨图见图3-20。

在气象上，把梅雨开始和结束的时间，分别称为“入梅”（或“立梅”）和“出梅”（或“断梅”）。中国长江中下游地区，平均每年6月中旬入梅，7月上旬出梅，历时20多天。但是，对各具体年份来说，梅雨开始和结束的早晚、梅雨的强弱等存在着很大差异。因而有的年份梅雨明显，有的年份不明显，甚至出现空梅现象。例如，1954年梅雨季节异常持久，长达两个多月，使长江中下游地区出现了历史上罕见的涝年；而1958年梅雨期只有两三天，出现了历史上少有的旱年。

梅雨季里空气湿度大、气温高、衣物等容易发霉，所以也有人把梅雨称为同音的“霉雨”。梅雨天气持续，温度多变且湿度大、气压低，人的机体调节功能可能出现问题，使人感到明显不适，如郁闷、烦躁等。连绵多雨的梅雨季过后，天气开始由

图 3-20　长江中下游梅雨

太平洋副热带高压主导，正式进入炎热的夏季。

2. 城市热岛

由于城市地面覆盖物多，发热体多，加上密集的城市人口在生活和生产中产生大量的人为热，造成市中心的温度高于郊区温度，且市内各区的温度分布也不一样。如果绘制出等温曲线，就会看到与岛屿的等高线极为相似，人们把这种气温分布现象称为“热岛现象（hot island effect）”。此时，城市犹如一个温暖的岛屿，从而形成城市热岛效应（urban hot island effect）。城市热岛效应的强弱以热岛强度来定量描述，即以热岛中心气温减去同时间、同高度（距地 1.5m 高处）附近郊区的气温差值来表示。图 3-21 给出了以北京天安门为中心的气温实测结果，其热岛强度最大达到 1.5℃。

热岛影响所及的高度称为混合高度，在小城市约为 50m，在大城市可达 500m 以上。热岛内的空气易于对流混合，但在其上部的大气则呈稳定状态而不扩散，就像一个热的盖子一样，从而使得热岛范围内的各种污染物都被封闭在热岛中。因此，热岛现象对大范围内的大气污染有很大的影响。研究表明热岛强度会随着气象条件和人为因素的不同出现明显的非周期变化。在气象条件中，以风速、云量、太阳直接辐射等最为重要。而人为因素中则以空调散热量和车流量两者关系最为密切。此外，城市的区域气候条件和城市的布局形状对热岛强度都有影响。例如，在高纬度寒冷地区，城市人工取暖消耗能量多，人为热排放量大，热岛强度增大，而常年湿热多云多雨或多大风的地区热岛强度偏弱。城市呈团块状紧凑布置，则城市中心增温效应强；而城市呈条形状或呈星形分散结构，则城市中心增温效应弱。

原则上，一年四季都可能出现城市热岛效应。但是，对居民生活和消费构成影响的主要是夏季高温天气下的热岛效应。为了降低室内气温、使室内空气流通，人

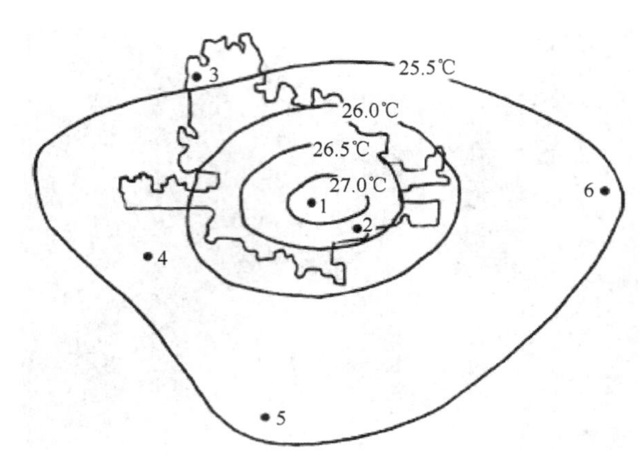

图 3-21 北京地区热岛强度

1-天安门；2-龙潭湖；3-海淀；4-丰台；5-大兴；6-通县

们使用空调、电扇等电器，而这些都需要消耗大量的电力。高温天气对人体健康也有不利影响。在热岛效应的影响下，城市上空的云、雾会增加，使有害气体、烟尘在市区上空累积，造成严重的大气污染。人类有许多疾病就是热岛效应引发的。

3.2 建筑热湿环境

3.2.1 建筑围护结构的热湿传递

室外的热湿环境通过建筑物的外围护结构影响房间的热湿环境，由室外传到室内的热量和湿量与室内外温湿度、围护结构的材料性质、建筑构造方案等因素有关。建筑物的得热包括显热和潜热两部分。

1. 通过围护结构的显热得热

通过围护结构形成的显热传热过程有两种不同类型，即通过非透光围护结构的热传导以及通过透光围护结构的日射得热。这两种热传递有着不同的原理，但又相互关联。

2. 通过围护结构的湿传递

一般情况下，透过围护结构的水蒸气可以忽略不计。在地下建筑物等特殊建筑中，由于建筑物的壁面与岩石或土连接，周围岩石或土中的地下水会通过墙壁的多孔结构渗入室内。对于需要控制湿度的恒温恒湿室或低温环境室等，当室内空气温度相当低时，需要考虑通过围护结构渗透的水蒸气。

当围护结构两侧空气的水蒸气分压力不相等时，水蒸气将从分压力高的一侧向分压力低的一侧转移。在稳定条件下，单位时间内通过单位面积围护结构传入室内的水蒸气量与两侧分压力差成正比，即通过围护结构的湿量为

$$\omega = K_{\mathrm{v}}(P_{\mathrm{out}} - P_{\mathrm{in}}) \tag{3-1}$$

$$K_{\mathrm{v}} = \frac{1}{\dfrac{1}{\beta_{\mathrm{in}}} + \sum \dfrac{\delta_i}{\lambda_{\mathrm{v}i}} + \dfrac{1}{\beta_{\mathrm{a}}} + \dfrac{1}{\beta_{\mathrm{out}}}} \tag{3-2}$$

式中，ω 为单位时间内通过单位面积围护结构传入室内的水蒸气量即通过围护结构的湿量，kg/(s·m^2)；K_{v} 为水蒸气渗透系数，kg/(N·s)或 s/m；P_{in}、P_{out}为围护结构内、外两侧空气的水蒸气分压力，Pa；β_{in}、β_{out}、β_{a} 分别为围护结构内表面、外表面和墙体中封闭空气间层的散湿系数，kg/(N·s) 或 s/m，见表 3-2；$\lambda_{\mathrm{v}i}$为第 i 层材料的蒸汽渗透系数，kg·m/(N·s)或 s，见表 3-3；δ_i 为第 i 层材料厚度，m；一般表面的蒸汽渗透阻远小于材料层的蒸汽渗透阻，计算时常可忽略蒸汽渗透阻。

表 3-2　围护结构表面和空气层的散湿系数

条件	散湿系数/(×10^8 s/m)	条件	散湿系数/(×10^8 s/m)
室外垂直表面	10.42	空气层厚度 20mm	0.94
室内垂直表面	3.48	空气层厚度 30mm	0.21
水平面湿流向上	4.17	水平空气层湿流向上	0.13
水平面湿流向下	2.92	水平空气层湿流向下	0.73
空气层厚度 10mm	1.88		

表 3-3　材料的蒸汽渗透系数

材料	密度/(kg/m^3)	λ_{v}/(×10^{12} s)	材料	密度/(kg/m^3)	λ_{v}/(×10^{12} s)
钢筋混凝土	—	0.83	花岗岩或大理石	—	0.21
陶粒混凝土	1800	2.50	胶合板	—	0.63
陶粒混凝土	600	7.29	木纤维板与刨花板	≥800	3.33
珍珠岩混凝土	1200	4.17	泡沫聚苯乙烯	—	1.25
珍珠岩混凝土	600	8.33	泡沫塑料	—	6.25
加气混凝土与泡沫混凝土	1000	3.13	用水泥砂浆的硅酸盐砖或普通黏土砖砌块	—	2.92
加气混凝土与泡沫混凝土	400	6.25	珍珠岩水泥板	—	0.21
水泥砂浆	—	2.50	石棉水泥板	—	0.83
石灰砂浆	—	3.33	石油沥青	—	0.21
石膏板	—	2.71	多层聚氯乙烯布	—	0.04

由于围护结构两侧空气温度不同，围护结构内部形成一定的温度分布。在稳定状态下，第 n 层材料层外表面的温度 t_n 为

$$t_n = t_{a,\mathrm{in}} - K(t_{a,\mathrm{in}} - t_{a,\mathrm{out}})\left(\frac{1}{\alpha_{\mathrm{in}}} + \sum_{i=1}^{n}\frac{\delta_i}{\lambda_i}\right) \tag{3-3}$$

同样，由于围护结构两侧空气的水蒸气分压力不同，在围护结构内部也会形成一定水蒸气分压力分布。在稳定状态下，第 n 层材料层外表面的水蒸气分压力 P_n 为

$$P_n = P_{\mathrm{in}} - K_{\mathrm{v}}(P_{\mathrm{in}} - P_{\mathrm{out}})\left(\frac{1}{\beta_{\mathrm{in}}} + \sum_{i=1}^{n}\frac{\delta_i}{\lambda_{\mathrm{v}i}}\right) \tag{3-4}$$

如果围护结构内任一断面上的水蒸气分压力大于该断面温度所对应的饱和水蒸气分压力，在此断面上就会有水蒸气凝结，见图 3-22。如果该断面温度低于 0℃，还将出现冻结现象。所有这些现象将导致围护结构的传热系数增大，加大围护结构的传热量，并加速围护结构的损坏。因此，对于围护结构的湿状态也应有所要求。必要时，在围护结构内应设置蒸汽隔层或其他结构措施，以避免围护结构内部出现水蒸气凝结或冻结现象。

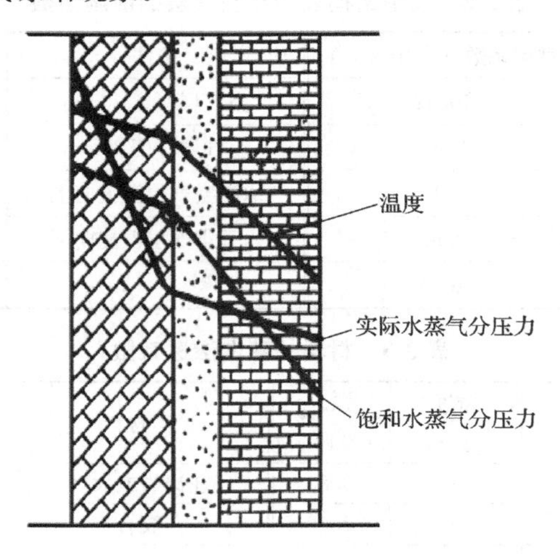

图 3-22　围护结构内水蒸气分压力分布

3.2.2　以其他形式进入室内的热量和湿量

进入室内的热量和湿量，除了通过围护结构进去的，还有以其他形式进入室内的，包括室内的产热产湿及因空气渗透带来的热量和湿量。

室内的热湿源一般包括人体、设备和照明设施。人体会通过皮肤和服装向环境散发显热量，同时通过呼吸、出汗向环境散发湿量。照明设施向环境散发的是显

热，工业建筑设备的散热和散湿取决于设备特点和工艺过程。一般民用建筑的散热散湿设备包括家用电器、厨房设施、食品、游泳池、体育和娱乐设施等；工业建筑的散热散湿设备包括电动机、加热水槽等。

1. 室内热源散热量

1）设备的散热

室内设备可分为电动设备和加热设备。加热设备只要把热量散入室内，就全部成为室内得热。而电动设备所消耗的能量中有部分转化为热能散入室内成为得热，还有部分成为机械能。这部分机械能有的可能是在该室内消耗，最终都会转化为该室内的得热。但如果这部分机械能没有消耗在该室内，而是输送到室外或者其他空间，就不会成为该室内的得热。

当工艺设备及其电动机都放在室内时：

$$Q = 1000 n_1 n_2 n_3 N/\eta \quad (\mathrm{W}) \tag{3-5}$$

当工艺设备在室内，而电动机不在室内时：

$$Q = 1000 n_1 n_2 n_3 N \quad (\mathrm{W}) \tag{3-6}$$

当工艺设备不在室内，而只有电动机放在室内时：

$$Q = 1000 n_1 n_2 n_3 \frac{1-\eta}{\eta} N \quad (\mathrm{W}) \tag{3-7}$$

式中，N 为电动设备安装功率，kW；n_1 为利用系数，是电动机最大实耗功率与安装功率之比，一般可取 0.7～0.9，可用以反映安装功率的利用程度；n_2 为同时使用系数，即房间内电动机同时使用的安装功率与总安装功率之比，一般可取 0.5～0.8；n_3 为电动机负荷系数，定义为电动机每小时平均实耗功率与设计最大实耗功率之比，一般可取 0.5 左右，对精密机床取 0.15～0.4；η 为电动机效率，可由产品样本查到。

对于无保温密闭罩的电热设备，按式(3-8)计算：

$$Q = 1000 n_1 n_2 n_3 n_4 N \quad (\mathrm{W}) \tag{3-8}$$

式中，n_4 为考虑排风带走热量的系数，一般取 0.5；其他符号意义同前。

电子设备计算公式同式(3-7)，其中，系数 n_3 的值根据使用情况而定，对计算机可取 1.0，一般仪表取 0.5～0.9。

2）照明的散热

照明所消耗的电能一部分转换为光能，另一部分直接转换为热能。两种形式能量的比例与照明的光源类型有关。照明的类型、灯具的形式和布置方式均影响得热量。在计算室内照明的总散热量时，由于照明设施有可能不是同时使用的，所以需要考虑不同时使用的影响。

综上所述，照明散热量可按式(3-9)计算：

$$Q = 1000 n_1 n_2 n_3 N (\mathrm{W}) \tag{3-9}$$

式中，n_1 为同时使用系数，定义为室内照明设备同时使用的安装功率与总安装功率之比，一般为 0.5～0.8；n_2 为荧光灯整流器消耗功率的系数，当整流器在空调房间内时取 1.2，在吊顶内时取 1.0，当为白炽灯时，该系数省略；n_3 为安装系数，明装时取 1.0，暗装且灯罩在上部穿有小孔时取 0.5～0.6，暗装灯罩上无孔时，视吊顶内通风情况取 0.6～0.8，灯具回风时可取 0.35；N 为照明设备的安装功率，kW。

3）人体的散热

人体散热与性别、年龄、衣着、劳动强度以及环境条件(温、湿度)等多种因素有关。从性别、年龄上看，可认为成年女子总散热量约为男子的 85%、儿童约为男子的 75%。

由于性质不同的建筑中有不同比例的成年男子、女子和儿童数量，而成年女子和儿童的散热量低于成年男子。为计算方便，以成年男子为基础，乘以考虑了各类人员组成比例的系数，称为群集系数，见表 3-4。于是人体散热量为

$$Q = q n n' (\mathrm{W}) \tag{3-10}$$

式中，q 为不同室温和劳动性质时成年男子散热量，W，见表 3-5；n 为室内全部人数；n' 为群集系数。

表 3-4　群集系数

工作场所	n'	工作场所	n'
影剧院	0.89	图书阅览室	0.96
百货商店	0.89	工厂轻劳动	0.90
旅馆	0.93	银行	1.00
体育馆	0.92	工厂重劳动	1.00

2. 室内湿源散湿量

室内湿源散湿主要有人体散湿、敞开水表面散湿、工艺设备散湿，以及在某些特殊建筑中需要考虑从围护结构渗入的水分、植物蒸发散发的水分等。工艺设备、水槽、地面积水等室内湿源一般以湿表面散湿和蒸汽散湿两种形式向室内散湿。

表3-5　成年男子在不同环境温度条件下的散热、散湿量

活动强度	散热、散湿	环境温度/℃										
		20	21	22	23	24	25	26	27	28	29	30
静坐	显热/W	84	81	78	74	71	67	63	58	53	48	43
	潜热/W	26	27	30	34	37	41	45	50	55	60	65
	散湿/(g/h)	38	40	45	50	56	61	68	75	82	90	97
极轻劳动	显热/W	90	85	79	75	70	65	61	57	51	45	41
	潜热/W	47	51	56	59	64	69	73	77	83	89	93
	散湿/(g/h)	69	76	83	89	96	102	109	115	123	132	139
轻度劳动	显热/W	93	87	81	76	70	64	58	51	47	40	35
	潜热/W	90	94	100	106	112	117	123	130	135	142	147
	散湿/(g/h)	134	140	150	158	167	175	184	194	203	212	220
中等劳动	显热/W	117	112	104	97	88	83	74	67	61	52	45
	潜热/W	118	123	131	138	147	152	161	168	174	183	190
	散湿/(g/h)	175	184	196	207	219	227	240	250	260	273	283
重度劳动	显热/W	169	163	157	151	145	140	134	128	122	116	110
	潜热/W	238	244	250	256	262	267	273	279	285	291	297
	散湿/(g/h)	356	365	373	382	391	400	408	417	425	434	443

1）人体散湿量

人体散湿量可按式(3-11)计算：

$$W_1 = gnn' \tag{3-11}$$

式中，W_1 为人体散湿量，g/h；g 为不同室温和劳动性质时成年男子散湿量，g/h；n'为群集系数；n 为总人数。

对于普通办公室，当室内温度为25℃时，单个成年男子的散湿量为102g/h。当每人5m^2 面积时，单位建筑面积的人员散湿量约为20.4g/h。

2）敞开水表面或潮湿表面散湿量

在某些建筑物内存在着水箱、水池、卫生设备存水等敞开水表面，这些水体会不断向室内散湿，其散湿量的计算公式为

$$W_2 = 1000\beta(P_b - P_a)F\frac{\beta_0}{\beta} \tag{3-12}$$

式中，W_2 为湿表面散湿量，g/s；P_b 为水表面温度下的饱和空气的水蒸气分压力，Pa；P_a 为空气中水蒸气分压力，Pa；F 为蒸发水槽表面积，m^2；β 为蒸发系数，kg/(N·s)，$\beta = \beta_0 + 3.63 \times 10^{-8} v$；$\beta_0$ 为不同水温下的扩散系数，kg/(N·s)，见表3-6；v 为水面

上周围空气的流速，m/s。B_0 为标准大气压，101325Pa；B 为当地实际大气压，Pa。

表 3-6　不同水温下的扩散系数

水温/℃	<30	40	50	60	70	80	90	100
$\beta_0\times10^8$/[kg/(N·s)]	4.5	5.8	6.9	7.7	8.8	9.6	10.6	12.5

当室内温度为25℃、相对湿度为55%、水槽的温度与空气温度相同时，P_b 与 P_a 分别为3156Pa和1729Pa。对于普通办公室，敞开水表面一般远小于房间建筑面积的1%，因而单位建筑面积的散湿量远小于2.5g/h。与人员散湿相比，一般情况下，敞开水表面所导致的散湿量可以忽略不计。

对湿地面来说，可近似认为地面上有一薄层的水，它与室内空气之间的热湿交换是在绝热的条件下进行的，即水蒸发时所需的全部热量都由空气供给。因此，水层的温度基本上等于空气的湿球温度。散湿量可由式(3-13)计算，即

$$W_3=\frac{K_wA_w(t_n-t_{ns})}{r} \tag{3-13}$$

式中，W_3 为湿地面散湿量，g/h；A_w 为湿地面表面积，m^2；K_w 为水面与空气间的换热系数，可取4.1W/(m^2·℃)；t_n 为室内空气干球温度，℃；t_{ns} 为室内空气湿球温度，℃；r 为水的汽化潜热，kJ/kg。

在居民家中，通常在打扫清洁时可能会出现大面积湿地面，而此时居民也会关闭空调，打开门窗通风，即通过自然通风的方法让室外空气带走室内多余的湿气。因此在居住建筑湿负荷计算中，不考虑这部分余湿量。

3）植物蒸发散湿量

当室内种植有大量植物时，还需要考虑由于植物的蒸发作用散发到房间的水分。表3-7给出了一些植物蒸发率的测量结果。一盆大型花木如果其叶片面积达到1m^2，则从表中可见其产湿量可相当于2～3人的产湿量。因此，在某些室内绿化较多的区域，这部分散湿量也必须给予考虑。

$$W_4=A_w\alpha_w \tag{3-14}$$

式中，W_4 为植物散湿量，g/h；A_w 为植物蒸发总表面积，cm^2；α_w 为植物表面蒸发率，g/(cm^2·h)，见表3-7。

表 3-7　植物蒸发率

植物名称	桂花	榆叶梅	紫叶李	连翘	白玉兰	木瓜
蒸发率/[g/(cm^2·h)]	0.0396	0.0441	0.0648	0.0431	0.0511	0.0620
植物名称	海棠	珍珠梅	紫藤	火棘	紫薇	紫荆
蒸发率/[g/(cm^2·h)]	0.0359	0.0954	0.0435	0.0378	0.0677	0.0364

注：摘自张景群等(1999)。

在居住建筑中，考虑到大多家庭不会在室内大面积种植植物，仅以绿色盆栽植物作为室内点缀，或置于室外窗台遮阴处。一般情况下，其散湿量可以忽略不计。

4）人为散湿量

人为散湿量是指建筑物内人员日常生活如洗脸、吃饭、喝水等形成的水分蒸发，出入盥洗室、厕所等带出的水分等。根据试验测定，人员24h在建筑物内生活、工作时，可按30～40g/(h·人)计算。

$$W_5 = nm \tag{3-15}$$

式中，W_5 为人为散湿量，g/h；n 为建筑物内人数，人；m 为每人每小时散湿量，建筑物内生活时可取30～40g/(h·人)。

5）蒸汽散湿量

工艺设备因采用蒸汽或蒸汽泄露向室内散发湿量，可直接根据表3-8计算。表3-8列出了民用建筑常见的室内散湿设备的散湿量。

表3-8　室内常见设备散湿量

散湿设备	散湿条件	散湿量/(g/h)
锅(直径22cm)	强沸腾，无盖	1400～1500
	一般，有盖	500～700
中型水壶	强沸腾，无盖	1300～1400
浴槽	水面积0.5m²、2人浴槽	500～1000
	入浴中	1000～1500
燃烧设备：煤	发热量，每1kW	140
油灯	发热量，每1kW	95
丙烷气	发热量，每1kW	120

3. 空气渗透带来的得热

由于建筑存在各种门、窗和其他类型的开口，室外空气有可能进入房间，从而给房间空气直接带入热量和湿量，并即刻影响到室内空气的温湿度。因此，需要考虑空气渗透给室内带来的得热量。

空气渗透是指室内外存在的压力差导致室外空气通过门窗缝隙和外围护结构上的其他小孔或洞口进入室内的现象，也就是所谓的非人为组织(无组织)的通风。一般情况下，空气的渗入和空气的渗出总是同时出现的。由于渗出的是室内状态的空气，渗入的是外界的空气，所以渗入的空气量和空气状态决定了室内的得热量。因此，在冷、热负荷计算中只考虑空气的渗入。

室内外压力差 ΔP 是决定空气渗透量的因素，一般为风压和热压所致。夏季时由于室内外温差比较小，风压是造成空气渗透的主要动力。如果室内有空调系统送风造成室内足够的正压，就只有室内向室外渗出的空气，基本没有影响室内得热的从室外向室内渗入的空气，所以可以不考虑空气渗透的作用。如果室内没有正压送风，就需要考虑风压对渗透风的作用。冬季如果室内有采暖，则室内外存在比较大的温差，热压形成的烟囱效应会强化空气渗透，即由于空气密度差的存在，室外冷空气会从建筑下部的开口进入，室内空气从建筑上部的开口流出。因此，在冬季采暖期，热压可能会比风压对空气渗透起更大的作用。高层建筑的这种热压作用会更加明显，所以底层房间的失热量明显要高于上部房间的失热量。因而在考虑高层建筑冬季采暖负荷时，要同时考虑风压和热压的作用。

为了满足设计人员的实际工作需要，目前在计算风压作用造成的空气渗透时，常用的方法是基于实验和经验上的估算方法，即缝隙法和换气次数法。

3.2.3 负荷与得热

1. 负荷的定义

在考虑控制室内热环境时，需要涉及冷负荷和热负荷的概念。

冷负荷的含义是维持一定室内热湿环境所需要的在单位时间内从室内除去的热量，包括显热量和潜热量两部分。如果把潜热量表示为单位时间内排除的水分，则可称为湿负荷。因此，冷负荷包括显热负荷和潜热负荷两部分，或者称为显热负荷与湿负荷两部分。

热负荷的含义是维持一定室内热湿环境所需要的在单位时间内向室内加入的热量，同样包括显热负荷和潜热负荷两部分。如果只考虑控制室内温度，则热负荷就只包括显热负荷。

根据冷、热负荷是需要去除或补充的热量的定义，冷负荷量的大小与去除热量的方式有关，同样热负荷量的大小也与补充热量的方式有关。例如，常规的空调采用送风方式来去除空气中的热量并维持一定的室内空气温、湿度，因此，需要去除的是进入到空气中的得热量。至于储存在墙内表面或家具中的热量只要不进入空气中，就不必考虑。但是，如果采用辐射板空调，由于去除热量的方式包括了辐射和对流两部分，所维持的不仅是空气的参数还要维持一定的室内平均辐射温度，所以需要去除的热量除了进入到空气中的热量，更重要的是要以冷辐射的形式去除各热表面包括人体上的热量。因此，辐射空调房间的冷负荷包括需要去除的进入到空气中的和储存在热表面上的热量。

2. 负荷与得热的关系

前面已经介绍了通过各种途径进入室内的热量，即得热。热量进入室内后并不一定全部直接进入空气中，而会有一部分通过长波辐射的方式传递到各围护结构内表面，提高这些表面的温度，然后通过对流换热方式逐步释放到空气中。这种室内各表面的长波辐射过程是一个无穷次反复作用的过程，一直要达到各表面温度完全一致才会停止。一般来说，潜热得热会直接进入室内空气，形成瞬时冷负荷。当然，如果考虑到围护结构内装修及家具的吸湿和蓄湿作用，潜热得热也会存在延迟。渗透空气的得热也会直接进入室内空气中，成为瞬时冷负荷。但其他形式的显热得热的情况就比较复杂。

通过玻璃窗进入室内的辐射得热首先会被室内各种表面吸收和储存，当这些表面温度高于空气时，就会有热量以对流换热的形式进入空气中，形成瞬时冷负荷。

通过围护结构导热进入室内的得热中有一部分立刻通过对流换热进入空气中；另一部分热量会以长波辐射的形式传给室内其他表面，提高其他表面的温度，当这些表面的空气温度高于室内空气温度时，就会有热量以对流换热的形式进入空气中，成为瞬时冷负荷。

室内热源散发显热的形式一般包括对流和辐射两种。对流得热部分立刻进入室内空气中成为瞬时冷负荷；而辐射得热部分首先会传递到室内各表面，提高这些表面的温度，当这些表面的空气温度高于室内空气温度时，就会有热量以对流换热的形式进入空气中，成为瞬时冷负荷。

因此在多数情况下，冷负荷与得热量有关，但并不等于得热。如果采用送风空调，则负荷就是得热中的纯对流部分。如果热源只有对流散热，各围护结构内表面和各室内设施表面的温差很小，则冷负荷基本就等于得热量，否则冷负荷与得热是不同的。如果有显著的长波辐射部分存在，由于各围护结构内表面和家具的蓄热作用，冷负荷与得热量之间就存在着相位差和幅度差，冷负荷对得热的响应一般都有延迟，幅度也有所衰减。因此，冷负荷与得热量之间的关系取决于房间的构造、围护结构的热工特性和热源的特性。热负荷同样也存在这种特性。图 3-23 是得热量与冷负荷之间的关系示意图。

对于空调设计来说，首先需要确定室内冷、热负荷的大小，因此需要掌握各种得热的对流和辐射的比例。但是对流散热量和辐射散热量的比例又与热源的温度、室内空气温度以及四周表面温度有关，各表面之间的长波辐射量与各内表面的角系数有关，因此准确计算其分配比例是非常复杂的工作。表 3-9 给出了各种瞬时得热中的不同成分。照明和机械设备的对流和辐射的比例分配与其表面温度有关，人体的显热和潜热比例分配也与人体所处的状况有关，该表仅是为了计算方便而针对一般情况得出的参考结论。图 3-24 为照明得热和实际冷负荷之间的关系示意图。

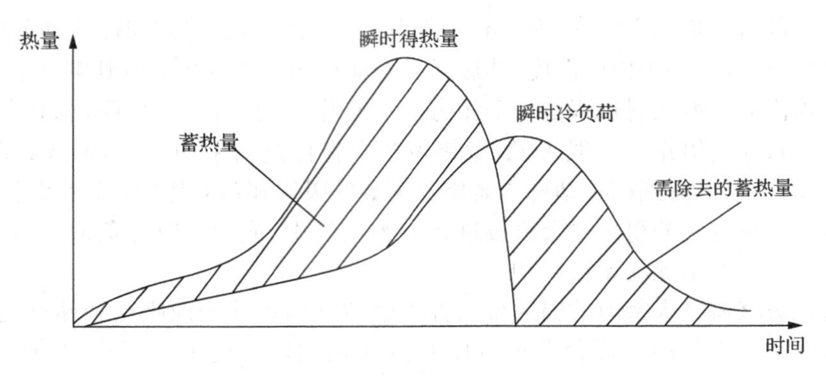

图 3-23　得热量与冷负荷之间的关系

表 3-9　各种瞬时得热中的不同成分(%)

得热类型	辐射热	对流热	潜热	得热类型	辐射热	对流热	潜热
太阳辐射(无内遮阳)	100	0	0	人	40	20	40
太阳辐射(有内遮阳)	58	42	0	传导热	60	40	0
荧光灯	50	50	0	机械或设备	20～80	80～20	0
白炽灯	80	20	0	渗透和通风	0	100	0

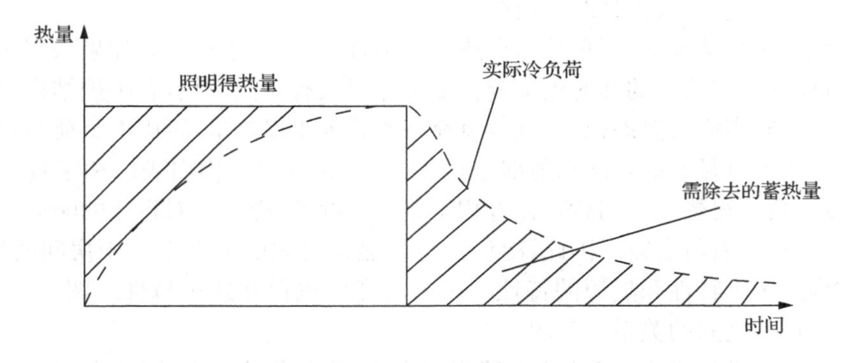

图 3-24　照明得热和实际冷负荷之间的关系

3.2.4　新风与新风湿负荷

夏热冬冷地区夏季气候的主要特点是高温、高湿。过高的空气湿度不仅影响到室内人员的热舒适感，而且影响到室内卫生条件，对人体健康和室内设备、设施的使用寿命带来不利影响。要达到室内环境的热舒适、健康和卫生要求，就需要采取多种通风、空调方式解决高温高湿带来的热环境质量和室内空气质量问题。

新风主要是用来控制室内空气品质的。室内空气品质以往用 CO_2 的浓度、含尘浓度或其他已知并能测量的污染物的浓度作为控制指标，但控制污染物浓度并不能反映空气品质的真实状况。1989 年，美国暖通空调协会（ASHRAE）颁布的 ASHRAE 62—1989 标准中提出了合格空气品质的新定义：合格的空气品质应当是空气中没有浓度达到权威机构确定的有害程度指标的已知污染物，并且在这种环境中人群绝大多数（80％或更多）没有表示不满意。合格的空气品质应当既符合客观评价指标，又符合主观评价指标。

保证室内空气品质的主要措施是通风，即用污染物浓度很低的室外空气置换室内含污染物的空气。其所需的通风量应根据稀释室内污染物达到标准规定的浓度的原则来确定。对于以人群活动为主要功能的建筑，主要的污染源是人。因此，这类建筑都是以人来确定必需的通风量——新风量，即用稀释人体散发的 CO_2 来确定新风量。

新风量的多少是影响空调负荷的重要因素之一。新风量少了，会使室内卫生条件恶化，甚至成为“病态建筑”；新风量多了，会使空调负荷加大，造成能量浪费。《公共建筑节能设计标准》（GB 50189—2015）条文说明中指出，空调系统所需的新风主要有两个用途：一是稀释室内有害物质的浓度，满足人员的卫生要求；二是补充室内排风和保持室内正压。前者指的有害物质是 CO_2，使其日平均值保持在 0.1％以内；后者通常根据风量平衡计算确定。该标准还给出了公共建筑主要空间的设计新风量，见表 3-10，汇总了国内现行有关规范和标准的数据，并综合考虑了众多因素，一般不应随意增加或减少。

表 3-10　公共建筑主要空间的设计新风量

建筑类型与房间名称			新风量/[m^3/(h・人)]
旅游旅馆	客房	5 星级	50
		4 星级	40
		3 星级	30
	餐厅、宴会厅、多功能厅	5 星级	30
		4 星级	25
		3 星级	20
		2 星级	15
	大堂、四季厅	4～5 星级	10
	商业、服务	4～5 星级	20
		2～3 星级	10
	美容、理发、康乐设施		30
旅店	客房	1～3 级	30
		4 级	20

续表

建筑类型与房间名称			新风量/[m^3/(h·人)]
文化娱乐	影剧院、音乐厅、录像厅		20
	游艺厅、舞厅(包括卡拉 OK 歌厅)		30
	酒吧、茶座、咖啡厅		10
	体育馆		20
	商场(店)、书店		20
	饭馆(餐厅)		20
	办公		30
学校	教室	小学	11
		初中	14
		高中	17

在全年空调系统设计中，新风能耗在空调总能耗中占较大比例。而在夏季湿负荷中，新风湿负荷占总湿负荷的 80%以上，新风处理中用于除湿的能耗远远超过用于新风降温的能耗。由新风带入的水分为

$$W = V_{\mathrm{f}}\rho(d_{\mathrm{w}} - d_{\mathrm{n}}) \tag{3-16}$$

式中，W 为新风带入的湿量，g/h；V_{f} 为进入建筑物的新风量，m^3/h；ρ 为空气密度，kg/m^3；d_{w} 为室外空气湿度，g/kg；d_{n} 为室内空气湿度，g/kg。

3.3 湿度对人体和建筑环境的影响

3.3.1 湿度对建筑环境污染物的影响

湿度对人体的影响体现在两个方面。首先是湿度对空气中污染物的影响。这些污染物包括生物污染物如真菌(包括霉菌)、细菌、病毒和尘螨，以及化学污染物如甲醛和臭氧，它们是病态建筑综合征的成因之一。据统计，在发达国家有20%～30%的人对室内空气中的生物污染物过敏。这些污染物主要通过呼吸系统进入人体，影响人们健康，也有少部分对皮肤有不良刺激。湿度对生物污染物也有重要影响，建筑中的生物污染物需要一个合适的湿度来繁殖、生长、向空气中散发和向人体传播。这些污染物再通过呼吸、接触等途径进入人体，引起人们感冒、哮喘、过敏性鼻炎、肺炎等症状。湿度对非生物污染物如甲醛和臭氧的影响主要是影响建筑材料对这些物质的释放速度和在建筑表面的化学反应速度。此外，人体对这些污染物的敏感程度也同湿度有关。在低湿环境下人体的呼吸系统黏膜干燥，易引发呼吸系统疾病。图 3-25 为适宜各种污染物滋生的湿度环境。从图 3-25 看出，适

宜人体健康的湿度环境是40%～60%RH。生物污染物容易滋生的地方是局部潮湿或容易积水的地方，如地下室墙壁、空调风道、蒸发器、冷水盘管、地毯、家具壁面等。除了要控制湿度不能太大，这些地方还应定时清洁。

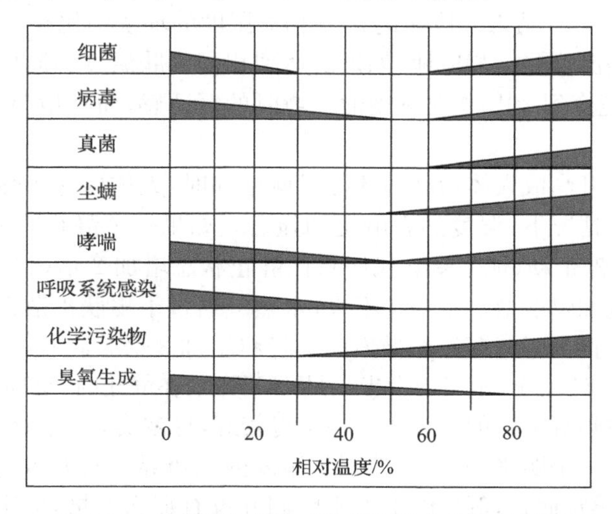

图3-25 适宜室内生物和化学污染物的湿度环境

3.3.2 湿度与热舒适性的关系

湿度对人体的另一重要影响是舒适度。湿负荷会直接或间接影响舒适度，在一定温度下降低湿度会使人们感觉更加凉爽、干燥和舒服，身上的衣服也更加舒适，人们还会感到空气格外新鲜。

热感觉由身体温度和个人因素(如新陈代谢和衣着等因素)共同决定，它与温度、辐射量、空气流动状态和湿度等环境因素有关。

湿度影响皮肤和黏膜的水分蒸发，反过来，水分蒸发又影响人体热平衡、人体温度和热感觉。当皮肤的水分蒸发受到影响时，皮肤温度会改变，人体能直接感受到这种热感觉的变化。与运动状态的人相比，处于静止状态的人较少地依赖于出汗来达到热平衡，但湿度仍然对人体的热感觉有直接影响。

人体水分蒸发由人体和空气中水蒸气的压力差决定。一个标准成年男子穿着长裤、长袖衫在24℃和50%相对湿度的环境中休息时会失去32g/h的水分。在这些水分中，12g/h是从鼻子和呼吸系统表面失去的，而其余20g/h是经干燥的皮肤扩散出去的，即隐性蒸发完成。

如果从能量的角度看，这些蒸发散热(21W)占到静止状态人体总散热(105W)的20%。由于人体此时不做有用功，所有新陈代谢产生的热都需要排放到环境中去，所以其余84W的热量要通过传导、对流与辐射的干传热方式传递到环境中去。

如果在24℃下将环境的湿度由50%降到20%，人体水分蒸发速率将增加到38g/h，通过蒸发散发的热量增加到26W，相当于总散热量(105W)的25%。由于通过蒸发散发的热量增加，以干传热的方式散发的热量减少到79W，此时皮肤温度降低0.3～0.9℃。结果人体在这20%相对湿度的环境中比在原50%相对湿度的环境中感觉到凉快些。相应地，如果要达到相同皮肤温度和同样体会到从相对湿度50%的环境变到20%相对湿度的环境时的舒适感，而环境湿度不变，环境温度需要降低1℃。

当空气温度升高或人体活动与新陈代谢增加时，人体要达到热平衡需要增加主动出汗。这种情况下，湿度的影响更加显著。如果一个静止的人在24℃、50% RH的环境中不停走动，他的新陈代谢将比静止状态增加2倍(到315W)。此时，人体向环境对流和辐射散热量变化不大，水蒸气通过干皮肤扩散带来的散热变化也很小(20g/h)，而通过呼吸系统散发的热量将增加3倍。同时，通过皮肤出汗散失的热量将达到240g/h，相当于带走热量161W，而在静止时，这项热量为零。

尽管人们对热舒适区的温度边界制定得较好，且被实验和实际测量所证实，但湿度边界并没有一个明确的定义，特别是湿度的上边界。对人体的生理和热平衡研究表明，就热感觉而言，湿度的上下限限制并没有那么严格，但实验和个人体验又表明，人体对环境舒适度有湿度上下限限制。

湿度不舒适的其他特点要用能量平衡以外的观点来解释。皮肤真皮的最外层鳞片上死皮细胞可以很轻易地吸收或脱附水分。当水分增加时，细胞膨胀、变软；当干燥时，细胞收缩、变硬。皮肤的含湿量可以用皮肤相对湿度来表示，即

$$\mathrm{RH_{sk}} = \frac{P_{\mathrm{m}}}{P_{\mathrm{s,sk}}} \tag{3-17}$$

式中，P_{m} 为皮肤平均水蒸气分压力，Pa；$P_{\mathrm{s,sk}}$ 为皮肤温度下水蒸气的饱和压力，Pa。

通常情况下，真皮层含水量为10%(水分/干皮肤质量)，但它可以吸附更多的水。

皮肤的湿度可以由皮肤的机械性刺激感受器、毛发的皮囊以及其他能感觉皮肤扩张与收缩的神经器官来感知。在皮肤湿度较高的情况下，皮肤的扩张足以关闭或缩小汗腺的内腔，并导致出汗减少。这一过程在$\mathrm{RH_{sk}} \geqslant 0.9$时发生。相反，当皮肤足够干燥时，皮肤会收缩，引发皮肤损害。

皮肤含水量的另一表达方式是皮肤湿润度(ω)。它定义为身体上水膜的面积与身体皮肤总面积之比。根据此定义，由皮肤通过蒸发散失到环境的热量为

$$E_{\mathrm{sw}} = \omega A_{\mathrm{du}} h_{\mathrm{e}} (P_{\mathrm{s,sk}} - P_{\mathrm{av}}) \tag{3-18}$$

式中，A_{du}为皮肤总表面积，$\mathrm{m^2}$；h_{e} 为蒸发传热系数，$\mathrm{W/(m^2 \cdot ℃)}$；P_{av}为环境水蒸

气压力，Pa。

皮肤湿润度与热不舒适性有直接关系。当皮肤湿润度接近或超过 25%时，人们通常会感觉到不舒适。出汗加剧后，当身体平均湿润度达到 80%时，汗滴开始从一些身体表面掉落下来。

皮肤湿润度与皮肤相对湿度的关系为

$$\mathrm{RH}_{\mathrm{sk}} = \omega + (1 - \omega)\frac{P_{\mathrm{av}}}{P_{\mathrm{s,sk}}} \tag{3-19}$$

由式(3-19)可知，除 $\omega = 1$ 时外，$\mathrm{RH}_{\mathrm{sk}}$总是大于 ω。热舒适区的有效温度边界具有恒定的皮肤湿润度，但当环境绝对湿度增加时，$\mathrm{RH}_{\mathrm{sk}}$、皮肤发生膨胀和软化的情况都有所增加。

人体对湿度的感觉是比较敏感的。当持续出汗时，因为皮肤表面的盐分逐渐积累，皮肤湿润度随着时间慢慢增加。出汗时，皮肤表面的水分会蒸发掉，汗水中溶解的盐分(主要是氯化钠)会停留在皮肤表面并积累下来。皮肤表面的盐分降低了皮肤表面汗膜的水蒸气分压，进而降低了单位面积皮肤表面上水分向空气的蒸发速度。由于总出汗量保持不变，所以汗膜面积随之增大，以补偿单位面积蒸发速率的降低。一般认为，热天或运动后人们洗澡后感到的舒服感就是由于将皮肤表面的盐分除掉后，在皮肤湿润度减少的情况下人体汗液能够更快地蒸发掉。

在湿润环境下衣服对舒适性也有影响，研究表明皮肤与衣服之间的摩擦在皮肤湿润度超过 25%后会突然增加。当皮肤含湿量增加时，衣服纤维的粗糙度增加，人体对衣服的不舒适感随之增加。当受试者的皮肤湿润度超过 25%后，大多数人表示不舒适。所以衣服、布料在干燥的环境中给人的感觉更好，也更容易销售。可以想象得到，大商场里空气湿度较小时有利于衣物销售，所以这些场合进行除湿更有必要。

1. 低湿环境

低湿也会影响人体舒适性和健康。在干燥环境下，尤其当露点温度低于 0℃时，人们常常会抱怨鼻子、喉咙、眼睛和皮肤干燥。低湿会导致皮肤和黏膜表面干燥，而呼吸系统表面干燥后，黏液浓度增加，导致纤毛自洁和噬菌活动减少，使人们更易遭受到呼吸系统疾病的侵害，也增加了不舒适的感觉。这也是冬天气候干燥时，人们更易患呼吸系统疾病的原因。干燥环境还会导致人们皮肤粗糙、眼睛发干等症状。

为了消除低湿环境造成的不舒服感，ASHRAE 标准规定空调环境的露点温度不能低于 3℃。

2. 高湿环境

在低湿环境下，热舒适性可以用热感觉这个标准来衡量。但在高湿环境下，单独一个热感觉不能真实反映热舒适性。有人建议在热舒适区的高温部分，为了避免热不舒适的出现，有必要将相对湿度限制在60%以下。由于这个原因和控制霉菌生长的需要，从1992年开始，ASHRAE标准将湿度标准的上限设为60%。

受试者对热环境表示可以接受的百分数受温度、湿度、衣物摩擦和其他感觉的共同影响。当湿度超过50%时，人们对环境热舒适的接受程度同绝对湿度和操作温度有直接关系。

3. 湿度对空气质量可以接受百分数的影响

湿度减小时，人们会感觉空气更加新鲜、更清凉。Fanger的研究表明，当室内污染物的浓度一定时，降低温度或湿度，人们在感觉上对空气质量更能接受，可以说对空气质量的满意度与空气的焓值有直接联系。空气质量的可接受百分数随着空气焓值的下降而呈线性增加，说明室内空气温度和相对湿度的综合作用影响着人们对室内空气质量的可接受百分数。

参考文献

付祥钊. 2002. 夏热冬冷地区建筑节能技术. 北京：中国建筑工业出版社.

张景群，徐钊，吴宽让. 1999. 40种木本植物水分蒸发所需热能估算与燃烧性分类. 西南林学院学报，19(3)：170-175.

张立志. 2005. 除湿技术. 北京：化学工业出版社.

赵荣义，范存养，薛殿华，等. 2009. 空气调节. 4版. 北京：中国建筑工业出版社.

中华人民共和国住房和城乡建设部. 2015. 公共建筑节能设计标准(GB 50189—2015). 北京：中国建筑工业出版社.

中华人民共和国住房和城乡建设部. 1993. 民用建筑热工设计规范(GB 50176—1993). 北京：中国建筑工业出版社.

中华人民共和国住房和城乡建设部. 2010. 夏热冬冷地区居住建筑节能设计标准(JGJ 134—2010). 北京：中国建筑工业出版社.

朱颖心. 2010. 建筑环境学. 3版. 北京：中国建筑工业出版社.

第4章 热湿独立处理技术

4.1 热湿处理方法

4.1.1 传统空调处理方法

1) 传统空调系统及负荷处理方式

传统空调系统按空调设备的设置情况可分为集中式、半集中式和分散式三种形式。集中式空调系统在空调机房内集中设置空气处理设备，通常包括过滤、冷却除湿、加热加湿、输送等设备，被设备处理的空气送入空调房间承担全部室内负荷；半集中式空调系统除设有集中空调机房外，在空调房间还分布有末端装置(如风机盘管)，空气经末端设备处理后送入房间吸收余热余湿；分散式空调系统则集冷热源、空气处理和输送设备于一体，灵活地分布在空调房间中，不需要单独设置空调机房。

按承担室内负荷使用的介质种类，传统空调系统又可以分为全空气系统、全水系统、空气-水系统和冷剂系统。全空气系统是指室内负荷全部由经过处理的空气来承担的空调系统，集中式空调系统一般属于这种系统；全水系统中室内负荷全部由水承担，但这种系统不能有效改善室内空气品质，因而不常使用；空气-水系统是同时使用水和空气作为介质承担负荷的空调系统，如风机盘管加新风系统；冷剂系统则是将制冷系统中的蒸发器直接放在室内来吸收余热余湿，如常见的家用分散式空调系统。

综上所述，无论哪种空调系统皆是显热负荷和潜热负荷(湿负荷)统一由空调设备处理，空气同时被降温除湿或加热加湿，室内温度和湿度耦合变化。

2) 传统空调系统的缺点

传统空调系统将热、湿负荷统一处理，不可避免地造成了以下问题。

(1) 冷源能耗巨大。常规空调系统使用同一冷源处理显热负荷和湿负荷，为兼顾除湿的要求，需将空气温度降低至露点温度以下，冷源温度较低。当室内设计参数为干球温度 25℃、相对湿度 60%时，相应的露点温度为 16.7℃，分别考虑 5℃传热温差和 5℃输送温差，则至少需要 7℃左右的冷水才能满足去除空气中水分的要求；若仅需去除室内显热负荷，使室内温度保持在 25℃，一般只需要 15℃左右的冷水就可以满足要求。可见一方面热湿负荷统一处理会拉低蒸发温度,因而造成制冷系统能效比大幅降低;另一方面,由于空气温度较低可能需要再热送入空调房间以满足人体舒适度的要求,冷热抵消,能耗巨大。

(2) 卫生条件差。常规空调系统使用冷凝法除湿,水蒸气由气态变为液态产生湿表面,这些湿表面成为细菌滋生的温床;此外,由于新风能耗大,新风量的使用受限,室内空气品质较差。

(3) 难以适应热湿比的变化。室内负荷包括显热负荷和湿负荷,显热负荷主要因太阳辐射、围护结构传热、人体散热、照明、设备等产生,而湿负荷则主要因人体散湿造成。显热负荷和湿负荷的主要产生原因不一致导致一天内热湿比在较大范围内变化,而传统空调系统统一处理热湿负荷,其吸收的显热和潜热比例比较稳定,因此,传统空调系统难以很好地适应室内热湿比的变化。对于这种情况,一般牺牲对湿度的控制,而仅照顾室内温度的要求,此时若室内相对湿度过高,往往需要降低室温以达到合适的舒适度,而引起能耗不必要的增加,若室内相对湿度过低则会使处理室外新风的能耗增加。

以上问题为空调系统的发展指明了方向,目前亟需新的空调系统解决这些问题,利用高温冷源、取消湿表面、扩大热湿比调控范围成为新空调方式的发展趋势,热湿独立处理空调系统应运而生。

4.1.2 热湿独立处理方法

1) 热湿独立处理的概念及形式

热湿独立处理即分别采用两套系统单独处理显热负荷和湿负荷。显热负荷的独立处理为自然冷源或高温人工冷源的使用提供了条件,系统能效显著提高;此外,室内不存在湿表面,卫生条件好;且热、湿负荷的分开处理,使可调控热湿比在较大范围内变动,舒适度高。

热湿独立处理系统由湿度处理系统和显热处理系统两部分组成,如图 4-1 所示。湿度处理系统一般包括调湿设备和送风末端,空气通过调湿设备处理至符合去除室内湿负荷的要求后经送风末端送入室内;该部分空气可根据需求仅为新风或仅为室内回风,或两者皆有。显热处理系统一般包括高温冷(热)水机组和显热消除末端,夏季有合适的自然冷源可以使用时,也可以使用自然冷源处理室内回风,完成调控室内温度的任务;显热消除末端通常为干式风机盘管和辐射板两种形式。

不同地区热湿独立处理的重点和方式因气候特点而不同。在西北干旱地区,夏季室外空气干燥,可直接通入干燥新风来去除室内湿负荷,该地区热湿处理的主要目的为降温,可通过蒸发冷却的方式制备冷水控制室内温度。在夏热冬冷地区,夏季室外空气湿热,必须同时考虑新风的除湿和室内降温要求。

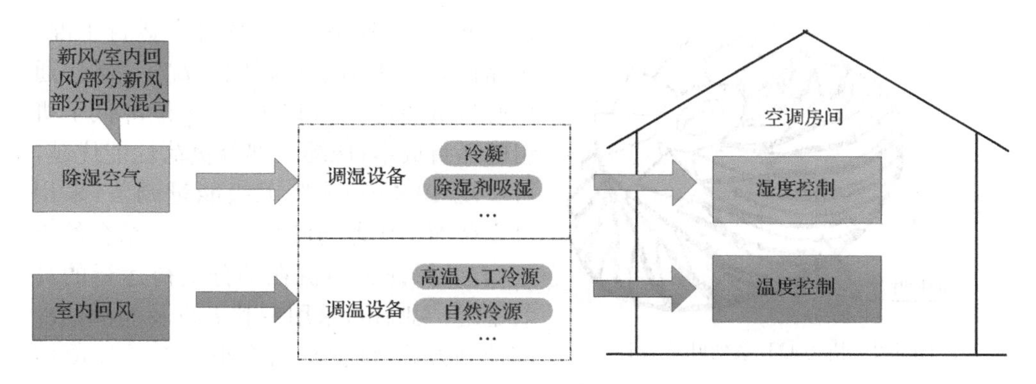

图 4-1　热湿独立处理系统组成

2）热湿独立处理系统的分类

根据除湿方式的不同，热湿独立处理系统分为除湿剂除湿和冷凝除湿，前者采用的除湿剂又可分为固体吸附剂和液体吸湿剂两种；在采用除湿剂除湿的系统中，根据除湿剂再生热源的不同，又可分为太阳能/余热驱动和热泵驱动。

4.2　热湿独立处理设备

4.2.1　高温冷水机组

出水温度相对较高的冷源称为“高温冷源”，一般为 15～18℃；出水温度相对较低的冷源称为“低温冷源”，一般 5～9℃。在热湿独立处理系统中，使用高温冷源去除室内显热负荷、控制温度可显著提高系统性能，相比使用 7℃冷源的常规空调系统可节能 30％左右。普通冷水机组生产高温冷水，一方面由于蒸发温度从 5℃左右提高至 15℃左右，压缩机压缩比显著减小，影响压缩机回油；另一方面，压缩机吸气比容大幅减小，对于吸气容积固定的压缩机，系统制冷剂流量增大，可能导致压缩机电机过载，影响运行安全。普通冷水机组工作在高温出水工况下引发系统流量和压比的变化，将导致冷水机组高能效的工作特性不能充分发挥出来，这就需要使用适合高温出水工况运行的冷水机组来确保热湿独立处理方法的节能优势。

针对高温出水工况对冷水机组设备制造和系统运行新的要求，珠海格力、青岛海尔、五洲制冷等公司都自主研发出了高性能的高温冷水机组。

格力 CT 系列高温离心式冷水机组专为高温冷冻水（12～20℃）设计，机组 16℃出水 COP 达 8.6。在冷冻水出水 12～20℃工况下，蒸发压力高，压缩机压比低。普通离心机严重偏离设计点，压缩机运行效率下降，可靠性也无法保证。而格力专为该工况设计的离心压缩机，由于对叶片（图 4-2）进行重新设计，叶轮的压缩

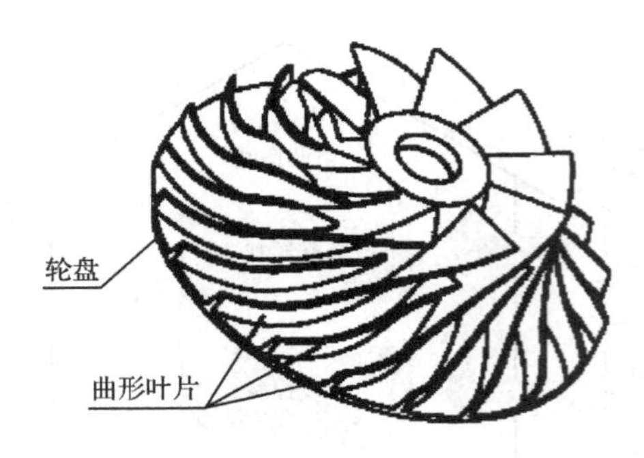

图 4-2 格力 CT 系列叶片设计

比较低，压缩效率高，完全符合运行工况，压缩机效率更高。在相同工况下，比普通离心机节能达 30%以上，极大地降低了机组的运行成本；压缩机部分负荷性能优越，可实现 10%～100%无级能量调节，采用可变截面扩压器与叶片导流有机结合的方式，有效保证压缩机在部分负荷运行的高效稳定，无喘振；采用专利电机及润滑油冷却控制方式，确保机组在小压差（冷凝压力与蒸发压力之差）情况下，电机及润滑油冷却充分，整机运行可靠。

海尔集团采用磁悬浮压缩机、变频控制、无油润滑等先进技术，开发出了磁悬浮离心机组，产品能效比有了很大的提高。机组部分负荷最高能效比达 26，综合能效比最高可达 11.98。

磁悬浮机组不使用任何润滑油，所以不需要回油压差，可以做高温出水(18℃)机组，而普通螺杆机组由于需要建立回油压差，所以难以实现高温出水。机组完全无油运行，在 18℃高温出水工况下高效运行，(冷水出水温度 5～20℃可调)减少了油路系统、油泵等零件的故障，可靠性提高 30%～50%。图 4-3 为海尔磁悬浮机组与普通螺杆机组出水温度的比较。

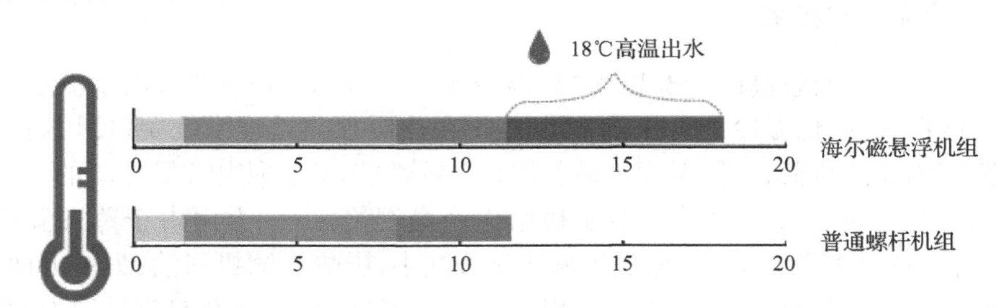

图 4-3 海尔磁悬浮机组与普通螺杆机组出水温度比较

4.2.2 蒸发冷却机组

在西北干旱地区，夏季室外空气干燥，因此，可直接利用室外新风和水蒸发冷却制备高温冷水满足去除室内显热负荷的要求。

蒸发冷却是一种节能、环保、健康的冷却方式，其以水为制冷剂，对大气无污染，主要分为直接蒸发冷却和间接蒸发冷却两种方式。

直接蒸发冷却(DEC)是指未饱和的空气与水直接接触，水表面蒸汽压高于空气中水蒸气分压力，因此，水蒸发吸热使空气和水的温度都降低，空气的含湿量增加，空气的显热转化为潜热，这是一个绝热加湿过程，其制备冷水的极限温度为进口空气的湿球温度。整个蒸发冷却过程要在冷却塔、喷水室或其他绝热加湿设备内实现，其装置原理如图 4-4 所示，对应的蒸发冷却过程在焓湿图上如图 4-5 所示，状态为 W 的室外空气在填料塔中与水直接接触进行热湿交换，其温度下降，含湿量增加，显热转化为潜热，沿绝热线变化到状态 E 排出，而水温由 t_{w1} 下降到 t_{w2}。

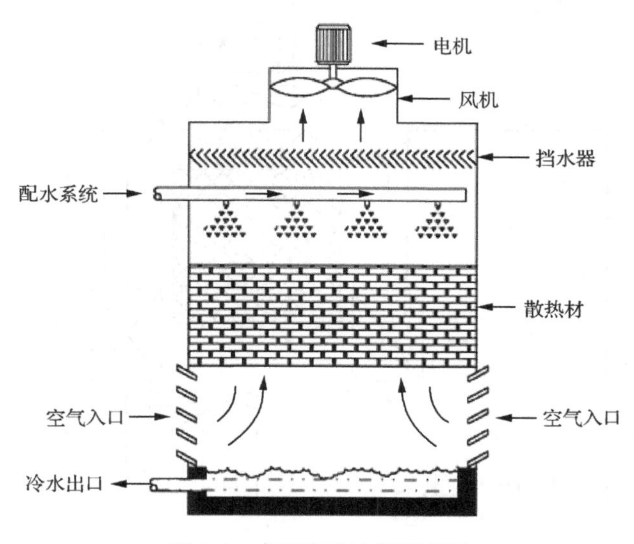

图 4-4　直接蒸发冷却原理图

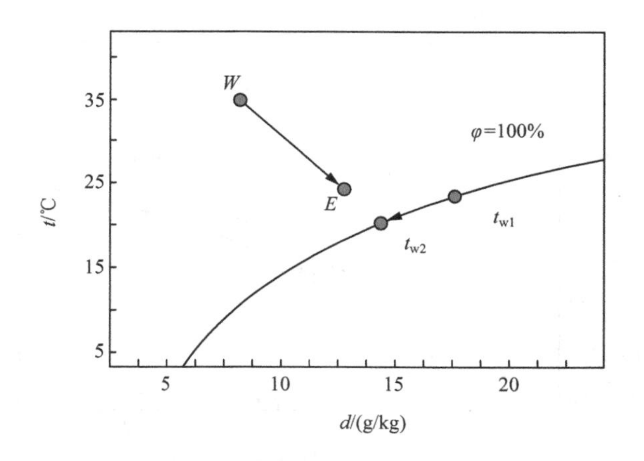

图 4-5　直接蒸发冷却焓湿图

间接蒸发冷却(IEC)是指把直接蒸发冷却过程中降温后的空气和水通过间壁式换热器冷却，得到温度降低而含湿量不变的送风空气，此过程为等湿冷却过程。这种冷却方式在理想情况下制取冷水的极限温度为进口空气的露点温度。在间接蒸发冷却过程中，冷水获得的冷量等于空气进出口的能量变化。图 4-6 为间接蒸发冷却原理图，其在焓湿图上可表示为图 4-7 。空气在换热器中被降温，使得该空气的状态接近饱和线，然后再和水接触，进行蒸发冷却，这样做与不饱和空气直接跟水接触相比，减少了传热传质的不可逆损失，使得蒸发在较低的温度下进行，产生的冷水温度也随之降低。

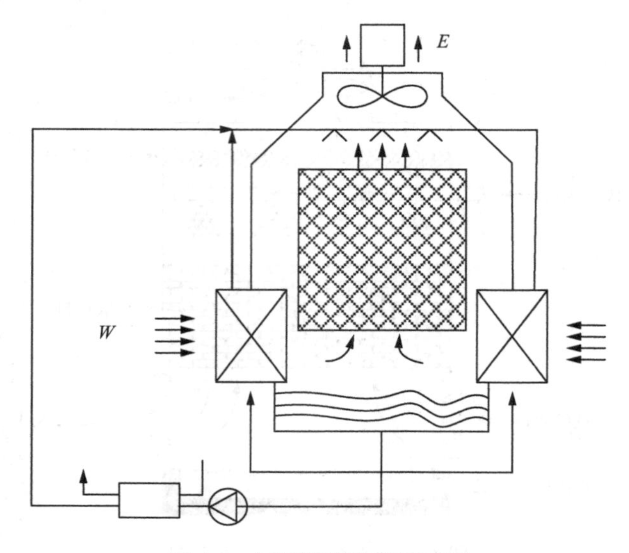

图 4-6　间接蒸发冷却原理图

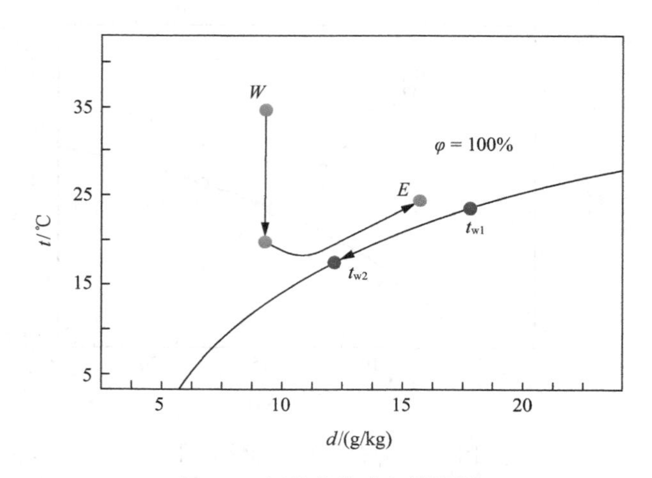

图 4-7　间接蒸发冷却焓湿图

4.2.3　地源热泵

地源热泵是地热利用的一种形式，它将低位热能用热泵提升为高位热能加以利用，其夏季和冬季运行模式分别如图 4-8 和图 4-9 所示。夏季可直接利用换热装置将热量排给土壤或地表、地下水等地热源(夏季模式 1)，或以地热能作为制冷机的热制取高温冷水(夏季模式 2)；冬季则利用热泵循环从土壤或地表、地下水中吸取热量。由于冬季土壤或地表、地下水的温度大大高于空气温度，蒸发温度提高，热泵循环的能效比显著提高；而夏季土壤或地表、地下水温度低于空气温度，制冷循环冷凝温度低，土壤或地表、地下水蓄热能力强，直接利用地源与冷却介质间的温差也可获取所需冷量，可见地源热泵系统是一种节能高效的技术，与热湿独立处理技术结合具有一定的优势，但它受当地地理条件的限制。

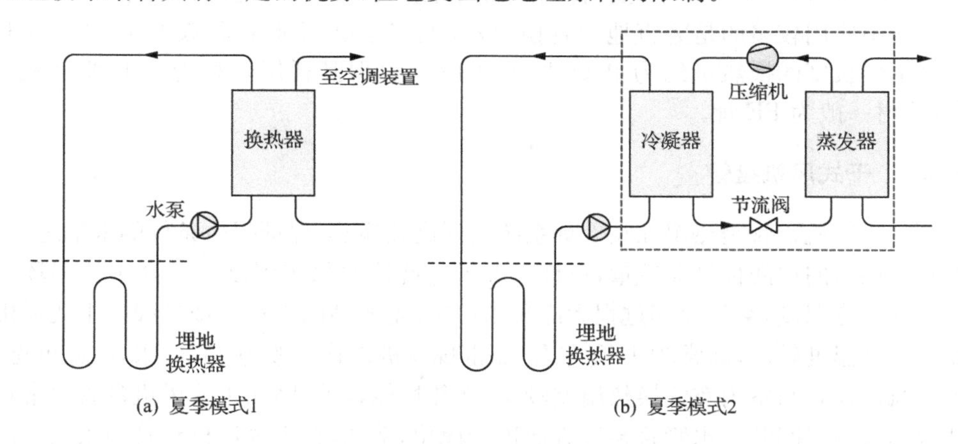

图 4-8　地源热泵夏季运行模式

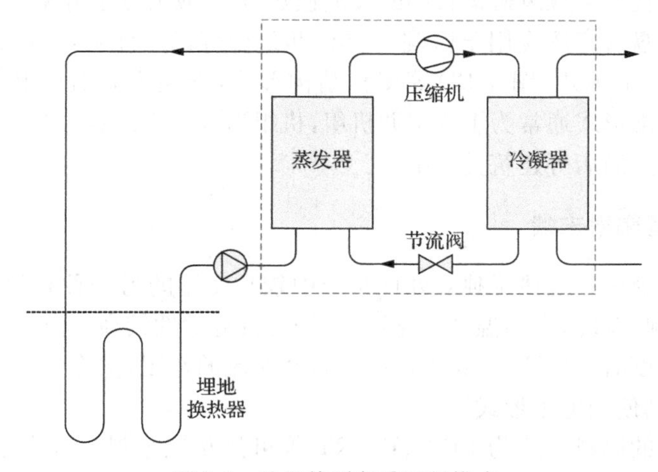

图 4-9　地源热泵冬季运行模式

地源热泵系统主要分为三部分：室外地能换热系统、地源热泵机组和室内暖通空调末端系统。其中，地源热泵机组主要有两种形式：水-水式或水-空气式。三个系统之间靠水或空气作为换热介质进行热量的传递，地源热泵与地能之间的换热介质为水，与建筑物采暖空调末端的换热介质可以是水或空气。按照室外换热方式不同，可分为地表水系统、土壤地埋管系统和地下水系统。用潜在水面以下的多重并联塑料管组成的地下水热交换器取代土壤热交换器（地埋管地源热泵系统），即成为了地表水系统。

地埋管地源热泵系统分水平埋管和垂直埋管两种。其中，垂直埋管又可分为单 U 形管、双 U 形管、大直径螺旋盘管、小直径螺旋盘管 4 种。

当可利用的地表面积较大，浅层岩层体的温度及热物性受气候、雨水、埋设深度影响较小时，宜采用水平地埋管换热器；否则，宜采用竖直地埋管换热器。目前，在项目中应用较多的是竖直地埋管换热器，尤其是单 U 形管和双 U 形管。双 U 形管单位长度的换热量约为单 U 形管的 1.2 倍，但其耗用管材为单 U 形管的 2 倍，管材一般为 PE 管。

4.2.4 干式风机盘管

干式风机盘管是热湿独立处理系统实现高效换热、保证卫生条件的末端之一，它专门用来向房间提供显冷量，设计工况下的冷冻水供水温度一般高于使用环境的空气露点温度，空气冷却过程无冷凝水产生，是典型的干式冷却过程。干式风机盘管供水温度较高，通常为 16℃左右，而常规风机盘管一般为 7℃供水，由此可见，干式风机盘管与室内空气换热温差较小，换热性能较差，因而干式风机盘管通常在结构形式、翅片间距、水管管径等方面进行优化，例如，在干式风机盘管中采用逆流或准逆流换热代替常规风机盘管中的叉流换热、加大换热盘管排数等手段。

干式风机盘管广泛应用于医院、宾馆、办公楼等民用建筑，有卧式（图 4-10）、立式（图 4-11）、卡顶式（图 4-12）等多种结构形式，安装方式有明装及暗装两种。全空气系统末端形式通常为干式空调机组，机组形式有立式、卧式、吊顶式等，可用于医院、候车厅、酒店等建筑类型中。

4.2.5 毛细管辐射末端

毛细管辐射末端是热湿独立处理系统中较常使用的另一种高效末端换热器，以辐射方式采暖制冷，室内温度变化迅速、均匀且舒适性较高。由于人体脚部温度略高于头部温度时较舒适，兼顾考虑空气自然对流的作用，供冷时使用吊顶形式较有利，供热时则使用地板形式较有利。

毛细管网的原料一般为 PP-R、PE-RT 等可热塑性塑料。因为毛细管网热交换面积非常大，即使在热交换表面和室内空气之间温差非常小的情况下也能进行

图 4-10　卧式风盘

图 4-11　立式风盘

图 4-12　卡顶式风盘

很大的能量交换。制热时毛细管网系统内只需水温为 28～32℃的低温热水，制冷时只需 16～18℃的高温冷水，高效节能。其结构如图 4-13 所示，主要由冷/热源、分集水器、露点探测器、温控器和毛细管网组成。毛细管网如图 4-14 所示，模拟叶脉和人体毛细血管机制，由外径为 3.5～5.0mm(壁厚 0.9mm 左右)的 PP-R 毛细管和外径为 20mm(壁厚 2mm 或 2.3mm)的 PP-R 供回水主干管构成。夏天制冷时毛细网栅可安装在棚顶和墙壁上；冬季以采暖为目的时，安装在地面、墙壁、天花板上均可。

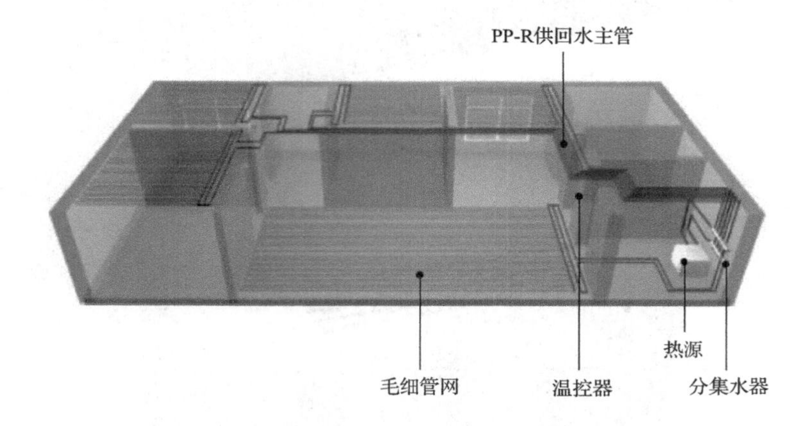

图 4-13　毛细管辐射系统结构图

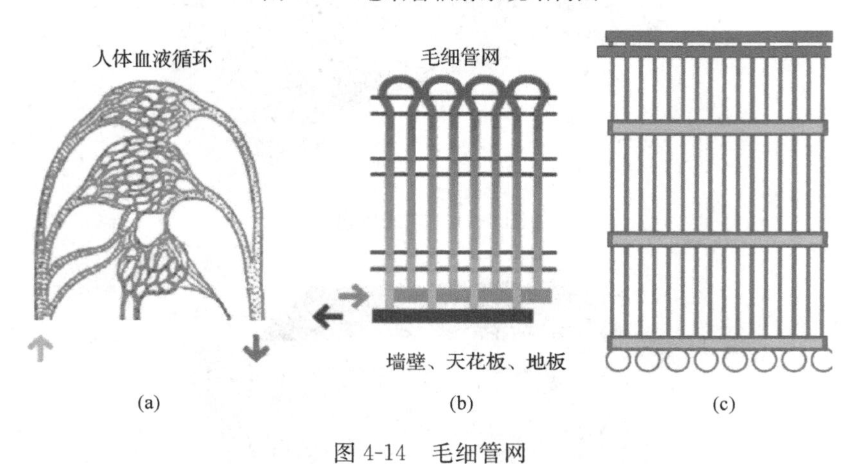

图 4-14　毛细管网

毛细管网辐射末端目前应用的主要问题为夏季辐射制冷时有结露的危险。因此很有必要在冷辐射表面上安装露点传感器。当空气湿度变化时，露点传感器就会改变自身的电阻。当空气湿度持续升高有可能会出现结露问题时，露点传感控制器会发出信号，同时升高水温或者关闭冷却环路，从而避免结露。

4.2.6　溶液调湿新风机组

溶液调湿新风机组即利用溶液除湿剂的吸湿和放湿性能实现新风夏季冷却去湿、冬季加热加湿目的的机组。

为降低新风能耗，李震等提出了一种带有溶液热回收器的新风空调机，该新风机组在溶液热回收循环的基础上嵌入了小容量制冷系统，蒸发器的冷量用于增强溶液除湿效果的同时，将经热回收后的空气进一步降温，达到送风要求后送入室内，另外制冷系统中的冷凝热用于溶液的再生。刘晓华等对李震提出的溶液热回收装置进行了改进，构建了新的空气处理流程，并报道了溶液全热回收装置与热泵系统结合的新风机组应用于某医院的实际运行性能数据，新风机夏季和冬季的性能系数分别可达到 7.0 和 5.0。他们还从制约热回收效率的主要因素(减小不可逆损失)出发提出了溶液热回收装置的优化方案，使热质交换过程的驱动势均匀，热回收效率进一步提升。

图 4-15 和图 4-16 分别为热泵驱动式热回收型溶液调湿型新风机组的夏季和冬季原理图，该机组包括全热回收段、除湿/再生段和热泵循环。夏季，在全热回收段，溶液泵将下层单元喷淋模块底部溶液槽的溶液输送至上层单元喷淋模块的顶部，溶液自顶部的布液装置喷淋而下润湿上层填料，并与室内回风在填料中接触，溶液被降温浓缩后从上层单元喷淋模块底部流入下层单元喷淋模块顶部，经布液装置均匀分布到下层填料中。室外新风在下层填料中与溶液接触，由于溶液的温度和表面蒸汽压均低于空气的温度和水蒸气分压力，溶液被加热稀释，新风被降温除湿。溶液重新回到底部溶液槽中，完成全热回收循环。新风经全热回收后，进入除湿单元，在除湿单元中，新风与经蒸发器中制冷剂冷却后的低温溶液接触，被进一步降温除湿达到送风要求，向用户提供低温干燥的新风。经全热回收段处理的室内回风并不直接排到室外，而是用于稀溶液的再生，除湿单元中吸湿的溶液浓度降低，需要浓缩重新恢复吸湿能力，因此将其送入再生器中循环再生。利用冷凝器中的冷凝热加热再生器中底部溶液，送入再生单元顶部喷淋而下，与全热回收后的室内回风接触，将水分释放给空气变为浓溶液，加湿后的回风则排至室外。

冬季的情况与夏季类似，仅传热传质的方向不同，通过四通阀的切换实现新风的高效加热加湿。在全热回收段，溶液泵将温度较低的浓溶液提升至上层单元喷淋模块的顶部，均匀喷淋到上层填料上，与湿润温暖的室内回风接触进行热质交换，室内回风被降温干燥，溶液被加热稀释；热稀溶液流至下层单元喷淋模块与干冷的新风进行热质交换，溶液被冷却浓缩至初始状态，新风则被加热加湿。加热加湿后的新风紧接着进入加湿单元，在加湿单元中，溶液被冷凝器加热，其表面水蒸气分压力大幅提高，因而新风被进一步加热加湿后送入空调房间，在此过程中，冷却浓缩的溶液循环至再生单元，被蒸发器进一步冷却后喷淋至再生单元中的填料

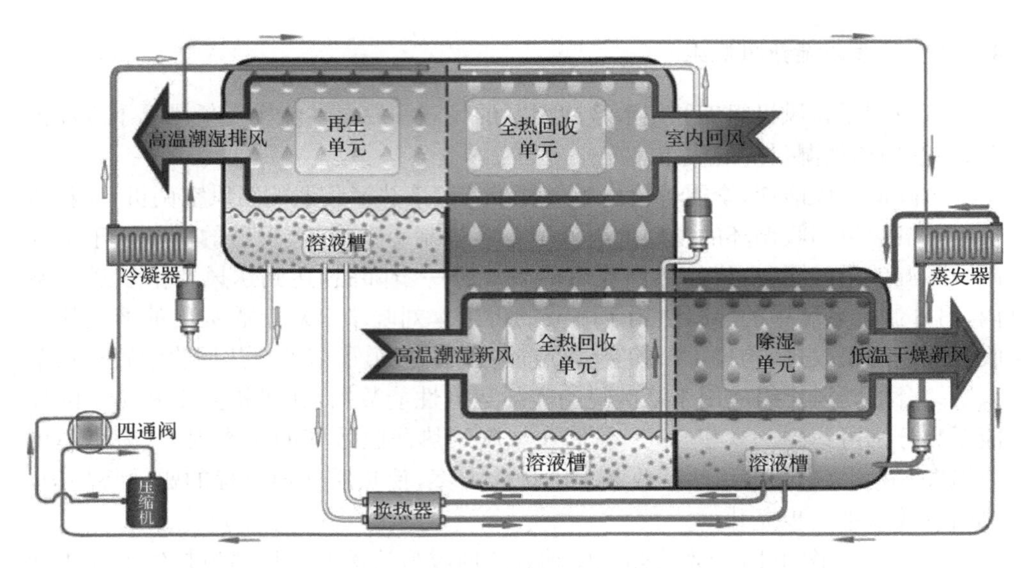

图 4-15　夏季模式

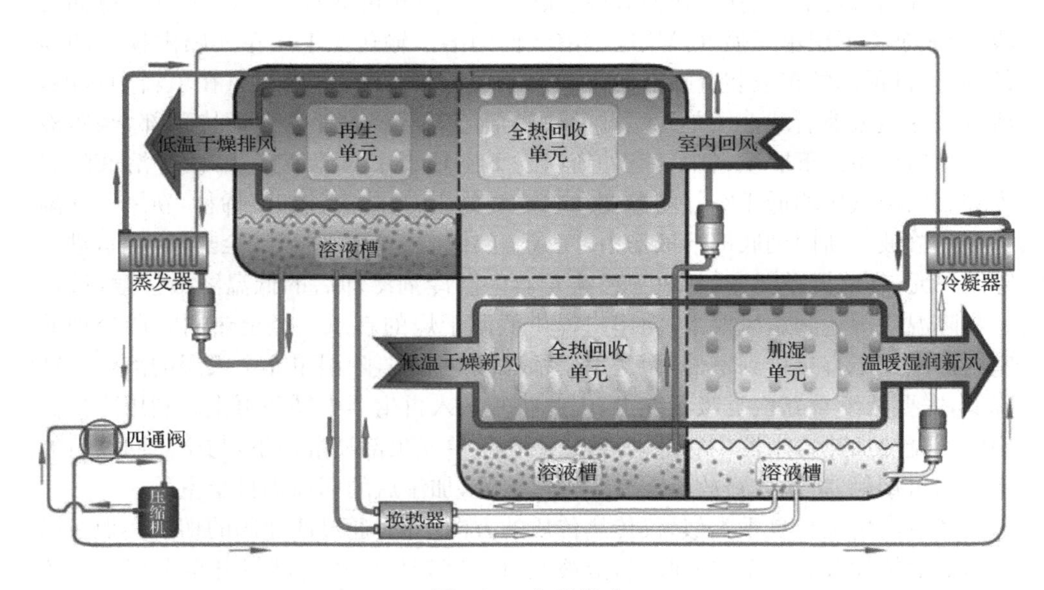

图 4-16　冬季模式

上，与经全热单元处理后的室内回风进行接触，由于溶液温度较低，其表面水蒸气分压力也很低，所以溶液被室内回风加热加湿后送回加湿单元，室内回风则在再生单元进一步降温干燥后排出。

4.2.7　固体吸附剂调湿新风机组

使用固体吸附剂调湿的新风机组有转轮新风机和转阀新风机，此外还有固体吸附剂与热泵结合的新风机。本节仅介绍转轮新风机和转阀新风机，最后一种新风机在 4.3.2 节中介绍。

1）转轮新风机

图 4-17 为转轮新风机处理空气流程图，固体转轮以玻璃纤维和耐热的陶瓷材料作为内部支撑载体，材料经吸湿剂处理，如硅胶、分子筛、天然沸石、氯化锂等。转轮在除湿段（加湿段）内部由密封系统分为除湿（加湿）区域和再生区域，除湿转轮以 8～10r/h 的速度缓慢旋转。夏季，新风经过滤后与固体转轮除湿区域接触，新风中水蒸气被转轮中的吸湿介质吸附，水蒸气同时发生相变，释放出潜热，转轮上吸湿材料温度升高、吸附能力降低，且因吸收了水蒸气逐渐趋于饱和而失去除湿能力。新风经除湿区域处理后变成干热的空气，相当于新风部分能量被转轮除湿区蓄存，随着转轮的旋转，部分除湿区变为再生区，另一路空气经过再生加热器后，变成高温空气（一般为 100～140℃），并穿过吸湿后的饱和转轮，使转轮中已吸附的水分蒸发，从而恢复了除湿能力，吸湿后的再生空气通过再生风机排到室外，相当于蓄存的能量被释放。干燥的新风最后经送风段送风机送至室内。冬季，新风与固体转轮加湿区域接触，转轮上的吸湿介质脱附释放一部分水蒸气，新风被加湿，水发生相变吸收汽化潜热，吸湿材料被降温，逐渐趋于饱和而失去加湿能力。随转轮的旋转，这部分吸湿材料进入再生区，潮湿的再生空气与吸湿材料接触，吸湿材料吸附一部分水蒸气重新恢复加湿能力，以此不断循环，实现对新风的持续加湿。

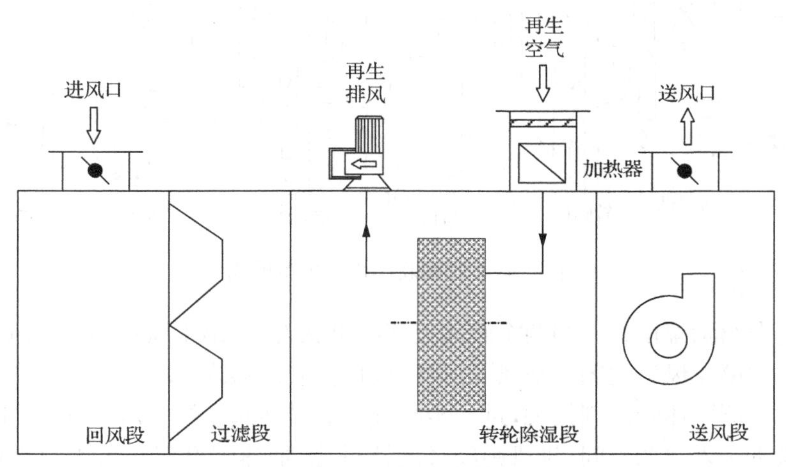

图 4-17　转轮新风机处理空气流程图

2）转阀新风机

下面仅以夏季工况为例介绍转阀新风机，图 4-18 和图 4-19 分别为转阀新风机的除湿模式和再生模式。转阀新风机中转阀为核心部件，它以转向风阀水平中心线和垂直中心线为横轴和纵轴分割为四个大小相同的通风口，分别为第Ⅰ风口、第Ⅱ风口、第Ⅲ风口和第Ⅳ风口。转阀前半部分（Ⅲ、Ⅳ风口）为排风通道，后半部分（Ⅰ、Ⅱ风口）为新风通道。新风通道沿其空气流向依次为新风侧空气过滤器、表冷器、转阀 1、除湿/再生模块、转阀 2 和送风机；排风通道沿其空气流向依次为排风侧空气过滤器、热水加热器、转阀 2、除湿/再生模块、转阀 1 和排风机。新风通道与排风通道共用转阀 1、转阀 2 和除湿/再生模块。

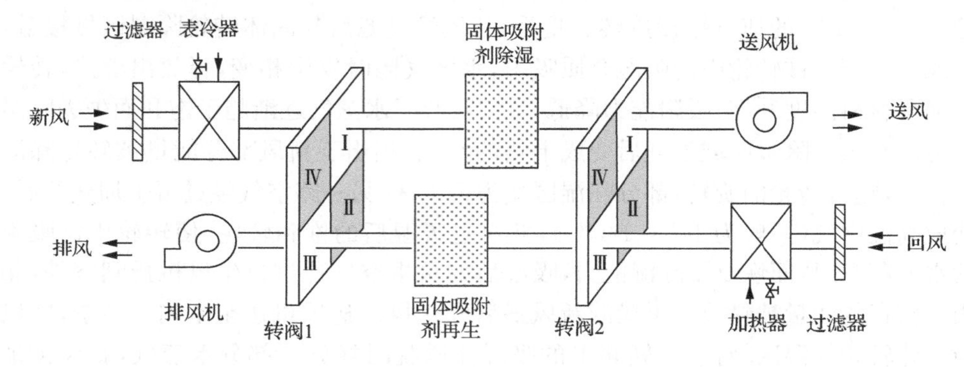

图 4-18　转阀新风机的除湿模式

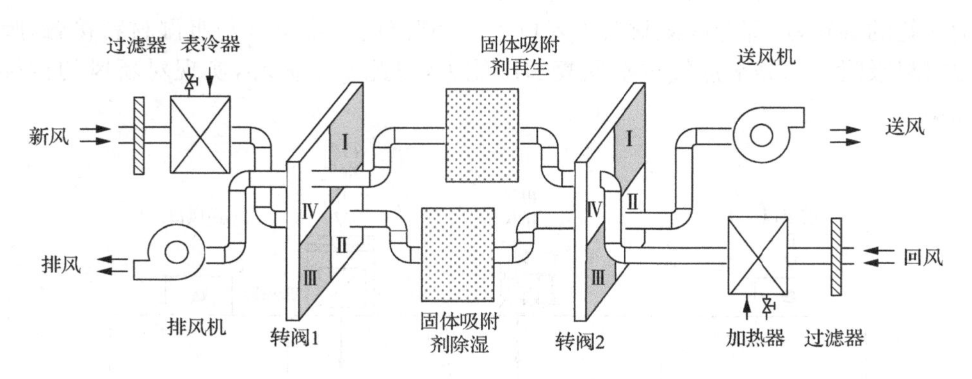

图 4-19　转阀新风机的再生模式

首先介绍除湿模式。当两个转阀处于失电状态时，第Ⅰ风口和第Ⅲ风口打开，第Ⅱ风口和第Ⅳ风口关闭。新风经过滤器过滤、表冷器降温除湿后，通过转阀 1 第Ⅰ风口与上侧固体除湿剂接触，进一步除湿再通过转阀 2 第Ⅰ风口，而后干燥的新风经送风机送入空调房间；排风则经过滤器过滤、加热器升温至再生温度后，通过转阀 2 第Ⅲ风口与下侧固体除湿剂接触，除湿剂脱附再生恢复除湿能力，此后吸湿后的排风通过转阀1第Ⅲ风口经排风机排出。

其次介绍再生模式。当两个转阀处于得电状态时，第Ⅰ风口和第Ⅲ风口关闭，第Ⅱ风口和第Ⅳ风口打开。新风经过滤器过滤、表冷器降温除湿后，通过转阀1第Ⅱ风口与下侧固体除湿剂接触，进一步除湿再通过转阀2第Ⅱ风口，而后干燥的新风经送风机送入空调房间；排风则经过滤器过滤、加热器升温至再生温度后，通过转阀2第Ⅳ风口与上侧固体除湿剂接触，固体除湿剂脱附再生恢复除湿能力，此后吸湿后的排风通过转阀1第Ⅳ风口经排风机排出。

4.3 热湿独立处理系统

4.3.1 吸湿剂除湿与蒸发冷却相结合的系统

蒸发冷却制备冷水适宜在干燥地区使用，但在湿热地区亦可通过先将空气除湿再蒸发冷却制备冷水以达到充分利用蒸发冷却技术节能优势的目的。基于以上考虑，可采用固体、液体吸湿剂对空气进行除湿，干燥的空气一部分通入蒸发冷却塔制备冷水，另一部分则直接通入空调房间。

图4-20为溶液除湿与蒸发冷却相结合的热湿独立处理系统。首先介绍空气循环，来自空调房间的回风和新风混合，被来自蒸发冷却器的冷空气预冷后进入除湿器，在除湿器中，空气水蒸气分压力高于低温溶液表面水蒸气分压力，空气被除湿，除湿后的干燥空气一分为二，一部分送入空调房间去除潜热负荷，另一部分蒸发冷却制备冷水送入空调房间消除室内显热负荷(干燥空气温度一般高于室内设计干球温度，需其他冷源来去除室内显热负荷)，经蒸发冷却后的空气再依次预冷制备冷水的干燥空气以及除湿前的空气，之后被排出。其次介绍溶液循环，温度较低的浓溶液喷淋到除湿器中的填料上，在填料表面，溶液与空气发生热质交换，溶液被稀释同时温度升高，稀溶液流入稀溶液槽，经液-液热交换器被来自浓溶液槽的高温浓溶液预热后送入太阳能集热器，经过太阳能集热器稀溶液温度达到再生温度，表面蒸汽压力远远大于空气水蒸气分压力，因此稀溶液在再生器中被浓缩，浓缩后的浓溶液经液-液热交换器预冷并被冷却水的进一步冷却，恢复初始状态完成循环，实现连续不断的除湿再生。系统中再生热源为太阳能，亦可使用废热、余热作为再生热源。

系统中左半部分溶液除湿系统也可使用固体转轮除湿系统替代。原理如图4-21所示，转轮由具有吸湿性的材料(如硅胶、分子筛等)做成，分成再生区和除湿区，再生空气经加热后与再生区的材料接触，位于再生区的吸湿性材料脱附恢复除湿能力，该部分材料转动到除湿区后再吸附湿空气中的水蒸气，以此实现连续的除湿过程。

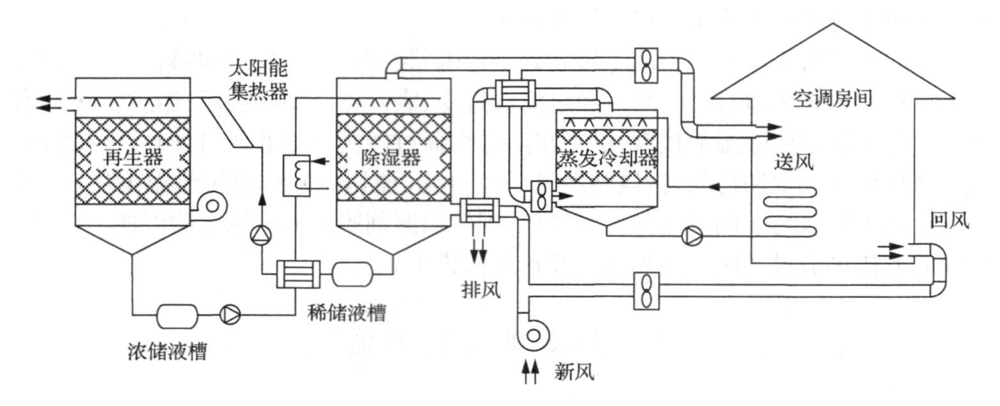

图 4-20　溶液除湿与蒸发冷却相结合的系统

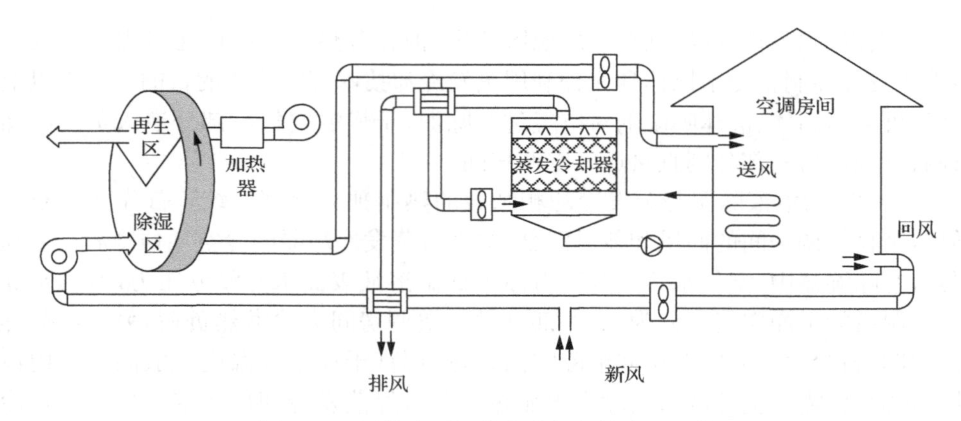

图 4-21　固体除湿与蒸发冷却相结合的系统

4.3.2　吸湿剂除湿与蒸汽压缩式制冷相结合的系统

当无自然冷源且不使用蒸发冷却方式制备冷水时，可采用蒸汽压缩式循环制备高温冷水控制室内温度。同样地，当无太阳能、余热、废热可利用来再生吸湿剂时，可采用蒸汽压缩式系统冷凝热实现这一目的。下面以热泵驱动式溶液除湿系统与蒸汽压缩式制冷系统构成的热湿独立处理系统为例，介绍这类系统的原理。

该类系统典型地由热泵驱动式溶液除湿系统和高温冷水机组成（夏季工况），如图 4-22 所示。热泵驱动式溶液调湿系统负责处理新风以去除室内潜热负荷，新风处理流程如下：再生器底部的热浓溶液首先经制冷循环的蒸发器冷却，在溶液泵的作用下提升至除湿器顶部后，均匀喷淋在填料上，新风在风机的作用下进入除湿器，与填料表面的溶液接触发生热质交换，由于温度较低的浓溶液表面水蒸气分压力低于新风中水蒸气分压力，新风被冷却干燥；吸收了水蒸气的浓溶液变稀，且由于水蒸气液化释放出汽化潜热，其温度升高。为恢复初始状态，热稀溶液经冷凝器加热至再生温度后送入再生器；在再生器中，热稀溶液与低温干燥的室内排风接触，溶液中的部分水分向排风中迁移，且由于水蒸发吸热，溶液被降温浓缩至初始状态完成循环，再生空气则被排出。蒸汽压缩式高温冷水机组生产高温冷水送入毛细管末端或干式风机盘管，以去除室内显热负荷，从而完成温度和湿度的独立控制。

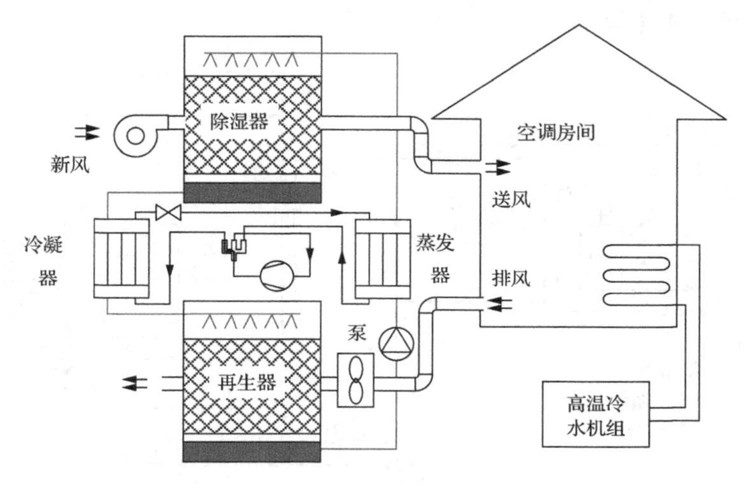

图 4-22　溶液除湿与蒸汽压缩式制冷相结合的系统 1

为减少系统设备，也可采取以下方案，高温冷水机组产生的冷水一部分送入室内干式末端消除显热负荷，另一部分用于冷却除湿溶液提高除湿性能，高温冷水机组的冷凝热则用于再生稀溶液，如图 4-23 所示。

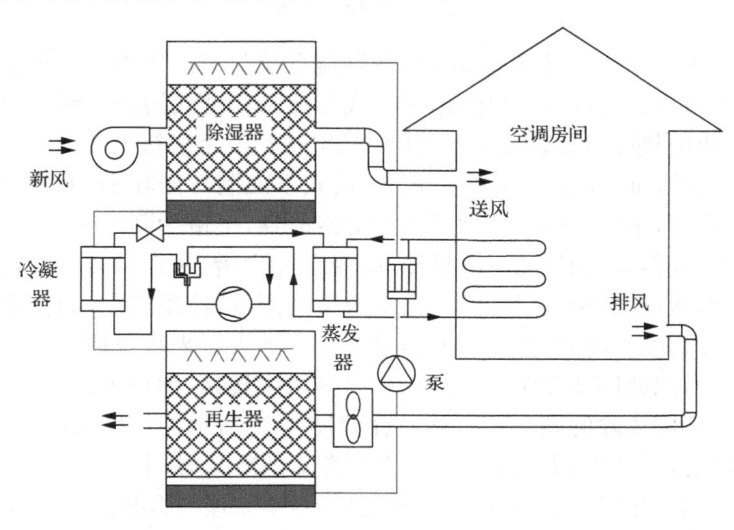

图 4-23　溶液除湿与蒸汽压缩式制冷相结合的系统 2

此外，考虑到热泵系统冷凝热平衡的问题，可采用如图 4-24 所示的处理流程。系统应用低温、低浓度的除湿溶液除去空气中的水分，除湿后的稀溶液利用热泵系统产生的冷凝热再生，剩余的冷凝热用于加热再生空气。由于低浓度溶液所需再生温度较低，热泵冷凝热可满足任何工况下溶液的再生要求，且冷凝负荷较大时，多余冷凝负荷由再生空气承担，一方面热泵系统热平衡性好；另一方面同时加热溶液和空气，溶液再生效果好。

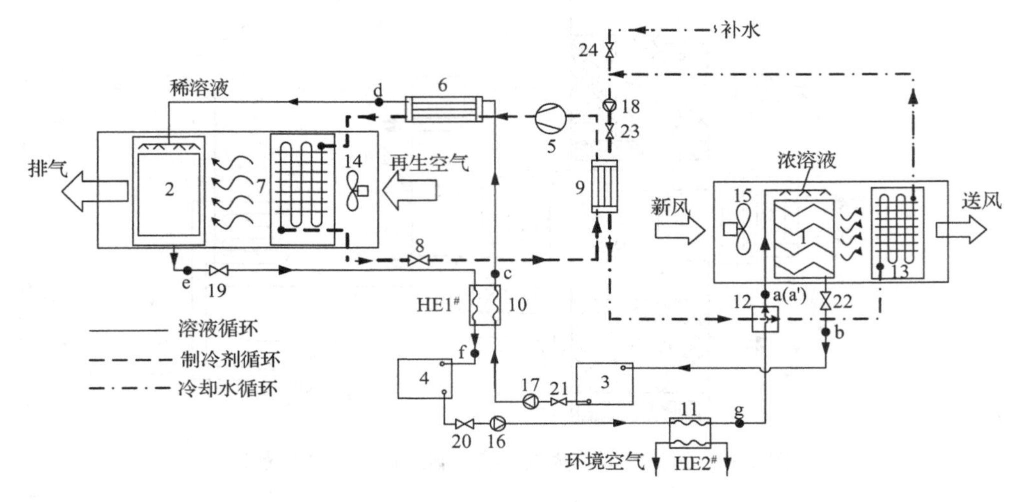

图 4-24　非常温溶液除湿自主再生空调系统

1-除湿器；2-再生器；3-稀溶液桶；4-浓溶液桶；5-压缩机；6-溶液冷凝器；7-空气冷凝器；8-节流阀；9-蒸发器；10-换热器 HE1#；11-换热器 HE2#；12-溶液调温器；13-干式表冷器；14，15-风机；16，17-溶液泵；18-循环水泵；19～24-阀门

图 4-25 和图 4-26 为热泵驱动式固体除湿系统与蒸汽压缩式系统相结合的原理图，从图中可以看出该系统显热消除方式与热泵驱动式溶液除湿系统和蒸汽压缩式系统构成的热湿独立处理系统相同，因此以下仅介绍新风处理流程。首先介绍图 4-25 所示的固体除湿剂除湿模式，该模式下的制冷循环中，上侧为固体除湿剂覆盖的蒸发器，下侧为固体除湿剂覆盖的冷凝器，上侧为新风通道，下侧为排风通道。上侧蒸发器中，固体除湿剂被冷却，吸湿能力增强，新风与表面蒸汽压较低的固体除湿剂接触，被除湿后送至室内调节室内湿度；冷凝器中，固体除湿剂被加热至再生温度，此时固体除湿剂表面蒸汽压力远远大于来自空调房间的低湿回风水蒸气分压力，因此固体除湿剂中的水分向排风中转移，即该模式下，上侧固体除湿剂除湿，下侧固体除湿剂再生。然后介绍图 4-26 所示的固体除湿剂再生模式，该模式下的制冷循环中，上侧为固体除湿剂覆盖的冷凝器，下侧为固体除湿剂覆盖的蒸发器，上侧为排风通道，下侧为新风通道，基本原理与除湿模式相同，只是该模式下，上侧固体除湿剂再生，下侧固体除湿剂除湿。此系统通过四通换向阀和新排

风通道的交替切换实现新风连续被除湿的过程，在蒸发器和冷凝器的作用交换时会有部分热损失。

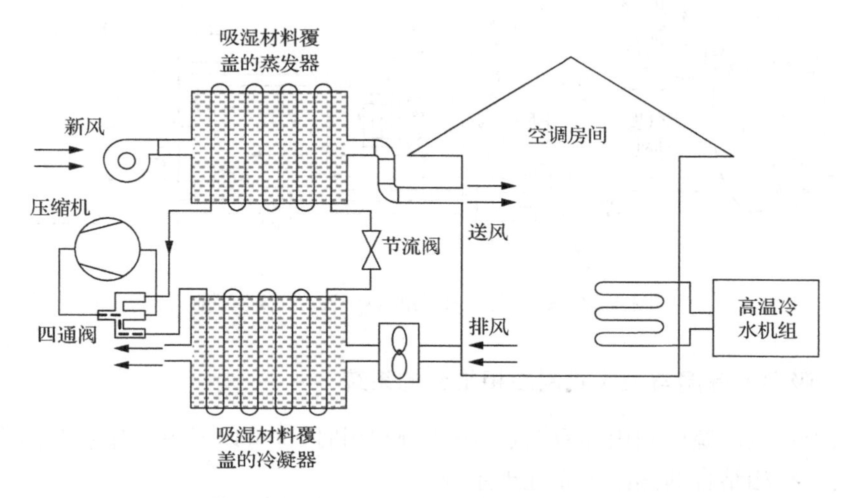

图 4-25　固体除湿与蒸汽压缩式制冷相结合的系统——除湿模式

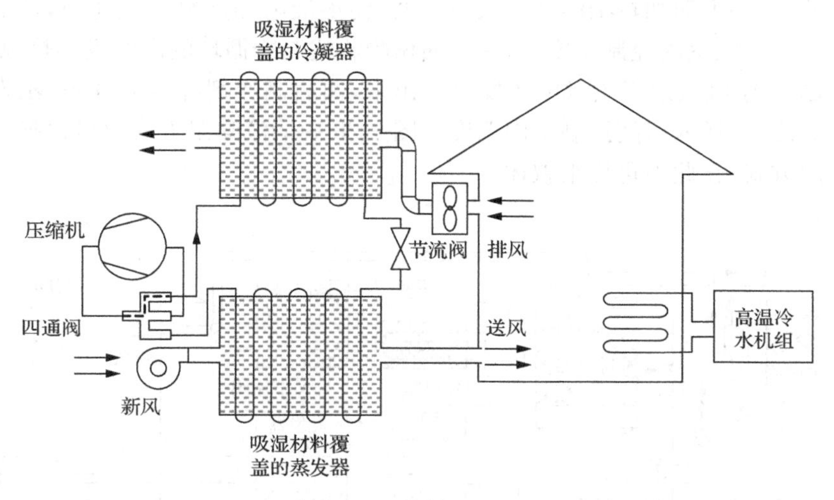

图 4-26　固体除湿与蒸汽压缩式制冷相结合的系统——再生模式

以上两种系统中的普通热泵亦可使用燃气热泵代替，燃气发动机带动发电机发电，供压缩机运行，同时冷凝器的冷凝热和发动机余热可供吸湿剂再生使用，此外该系统还可同时产生冷、热水。图 4-27 为这种热湿独立处理系统的一种方案的夏季工况。

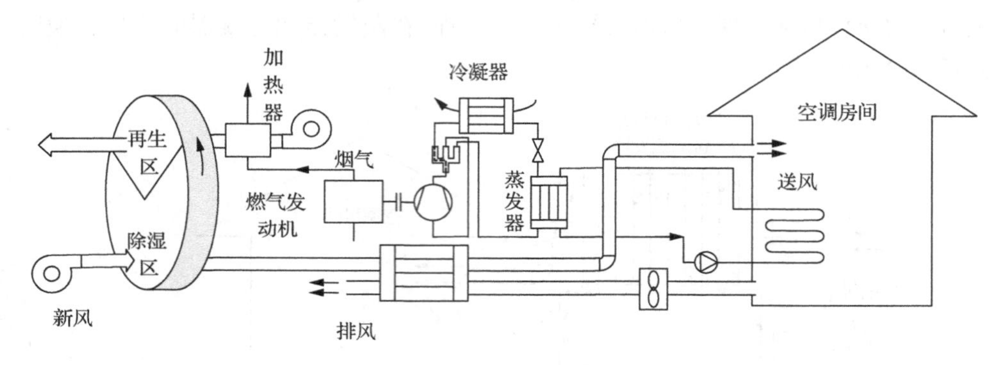

图 4-27　燃气热泵驱动的热湿独立处理系统

4.3.3　吸湿剂除湿与吸收式制冷相结合的系统

当无自然冷源可利用却有余热、废热可利用时，也可以考虑构建吸湿剂除湿与吸收式制冷相结合的热湿独立处理系统。

图 4-28 为溶液除湿与吸收式制冷相结合的热湿独立处理系统，余热或废热(热水/蒸汽)一方面加热稀溶液送入再生器，使溶液浓缩恢复除湿能力，从而不断制取干空气送入室内控制湿度；另一方面做吸收式制冷循环的高温供热热源，使制冷剂从制冷剂-吸收剂工质对中蒸发分离出来，而后制冷剂冷凝为液态，蒸发吸热制取高温冷水，送入房间控制室内温度。图 4-28 中溶液除湿方式也可以换成固体转轮除湿方式，在此不再详细叙述。

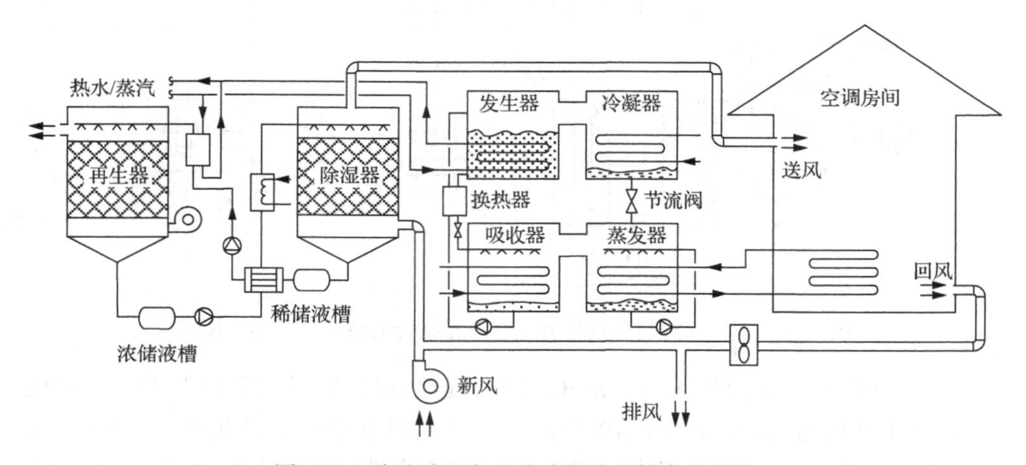

图 4-28　溶液除湿与吸收式制冷相结合的系统

4.3.4　双蒸发温度系统

双蒸发温度热湿独立处理系统是指使用两个不同蒸发温度的冷源分别承担夏季热、湿负荷，实现温、湿分控的空调系统。高温冷源为主冷源，承担绝大部分室内显热负荷；低温冷源为辅助冷源，承担夏季室内湿负荷和部分室内显热负荷。由于新风能耗大，所以在空气处理部分，负责去除室内湿负荷的空气可根据用户要求由新风和回风共同组成，主要负责去除显热负荷的空气则为室内回风。目前投入生产和使用的双蒸发温度系统多为新风承担湿负荷、回风承担显热负荷的模式，以下主要针对该模式进行介绍。

根据两种蒸发温度不同的冷源是否使用同一套冷凝器和压缩机，双蒸发温度系统可通过两种方式实现：一种为使用非共沸工质通过同一套装置实现；另一种为使用纯工质通过采用两套系统实现。

使用非共沸工质的双蒸发温度系统的原理如图 4-29 所示。系统由制冷剂循环和空气循环组成。首先介绍制冷剂循环。由高、低沸点制冷剂组成的混合工质经压缩机压缩至某一高压状态，在相同压力下，高沸点组分的饱和温度低于低沸点组分的饱和温度，因此大部分高沸点制冷剂先在冷凝器中释放热量、冷凝为液态。混合工质经过冷凝器后进入气液分离器。经冷凝的混合工质在气液分离器中高、低沸点制冷剂组分分离，其中液态高沸点制冷剂经节流阀 1 后降压，通过高温蒸发器，在高温蒸发器中蒸发，降低空气的温度，经过高温蒸发器后的两相高沸点制冷剂在蒸发冷凝器中与来自气液分离器的低沸点制冷剂换热，低沸点制冷剂被冷凝为液态，经节流阀 2 降压后，在低温蒸发器中蒸发吸热，由于该蒸发温度远低于空气露点温度，空气中的水分析出，湿度降低。来自低温蒸发器的气态低沸点制冷剂与来自蒸发冷凝器的气态高沸点制冷剂混合，然后进入压缩机完成制冷循环。然后介绍空气循环。新风与回风混合后先经过高温蒸发器降温，经风阀调节，一部分空气进入低温蒸发器除湿后送入空调房间负责湿度控制，另一部分空气则直接进入空调房间负责温度控制，除湿后析出的水分沿倾斜隔板经凝水管排出，从而达到连续降温除湿的空调效果。该种形式的热湿独立处理系统在市场上少有应用，东南大学对该类系统进行了简化并实施了实验研究，实验台系统图如图 4-30 所示。

实验中采用 R32 与 R236fa 的混合工质作为制冷剂，不同质量组分比例下的混合工质的温度滑移列于表 4-1 中，从表 4-1 可以看出存在 14.5℃的温度滑移，可满足分别制取 7℃低温冷冻水和 16℃高温冷冻水的要求。实验装置采用两台套管式换热器，将蒸发过程分为两段进行，从而获得两种不同温度冷冻水。实验装置分为制冷剂循环和水循环。制冷剂循环主要包括全封闭转子式压缩机、冷凝器、蒸发器、膨胀阀、储液器、干燥过滤器等，其中，冷凝器与蒸发器都为套管式换热器，两流体在换热器呈现逆流换热。水循环包括冷冻水循环和冷却水循环，每个循环中主

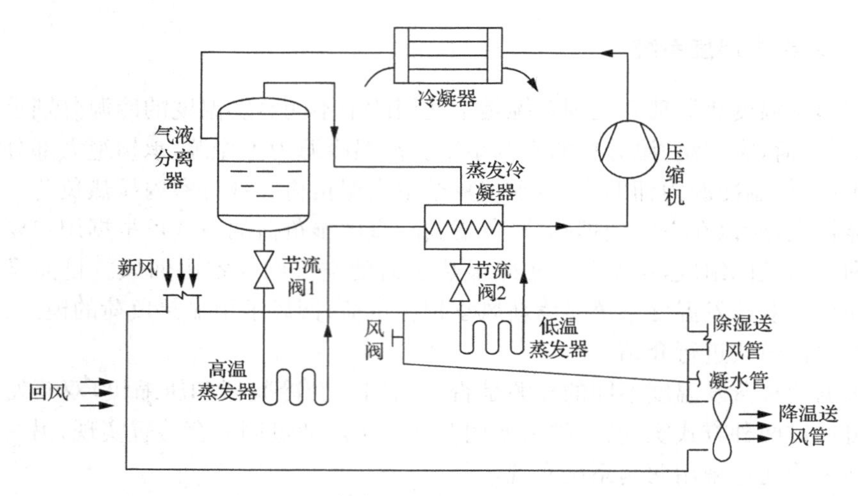

图 4-29 非共沸工质型双蒸发温度系统

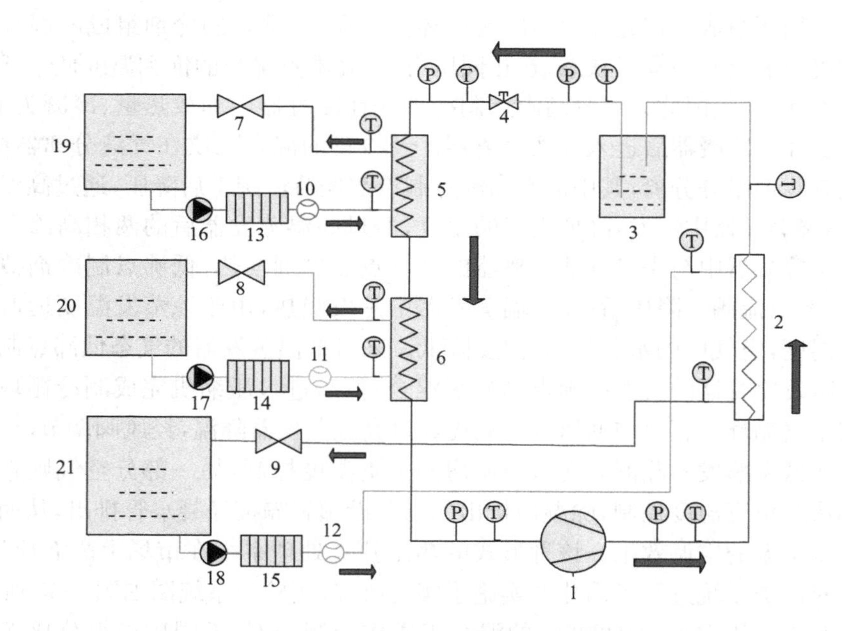

图 4-30 非共沸工质热湿独立处理空调系统实验原理图

1-压缩机;2-冷凝器;3-储液器;4-电子膨胀阀;5-低温蒸发器;6-高温蒸发器;7～9-手动调节阀;10～12-流量计;13～15-电加热器;16～18-循环水泵;19-低温冷冻水水箱;20-高温冷冻水水箱;21-冷却水水箱

要包括电加热器、水泵(三级调速)、手动阀门、蓄水箱等。大滑移温度非共沸工质R32/R236fa 先经过压缩机压缩成高温高压的过热气体,经冷凝器冷凝成高压过冷液体,再依次通过储液器、干燥过滤器、电子膨胀阀节流到低温低压的两相区,之后混合工质先经过低温套管式蒸发器进行蒸发，制取低温冷冻水(7℃左右)，再经过高温套管式蒸发器进行蒸发，制取高温冷冻水(16℃)，蒸发完的工质由压缩机吸入，完成制冷剂循环。冷冻水循环为低温蒸发器所制取的冷冻水通过循环水泵排入低温冷冻水箱，之后经过电热器进行加热，将冷量消耗。高温蒸发器制冷的冷冻水采用同样的方式将冷量抵消。在冷凝器中进行换热之后的高温冷却水，进入冷却水水箱与自来水补水混合，之后通过电加热器，将冷却水温度准确控制到 32℃，之后再进入冷凝器，完成循环。

表 4-1　R32/R236fa 在不同质量组分比例下的热力性质

R32 质量分数/%	30	40	50	60
蒸发压力/MPa	0.45	0.52	0.6	0.64
泡点/℃	−1.9	−1.7	−1.6	−1.1
露点/℃	19.5	17.9	15.7	13.4
温度滑移/℃	21.4	19.6	17.3	14.5
相变潜热/(kJ/kg)	219.29	233.92	248.37	262.26
ODP(臭氧层消耗潜值)	0	0	0	0
GWP(全球变暖潜值)	4612	4050	3850	2925

实验结果显示，高、低温冷冻水出水温度分别为 16℃和 7℃时，系统制冷量 Q_e 及系统能效 COP 随 R32 质量百分比的增大而增大(图 4-31)。随着高温冷冻水和低温冷冻水温度的升高，系统的能效和制冷量逐渐增大(图 4-32 和图 4-33)，原因在于，当冷冻水温度升高时，蒸发压力升高，使得工质的制冷量增大，且压缩比降低，从而压缩机功耗下降。

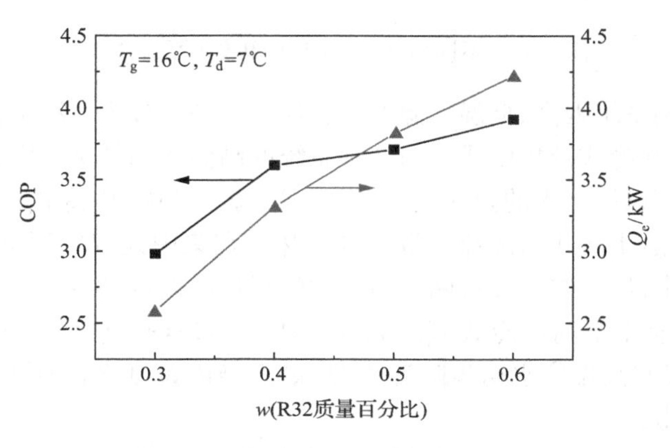

图 4-31　Q_e 和 COP 随 R32 质量百分比变化

以下介绍使用纯工质的双蒸发温度系统，即下面所述的双冷源系统。

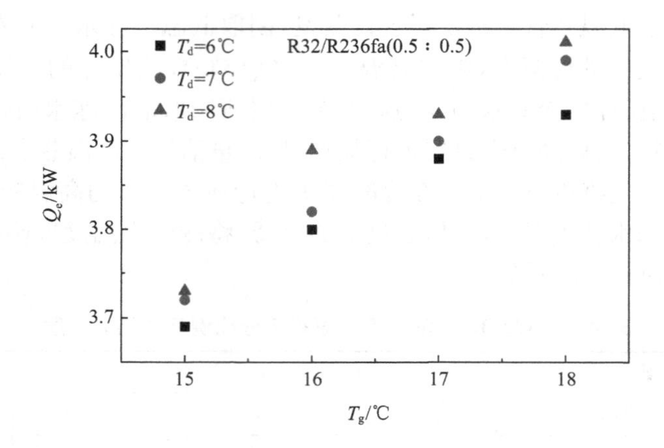

图 4-32　不同高、低温冷冻水温度下系统制冷量

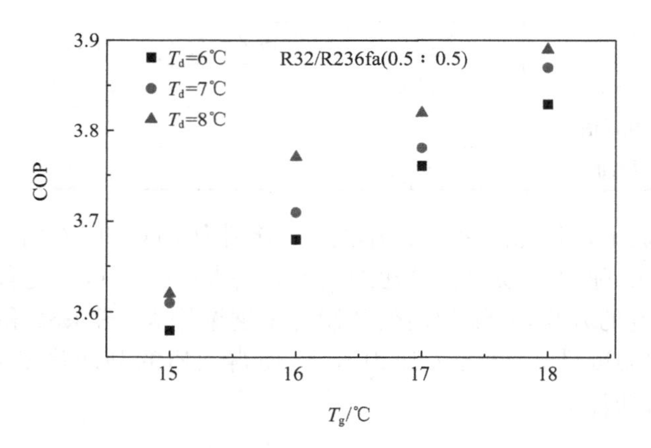

图 4-33　不同高、低温冷冻水温度下系统能效

双冷源空调系统因高、低温冷源的组合模式不同可分为 3 种不同的形式，即内冷式(风冷式)、水冷式及集中式。前 2 种系统的高温冷源都是集中式冷源，而低温冷源是设置于新风机组内的独立式(直膨式)冷源。其中，内冷式以室内排风带走低温冷源冷凝热，水冷式以冷却水带走冷凝热。在集中式双冷源空调系统中，高、低温冷源均集中设置，需要设置两组冷水输配管道向设备供冷。

图 4-34 为雅士空调水冷式双冷源除湿机组原理图，新风先经初效过滤段过滤，再经 14～19℃高温冷水初步降温除湿，最后经内置制冷循环中的蒸发器深度降温除湿后送出。

在集中式双冷源系统中，根据新风机组中有无高温冷源，可分为一级盘管式(图 4-35)和两级盘管式(图 4-36)。两级盘管式先使用高温冷源对新风进行预冷，再使用低温冷源深度除湿，相比仅使用低温冷源的一级盘管式，节能效果更显著，

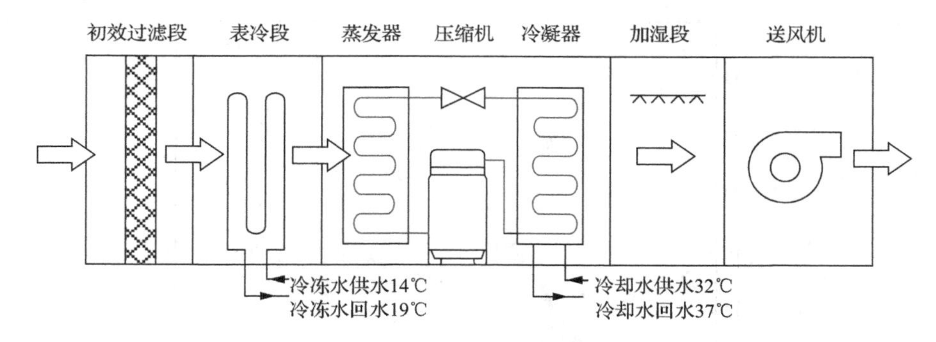

图 4-34　雅士空调水冷式双冷源除湿机组

在实际中应用更多。在无再热和排风热回收的情况下，两级盘管式的空气处理过程焓湿图如图 4-37 所示。新风 W 先经新风机组中的高温冷水盘管处理至室内空气焓值，再经低温冷水盘管冷凝除湿至所需湿度，通过送风末端送入房间调节室内湿度；室内回风则经干式末端显式降温后送入空调房间控制温度。O 点相当于新风机组出风 L 点与干式风机盘管出风 C 点混合后的等效送风状态。

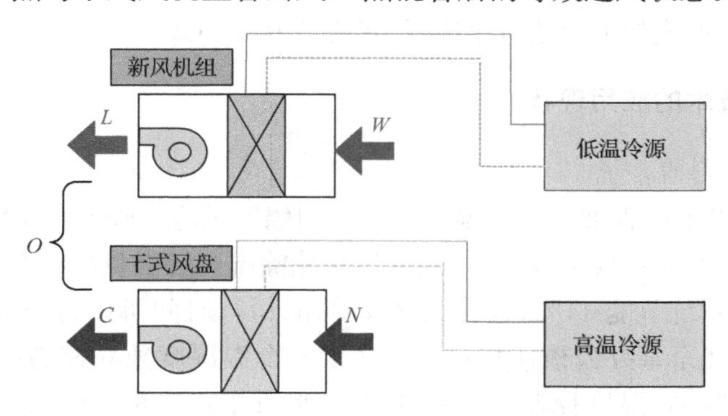

图 4-35　一级盘管式集中式双冷源系统

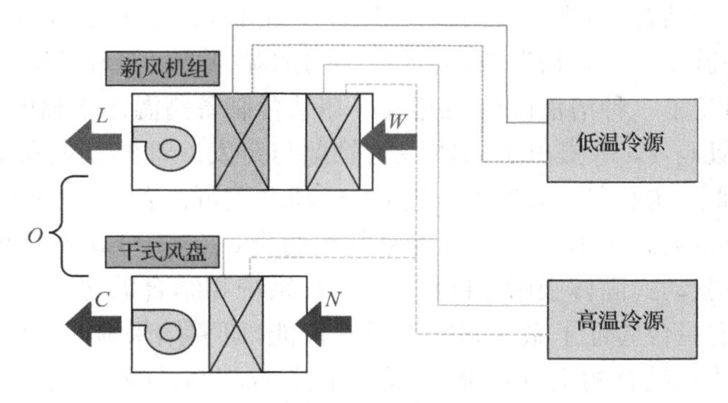

图 4-36　两级盘管式集中式双冷源系统

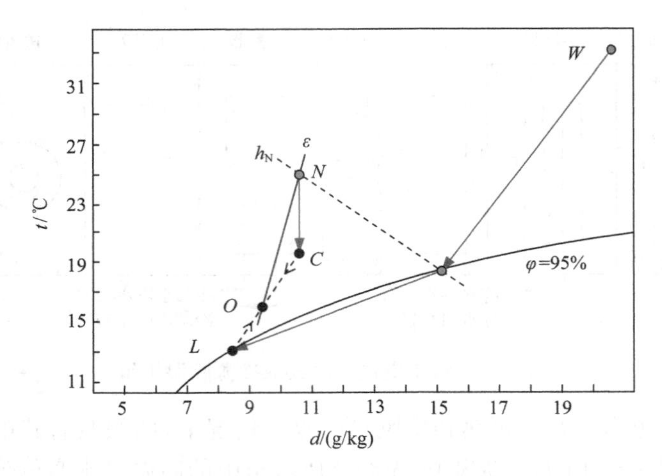

图 4-37　两级盘管式空气处理过程焓湿图

双冷源系统的主要设备有高温冷水机组、新风机组和干式末端。末端形式主要为干式风机盘管和辐射板/毛细管，干式末端以及高温冷水机组在前面都已介绍过，新风机组的形式如上所述有水冷式、风冷式和集中式。

4.3.5　相关技术的应用现状

1）带除湿剂的系统

Niu 等提出了在香港之类的湿热地区使用辐射供冷与吸湿剂除湿相结合的系统很有前景，他们通过模拟发现，使用固体转轮除湿与辐射供冷结合的系统比传统定风量全空气系统节能 44%，且在超过 70%的运行时间可由低于 80℃的低位热源驱动。针对北京某办公楼，Chen 等设计了一个温湿度独立控制系统，溶液除湿子系统由热水驱动，温度控制子系统采用冷水机组产生的 18～21℃冷水。2007年，大金无水配管调湿型新风处理机 DESICA 在日本上市，这种新风机将固体除湿与热泵系统相结合，再生温度可降低至 50℃左右，通过阻尼器切换空气经过的路线以及四通道冷媒介切换路线，完成连续的加湿、除湿，实现了温、湿度的分离控制。殷勇高构建了一种溶液除湿与蒸发冷却结合制备高温冷水辐射供冷热湿独立处理系统；相似地，La 等提出了固体转轮除湿与蒸发冷却结合制备高温冷水辐射供冷的系统，通过实验研究，他们发现蒸发冷却方式可制备 14～20℃的高温冷水，系统热力性能系数高于 1.0，而电性能系数大约为 8。基于 EnergyPlus 建模，Jiang 等模拟了热泵驱动式固体吸附床除湿与 VRF 系统相结合的热湿独立处理系统的运行，并搭建实验台验证了系统制冷工况的性能，研究结果显示，相比热回收通风机与 VRF 系统相结合的空调系统，该系统节能 17.2%，能效提高 25.7%。在深圳某办公楼示范工程中，热泵驱动式溶液调湿新风机用来处理新风和室内潜热负荷，制冷机产生17.5℃的冷水送入室内辐射板和干式风机盘管以消除显热负荷，Zhao等发现该建筑采用溶液调湿热湿独立处理系统后，COP可达4.0，每年每平方米空调面积约节能49kW·h。Chen等提出了一种非常温溶液除湿自主再生空调系统，该系统使用低温、低浓度溶液除湿，任何工况下冷凝热都能满足溶液再生的需求，理论分析表明，在南京夏季典型工况下，氯化锂溶液除湿的理想温度为17～19℃、相应的质量浓度为25.39%～26.88%，系统具有较高的能效。

此外，一批学者也对吸收式制冷与溶液除湿相结合的系统进行了研究。Ahmed等模拟了使用溴化锂作为吸收剂和除湿剂、太阳能集热器作为再生热源的系统性能，结果显示系统COP比常规吸收式系统提高了约50%；El-Shafei等研究了设计参数和运行工况对该种系统的影响。

2）双冷源系统

热湿独立处理系统按除湿方式分为冷凝除湿和吸湿剂除湿两种，由于冷凝除湿方法简单易实现，在实际工程中应用较多。近年来，随着双冷源系统的逐渐推广，少数研究者对该系统性能进行了初步探索。针对北京某办公楼工程，劳逸民比较了采用常规的风机盘管加新风系统和双冷源热湿独立处理系统在冷源部分的能耗，设计工况下，双冷源系统的能耗比较低；张学军等提出了一种新型的热湿独立处理设备及调控方法，分别根据显热负荷和湿负荷调控盘管内冷水流量和冷水温度，比传统空调系统节能21.7%；借助于建筑能耗模型，罗婷研究了双冷源空调系统在办公室、宾馆、会议中心及商场建筑中的适应性，研究结果表明：双冷源热湿独立处理系统在宾馆建筑中节能潜力较大，其次为在办公室和会议中心，在商场建筑中使用几乎不节能；王月莺等以某舒适性空调为例，讨论了新风在高温段分别处理到等湿线、等焓线和等温线上时双冷源系统的能耗，得出新风在高温段处理至等焓线及其右侧时能耗较低的结论。

双冷源系统自诞生以来，已大量应用于办公楼、医院等建筑中。

江苏省某县人民医院应用了地源式双冷源（热泵）温湿分控系统。医院建筑面积约54000m²，由门急诊医技楼和病房楼组成。夏季空调冷负荷为5540kW，冬季空调计算热负荷2294kW。大楼空调部分采用“干式风机盘管＋地源式双冷源（热泵）温湿分控系统”方式。门诊、行政、病房、急诊区区域夏季所有的显热负荷由地源热泵承担，新风及潜热负荷由双冷源温湿分控新风机组承担，夏季由地源热泵负责向整栋大楼中的风机盘管及新风机组中的冷水盘管提供冷水，采用集中式冷源形式，设计供回水温度为16/21℃的高温冷水系统。

4.4 热湿独立处理系统的设计

热湿独立处理系统的设计与常规空调系统的设计步骤基本一致，只是负荷分担、新风量的确定以及末端设备的选择略有不同，以下仅对热湿独立处理系统设计的关键部分进行介绍。

4.4.1 负荷计算

首先根据地理位置和建筑类型，依照空调系统设计标准确定室外设计参数和室内设计参数；然后分别计算显热负荷和湿负荷。显热负荷主要包括太阳辐射、围护结构、人员、设备等造成的显热负荷，湿负荷则主要由人员和室内湿表面等产生。

4.4.2 新风量的确定及除湿方式的选择

根据卫生要求计算新风量，若全部由新风承担室内湿负荷（潜热负荷），而由其他设备排除其余显热，则送风含湿量可根据式(4-1)确定：

$$d_{O}=d_{N}-\frac{W}{\rho G_{W}} \tag{4-1}$$

式中，ρ 为空气密度，kg/m^3；G_W 为设计新风量，m^3/h；d_N 为室内设计含湿量，$g/kg_{干空气}$；d_O 为新风送风含湿量，$g/kg_{干空气}$；W 为湿负荷，g/h。

计算出新风送风含湿量后，根据该值大小和设计要求选择合理的除湿方式。冷凝除湿方式系统简单，易于实现，占地面积小，使用7℃冷水时，出口极限除湿量约为 $8g/kg_{干空气}$；溶液除湿方式比固体转轮除湿灵活，再生温度也比较低，出口极限除湿量约为 $4g/kg_{干空气}$；固体转轮除湿占地面积大，但其出口含湿量可达 $2g/kg_{干空气}$。

若计算出的新风送风含湿量 d_O 低于 $8g/kg_{干空气}$，且设备可占用面积要求比较小，则可通过加大新风量的方式仍采用冷凝除湿方式实现去除湿负荷的目的。但增大新风量意味着能耗的剧增，因此可通过补充一部分回风与新风一起经冷凝除湿处理后共同承担去除湿负荷的任务，该方式既节能又能满足室内人体的新风量需求。

若湿负荷由冷凝除湿方式处理，因经处理后的新风温度低于室内设计温度，湿度处理系统将承担一部分室内显热负荷，室内其余显热负荷由显热末端消除装置承担；若湿负荷由固体转轮除湿方式处理，处理后的新风温度显著升高，显热末端消除装置不仅要承担全部室内显热负荷，还要承担因处理后的新风温度高于室内设计温度引起的显热负荷。采用溶液除湿方式处理湿负荷时的情况依次类推。

4.4.3　系统形式的选择

选定除湿方式并计算出除湿系统和显热末端分别承担的负荷后，可根据地理条件、地域类型、冷热源条件等来确定系统方案。例如，当有废热可利用时，优先选择热驱动式热湿独立处理系统；当有自然冷源可用时，可直接使用自然冷源送入显热末端承担去除室内显热负荷的任务；当处于西北干旱地区时，新风含湿量比较低，一方面可通过直接向房间内通入新风去除室内湿负荷，另一方面又可采用蒸发冷却机组制备高温冷水承担去除室内显热负荷的任务；当无自然冷源可直接利用时，在地质条件合适的地区也可通过地源换热器制备高温冷水。

4.4.4　设备选型

确定热湿独立处理系统的方案后，就要进行设备的选型。除湿系统中新风机组根据计算出的所需除湿风量选择合适的机组容量，显热末端消除装置所需的冷热源容量根据所需承担的显热负荷选择。显热末端消除装置若选用风机盘管，则需考虑风量和冷量两个方面；若选用辐射板，还需进一步设计。

参 考 文 献

陈婷婷，殷勇高，张小松. 2015. 基于非共沸工质的热湿解耦空调系统：中国. CN 104596143A.

丁云飞，丁静，杨晓西. 2006. 基于太阳能再生的转轮除湿独立新风系统. 流体机械，34(8)：63-70.

海尔中央空调. 2012. 海尔磁悬浮变频离心机技术. 建筑科学，28(增刊 2)：331-335.

江苏省某县人民医院地源式双冷源(热泵)温湿分控系统.［2011-9-21］. http://news.ehvacr.com/topic-news/2011/0921/73294.html.

孔德慧，范东华，李启林. 2015. 一种转阀式全新风除湿机组：中国. CN 204240501U.

劳逸民. 2011. 浅析采用冷冻除湿方式的温湿度独立控制空调系统冷源节能的可行性. 建筑科学，27(8)：48-50.

李震，刘晓华，江亿，等. 2003. 带有溶液热回收器的新风空调机. 暖通空调，33(暖通空调与 SARS 特集)：55-57.

连之伟. 2011. 热质交换原理与设备. 3 版. 北京：中国建筑工业出版社.

刘晓华，江亿，张涛. 2013. 温湿度独立控制空调系统. 2 版. 北京：中国建筑工业出版社.

刘晓华，李震，江亿. 2004. 溶液全热回收装置与热泵系统结合的新风机组. 暖通空调，34(11)：98-102.

刘晓华，刘拴强，李震，等. 2007. 溶液全热回收装置及其优化分析. 太阳能学报，28(7)：762-768.

罗婷. 2013. 变工况下双温冷源系统的节能潜力研究. 广州：华南理工大学.

王月莺，逯多威，马全石. 2013. 集中式双冷源温湿度独立控制空调系统的分析. 制冷与空调，13(7)：112-116.

殷勇高. 2009. 溶液除湿系统除湿/再生过程及其热质耦合机理研究. 南京：东南大学.

张涛，刘晓华，张海强，等. 2011. 温湿度独立控制空调系统设计方法. 暖通空调，41(1)：1-8.

赵荣义，范存养，薛殿华，等. 2009. 空气调节. 4 版. 北京：中国建筑工业出版社.

Ahmed C S K, Gandhidasan P, Al-Farayedhi A A. 1997. Simulation of a hybrid liquid desiccant based air-conditioning system. Applied Thermal Engineering, 17:125-134.

Chen X Y, Li Z, Jiang Y, et al. 2005. Field study on independent dehumidification air-conditioning system-Ⅱ: performance of the whole system. ASHRAE Transactions,111 (2):277-284.

Chen Y, Yin Y, Zhang X. 2014. Performance analysis of a hybrid air-conditioning system dehumidified by liquid desiccant with low temperature and low concentration. Energy and Buildings, 77:91-102.

El-Shafei B Z, Ayman A A, Hamed A M. 2011. Modeling and simulation of solar-powered liquid desiccant regenerator for open absorption cooling cycle. Solar Energy, 85:2977-2986.

Jiang Y, Ge T, Wang R, et al. 2014. Experimental investigation on a novel temperature and humidity independent control air conditioning system part Ⅰ: cooling condition. Applied Thermal Engineering, 73: 784-793.

Jiang Y, Ge T, Wang R. 2013. Performance simulation of a joint solid desiccant heat pump and variable refrigerant flow air conditioning system in EnergyPlus. Energy and Buildings, 65 : 220-230.

La D, Dai Y, Li Y. 2010. Study on a novel thermally driven air conditioning system with desiccant dehumidification and regenerative evaporative cooling. Building and Environment ,45: 2473-2484.

Niu J, Zhang L, Zuo H. 2002. Energy savings potential of chilled-ceiling combined with desiccant cooling in hot and humid climates. Energy and Buildings, 34(5):487-495.

Zhang X, Yu C, Li S, et al. 2011. A museum storeroom air-conditioning system employing the temperature and humidity independent control device in the cooling coil. Applied Thermal Engineering, 31:3653-3657.

Zhao K, Liu X, Zhang T, et al. 2011. Performance of temperature and humidity independent control air-conditioning system in an office building. Energy and Buildings,43:1895-1903.

第 5 章　冷却除湿及设计方法

空气除湿的方法有很多种，而冷却除湿是目前应用最为广泛的除湿方法。冷却除湿是将空气冷却到露点温度以下，从而将其中的水蒸气去除的方法。它包括喷水室除湿、冷器除湿和蒸发盘管除湿。由于经常需要再热，冷却除湿的能耗较高。

5.1　冷却除湿的原理和应用

5.1.1　冷却除湿的基本原理

冷却除湿的原理是利用湿空气被冷却到露点温度以下，将冷凝水脱除的除湿方法，又称为露点法。由于用冷冻机作为冷却的手段，所以又称为冷冻除湿。

图 5-1 为湿空气通过盘管的情况，并在 h-d 图上(图 5-2)表示冷却除湿时空气状态的变化。A 点表示被盘管冷却的入口空气状态，在入口附近，盘管表面温度低于该空气的露点温度，因此仅降低了空气的温度，而含湿量 d 未发生变化，过程线是 AB。当空气接近盘管出口时，盘管表面温度低于该空气的露点温度，空气中有水分冷凝析出，空气被除湿。盘管出口的表面温度为 D，出口空气以 C 状态离开盘管，含湿量从 d_A 下降到 d_C。C 的位置随盘管的结构和旁通因素等变化。因此，冷却除湿的除湿临界值与盘管出口的表面温度和盘管的结构等有关。

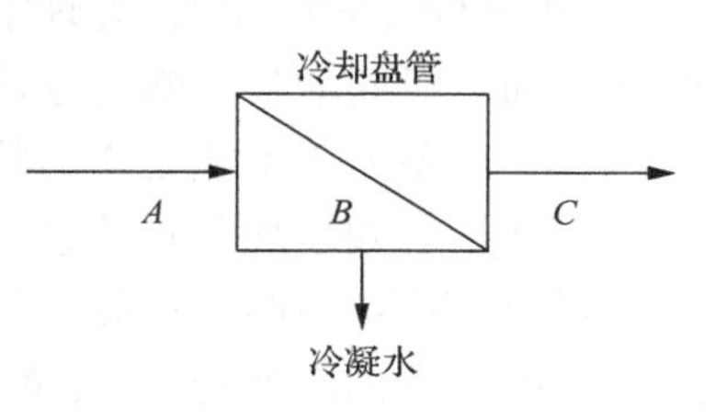

图 5-1　系统图

它的基本原理是让空气流过冷却盘管表面，盘管表面的温度低于空气的露点温度，空气在盘管表面产生凝结水，空气的含湿量得到降低。冷盘管一般是通冷冻水的冷水盘管或者是流动制冷剂的直接蒸发式冷却盘管，经过冷盘管处理后的空气温度越低，则空气就越干燥。

除湿后的空气接近饱和状态，在盘管出口处的相对湿度为 80%～100%，温度较低，如果直接送入室内，会引起室内人员的冷吹风感，引发抱怨，所以必须将冷却除湿后的空气再加热到适当的温度后再送入房间。如果是工业生产中的除湿，某

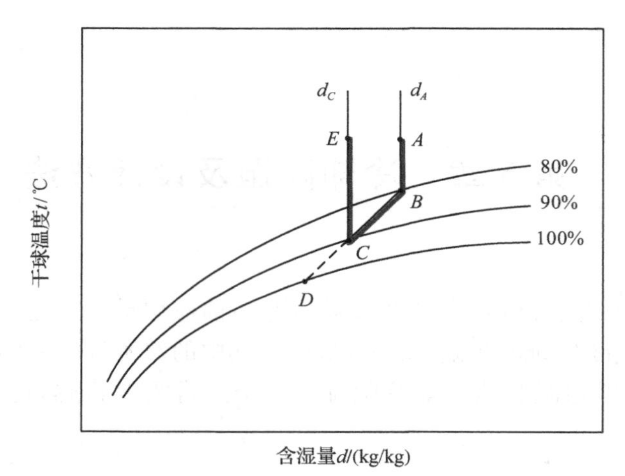

图 5-2 h-d 图

些工艺要求等温干燥，也必须将除湿后的空气再加热到一定的温度范围。这一过程如图 5-2 中的 CE 所示。这种先冷却后加热的过程会造成能源的巨大浪费。为此，在冷却除湿方法中通常利用冷冻机本身的排热作为再热热源，或设置利用处理空气本身热量进行再热的热回收装置，以尽量减少冷冻机所消耗的动力。

使用冷却盘管除湿时，处理空气出口露点在 0℃以下，冷凝水会在盘管表面结冰，并将随着时间增长不断增厚，以至于堵塞盘管肋片之间的间隙，妨碍传热和空气流通，使设备处于不能工作的状态，除湿难以进行。因此，使用这种方法进行低露点除湿时，必须增加除霜装置。

空气只有冷却到露点温度以下才能进行除湿。被处理空气的末状态含湿量越小，所需的露点温度就越低，冷冻机的制冷效率也越差。当制冷机的容量一定时，要求空气除湿后的露点温度越低，制冷机的出力越少，除湿量就减少。所以当被处理空气的温湿度高时，除湿效率较高；温湿度低时，效率变低，这是冷却除湿的特征。

5.1.2 冷却除湿的应用

作为目前应用最为广泛的除湿技术，冷却除湿具有除湿效果好、房间相对湿度下降快、运行费用低、不要求热源、也可不需要冷却水、操作方便、使用灵活等优点，广泛应用于国防工程、人防工程、各类仓库、图书馆、档案馆、地下工程、电子工业、精密机械加工、医药、食品、农业种子储藏及各工矿企业车间等场所。

1. 在空调系统中的应用

冷却除湿技术成熟、使用可靠，但当室内舒适要求或空调精度要求的空调送风温度高于露点温度时，为了达到室内送风温度，不得不对空气进行再热，从而造成再热损失。在对新风进行除湿处理时，可以采用图5-3所示的带水盘管热回收装置的除湿系统来减小再热损失。室外新鲜空气经过热回收水盘管1，将热量传递给水盘管1中的水，温度降低的空气进入冷却除湿盘管进行除湿，除湿后的低温空气再经过热回收水盘管2，吸收水盘管2中水的热量，空气温度升高后送出。该系统中热回收的介质是水，在泵的作用下，在热回收水盘管1、2之间不停地循环流动，管路上装有三通阀，可根据出风温度的高低控制进入热回收水盘管2中的水流量，以实现热回收量的调节。

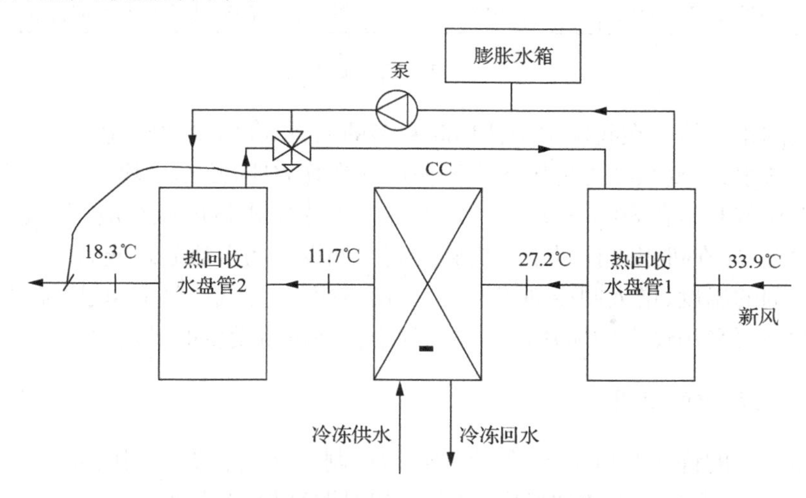

图5-3 带水盘管热回收装置的除湿系统

集中空调系统中冷水机组所提供的冷水温度一般为7℃，进入表冷器可实现11.5℃的露点温度。要求的露点温度低于11.5℃时，如果为了满足除湿的要求而降低制冷机的蒸发温度，将会导致制冷机效率降低，这时可采用图5-4所示的常规冷水盘管和机械制冷联合处理的双冷源空调机组。在用7℃冷水盘管对空气进行冷却除湿后，再让空气通过直接膨胀式盘管，利用空气与氟利昂的换热再次进行冷却除湿，利用机械制冷可以将空气处理到7℃露点温度甚至更低。这种双冷源设计既可以满足除湿的要求，又避免了制冷机出水温度过低而造成的效率下降。

在以电力为主要驱动能源的除湿技术中，冷却除湿的成本比其他方式低。用冷却除湿方式实现的极限低湿空调系统的设计和实践显示，冷却除湿的场合若冷水温度在−2℃以下，处理空气的露点温度极限值为3℃，若低于3℃将可能结冰；对要求处理露点温度在2～5℃范围的场合，冷水温度要控制在−1.5～1℃之间。设计过程要进行准确的计算并要对空调机组的结构特别是盘管进行改进处理，如采用多排结构的非标准配置、加大翅片的间距、翅片表面进行涂膜处理、加大盘管

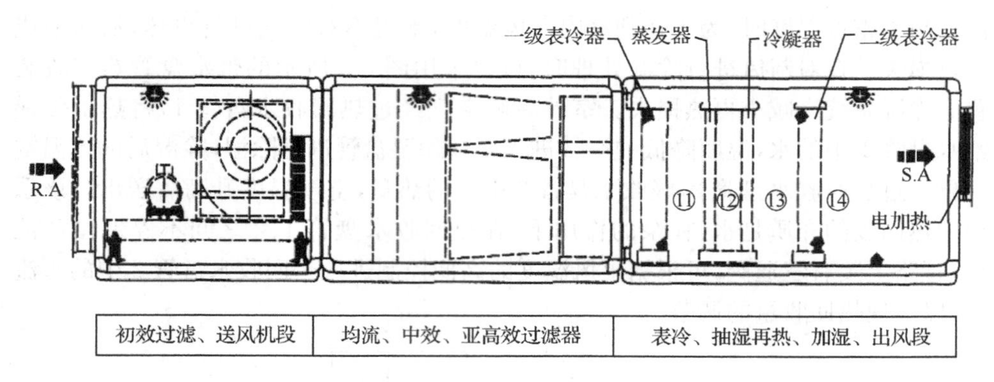

图 5-4　双冷源空调机组

与挡水板的距离等。在我国空调使用时数多的南方地区，夏季空气潮湿，新风负荷中潜热负荷很大，夏热冬冷地区各主要城市的计算表明，夏季平均新风负荷中潜热负荷所占比例基本在 80%～90%。如果将直接蒸发式新风机组应用于这一地区的新风除湿，应在机组设计时采取措施提高空调设备的潜热处理能力，降低蒸发盘管中制冷剂的温度、增大制冷剂流速、增大换热面积、降低空气流速、增加盘管排数以及注意不要采用过大的翅片密度都有利于提高机组设备的潜热比。

2. 在药厂中的应用

药品生产的许多开口工序，如原料药的精制、干燥、粉针制剂的灌装等生产区域，既要保持一万级以上的洁净度，又要使相对湿度恒定在 30%～40%，某些区域因在生产中使用有机溶煤，有防爆要求，需采用直流式全新风空调系统，这样就增加了除湿的难度。

常用的除湿方法有升温降湿、通风降湿、冷冻除湿、固体和液体吸收式除湿，由于制药厂净化系统中不仅有湿度要求，还有温度和洁净度的要求，而升温降湿和通风降湿因不能满足要求一般不予采用，所以冷冻除湿和吸收式转轮除湿应是医药洁净厂房中较常采用的两种除湿方法。

在空调设计中，当室温为 15～30℃、相对湿度 50%以上时通常采用冷冻除湿方式，但当要求把空气露点温度降低到 4℃以下或相对湿度低于 40%时，由于冷冻机的除霜问题难以解决，制冷效率将大幅度降低，所以用冷冻除湿就显得很不经济。

由上海医药设计院新近研制开发的低温低湿机组，较好地解决了以往冷冻除湿中所存在的化霜问题，并同时具有冷回收和热回收的节能功能，控制系统先进，经处理后的空气可使车间在球温度为 25℃时，最低相对湿度可达 10%。低温低湿机组可分为水冷型和风冷型两种，图 5-5 为该机组工艺流程图(以水冷型为例)。

该除湿机组采用单级压缩机直接蒸发对空气降温去湿，压缩机 1、冷凝器 1 和蒸发器 1、3 组成冷冻循环系统 1；压缩机 2、冷凝器 2 和蒸发器 2、4 组成冷冻循环系统 2。由于处理后的空气露点温度低，势必出现蒸发器结霜现象，在两套系统共同工作 25min 后，其中一套系统停机化霜，5min 后重启动制冷，再经 25min 后，另一套系统需停机化霜 5min。在 30min 内，25min 是共同工作时间，5min 是单机化霜时间，两套系统交替化霜，以保证送风参数满足工艺生产要求。

机组采用了通风化霜方法。而不是常用的电加热化霜方法，从而节省了能源和设备初投资。在压缩机停止工作后，使新回风混合后（有时是全新风）通过蒸发器化霜，一般在 5min 之内，可将蒸发器上的球霜全部融化。经测试，实际情况良好。

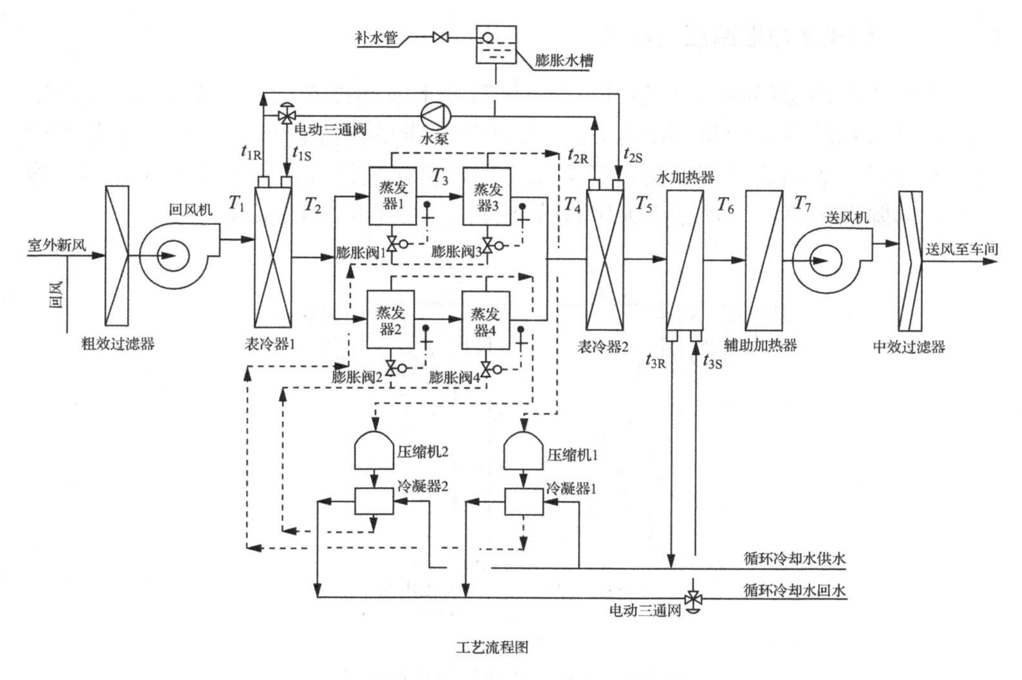

图 5-5　低温低湿机组工艺流程图

为达到回收节能目的，机组带有冷回收系统和热回收系统。冷回收系统由表冷器 1、表冷器 2、水泵、电动三通阀组成，在表冷器 1 和表冷器 2 之间通过水泵强制水循环，目的是将蒸发器出风的冷量移至空调机组进风处，用以降低进风空气温度，达到预冷进风的目的；同时又将空调机组进风处空气的热量移至蒸发器出风处，用以加热空气，从而提高过冷的送风温度，降低室内相对湿度，节约了能源。

热回收系统由水加热器、电动三通阀、冷凝器组成，是利用制冷系统冷凝器出水的热量，通过水加热器加热低温空气至所需送风温度，同时又降低了冷凝水回水温度。

当回收热量不足以保证送风被加热至设定值时，辅助加热器（电加热型或蒸汽加热型）可以起到补充加热的目的。机组上述的多项功能，是通过专用计算机智能化 PLC 控制系统实现的。

与转轮除湿机相比，这种低温低湿机组可节能 40%左右，这主要是由于空气通过转轮除湿机后温度会大幅度升高，需经过二次表冷将空气冷却至送风温度，因此增加了空调能耗。另外，加热再生空气也需增加大量能耗。

5.2 表面式冷却器除湿

5.2.1 表面式冷却器除湿的概念

表面式冷却器（简称表冷器）除湿是利用冷水或制冷剂通过冷却器盘管，而空气流过盘管和肋片表面得到冷却，空气冷却到要求的露点温度后将其中水分脱除的除湿方式。表面式冷却器又可分为水冷式和直接蒸发式两类。图 5-6 为用水冷式表冷器除湿的系统。图 5-7 为用直接蒸发式表冷器除湿的系统。

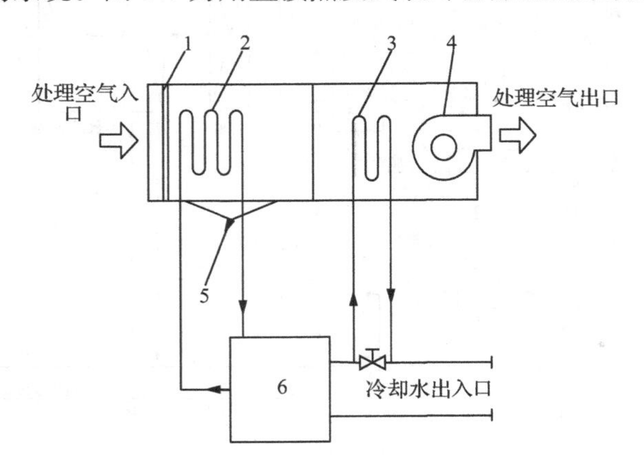

图 5-6 水冷式表冷器除湿的系统

1-过滤器；2-表冷器；3-再热器；4-送风机；5-凝结水出口；6-冷水机组

与喷水室除湿相比，表面式冷却器需耗用较多的金属材料，对空气的净化作用差。但它在结构上简单紧凑、占地较少。水系统简单且通常采用闭式循环，故节约输水能耗，对水质要求也不高，在空调工程中得到最广泛的应用。

水冷式表冷器除湿比直接蒸发式表冷器除湿适合更大的制冷机容量。与直接蒸发式除湿相比，冷水盘管除湿的传热效率高，并能严格控制流量，因此能正确调节冷却盘管的出口状态，且冷水具有蓄热功能，适用于负荷变化激烈的地方。但其

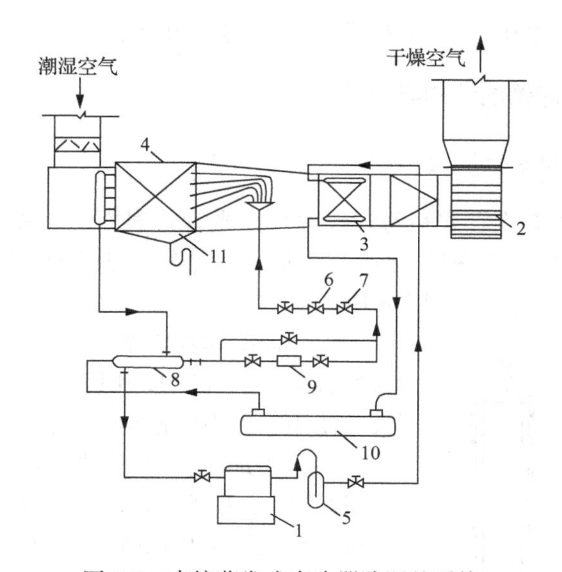

图 5-7　直接蒸发式表冷器除湿的系统

1-压缩机；2-送风机；3-冷凝器；4-蒸发器；5-油分离器；6，7-节流装置；8-热交换器；9-过滤器；10-储液器；11-集水器

装置比直接蒸发式复杂，设备费、运行费也高，适合于大型中央空调。

直接蒸发式冷却除湿装置常用在独立式除湿机组中，与一般冷冻装置没有太大的差别，它具有的特点如下。

(1) 压缩机能够进行低露点除湿的运转，所以它的容量比较大。

(2) 在负荷变化时，要采取措施防止冷却盘管中未蒸发气体造成的带液问题(冷媒以液体状态回到压缩机)。

(3) 既要正确地调节处理空气的露点，又要合理地运转冷冻装置。

(4) 设置了控制出口温度的再热装置，可以用压缩机的排热作为它的热源(也可采用空气热交换器的自身再热方式)。

(5) 要使装置在低露点(0℃)以下也能进行除湿，就必须设置除霜装置。

(6) 夏季也能对高湿度的室外空气进行直接冷却除湿。

(7) 由于机组容量小，移动方便。

当冷冻机容量不太大时，直接蒸发式表冷器除湿机可以做成整体的，在标准状况下它的出口露点温度为 5℃。当再热容量比较大时，则只需要另外的辅助热源。直接蒸发式表冷器除湿最常使用的压缩机是活塞式半封闭型制冷机和回转式螺杆制冷机。如果是大型直接蒸发表冷器除湿机，主要使用离心压缩机。

用于水冷式表冷器除湿的制冷机，主要有适合于中小容量的活塞式压缩机型冷水机组、适合于小容量的活塞式压缩机型冷水机组以及适合于大容量的离心式制冷机和吸收式制冷机，它们能提供 5～7℃的专用冷水。

5.2.2 表面式冷却器的结构与安装

1. 表面式冷却器的结构

表面式冷却器有光管式和肋管式两种。光管式表面冷却器构造简单，易于清扫空气阻力，但其传热效率低，已经很少应用。肋管式表面冷却器主要由管子(带联箱)、肋片和护板组成，如图 5-8 所示。

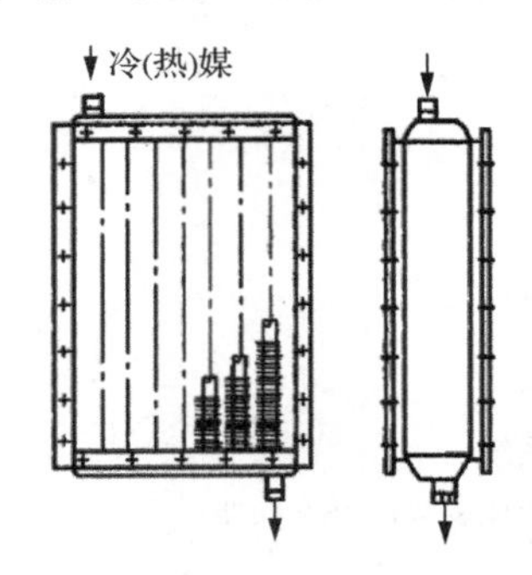

图 5-8 肋管式表面冷却器

为使表面冷却器性能稳定，应保证其加工质量，力求使管子与肋片间接触紧密，减小接触热阻，并保证长久使用后也不会松动。

肋片管的加工方法多种多样，根据加工方法不同，肋片管可分为绕片管、串片管和轧片管等类型。

绕片管使用绕片机将铜带、钢带或延展性好的铝带紧紧缠绕在钢管或铜管上而制成，并浸镀锌、锡来消除管子与肋片之间的基础间隙。浸镀锌、锡还能防止金属生锈。肋片可以采用皱褶型(图 5-9(a))或平面型(图 5-9(b))，前者因为皱褶的存在既增加了肋片与管子间的接触面积，又增加了空气流过时的扰动性，因而能提高传热系数。但是，皱褶的存在也增加了空气阻力，而且容易积灰，不便清理。后者则是用延展性好的铝带绕在钢管上制成的。

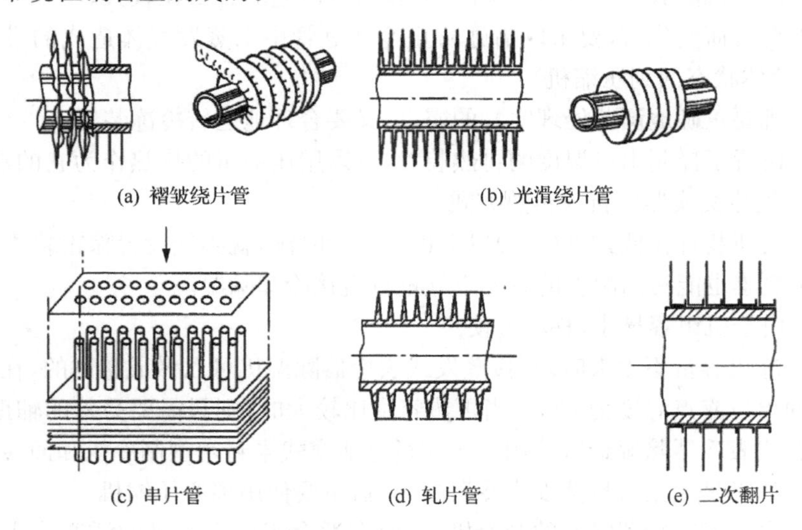

(a) 褶皱绕片管　(b) 光滑绕片管

(c) 串片管　(d) 轧片管　(e) 二次翻片

图 5-9 各种肋管式表面式冷却器的构造

串片管(图 5-9(c))则是在各种形状肋片上事先冲好管孔,再用专用机具将它一片片地串套在管束上,最后再以机械或液压胀管方法使两者紧密结合。串片管生产的机械化程度可以很高,现在大批量铜管铝片的肋管均用此方法。

轧片管(图 5-9(d))是用轧片机在光滑的铜管或铝管外表面上轧出肋片而制成的。这种加工方法不存在肋片和管子间的接触间隙,所以传热性能更好。但应注意,轧片管的肋片不能太高、管壁也不能太薄。

为了尽量提高肋片管式冷却器的传热性能,除肋片管加工中尽量保证接触紧密外,设计中要优化各种结构参数,除应用亲水性表面处理技术外,还应着力提高管内、外侧的热交换系数。强化管外侧换热的主要措施包括二次翻片(图 5-9(e))代替一次翻片,用波纹形片、条缝形片和波形冲缝片等新型肋片(图 5-10)代替平片。强化管内侧换热最简单的措施是用内螺纹管。研究表明,采用上述措施后可使表面式冷却器的传热系数提高 10%～70%。

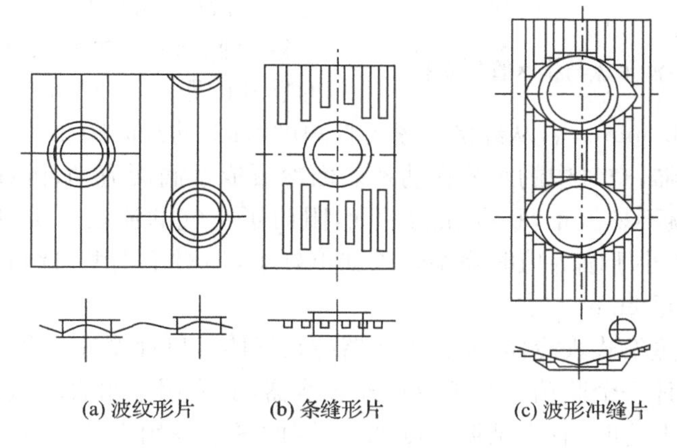

(a) 波纹形片　(b) 条缝形片　(c) 波形冲缝片

图 5-10　表面式冷却器的新型肋片

此外,在铜管串铝片的表面冷却器生产中,采用亲水铝箔的越来越多。所谓亲水铝箔就是在铝箔上涂防腐蚀涂层和亲水的涂层,并经烘干炉烘干后制成的铝箔。它的表面有较强的亲水性,可使换热片上的凝结水迅速流走而不会聚集,避免了换热片间因水珠“搭桥”而阻塞翅片间空隙,从而提高了热交换效率。同时亲水铝箔也有耐腐蚀、防霉菌、无异味等优点,但增加了表面冷却器制造成本。

2. 表面式冷却器的安装

表面式冷却器可以垂直安装,也可以水平安装或倾斜安装。但是垂直安装的表面式冷却器必须使肋片处于垂直位置,否则将因肋片上部积水而增加空气阻力。

由于表面式冷却器工作时,表面上常有凝结水产生,所以在它们下部应安装滴

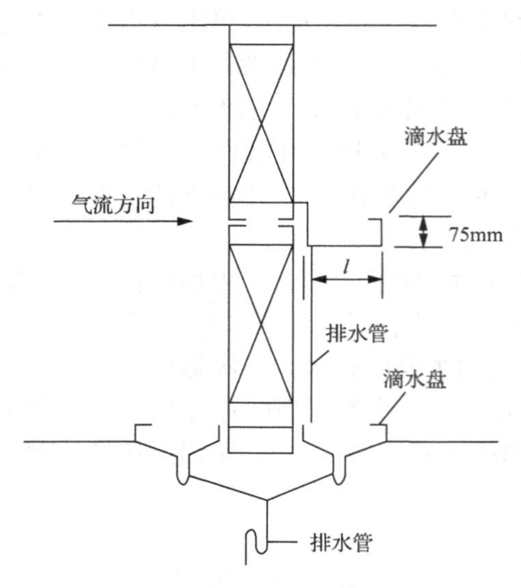

图 5-11 滴水盘与排水管的安装

水盘和排水管(图 5-11)。

按空气流动方向来说，表面式换热器可以并联，也可以串联，或者既有并联又有串联。适当的组合方式应按照处理风量和需要换热量的大小决定。一般是通过空气量多时采用并联，需要空气温升(或温降)大时采用串联。

冷却除湿机中使用的表冷器几乎全部是串片式肋片管。盘管的布置与空气流动方向垂直，在不影响表冷器性能的情况下，串片肋可以采用薄肋片，最常使用的是 0.12～0.4mm 的铝肋片。除湿时，肋片间距一般为 4～6mm，低露点除湿时，肋片表面可能结霜，这时肋片间距为 6～12mm，而一般肋片的间距是 3.2～3.6mm。若从经济和紧凑性角度考虑，肋片间距小一些为好，但对于除湿用的表冷器，空气中的水分在肋片表面冷凝成水滴而流动，因此，当肋片间距太小时，水滴就不易流走，积存在肋片间，阻碍了空气的流动。所以 3.2mm 是它的临界值，间距小于临界值时除湿效果就不好了，但对于小型机组且除湿量少时，可以缩肋间距至 2mm 左右。

对于直接蒸发式表冷器，要在表冷器冷媒气体入口处设计一个分液器，在冷媒气体出口侧设计一个联箱。对于冷水式表冷器，要采用集水管联接冷水的出入口部分。当水质恶化时，管内结垢速度加快，因此一般采用 U 形弯管连接冷水盘管的各冷却管，以便能简易地清除管内的污浊物质。

5.2.3 空气与固体表面之间的热湿交换

在任何情况下，热量(显热)总是由高温位传向低温位，物质总是由高分压相传向低分压相。温度高低是传热方向的判断，分压大小是传质方向的判据。气体中水汽分压的最大值为同温度下水的饱和蒸汽压，此时的空气称为饱和空气。可见，只要空气中所含水汽未饱和(不饱和空气)，该空气与同温度的水接触，其传质方向必由水到空气。

空调工程中常见通过金属冷壁面冷却湿空气以除掉湿分，使得空气侧壁面上出现水蒸气冷凝液在重力作用下的流动(图 5-12)。冷凝液膜相当于一个半渗透膜，气相内的水分凝结，在液相表面聚集。由于液相的温度低于气相的露点温度，因此，气液相界面上饱和蒸汽的浓度低于空气主流的蒸汽浓度，从空气主流的浓度

C_G 降到 C_i。湿空气的含湿量也从主流的 d_G 渐变为界面上的 d_i。整个问题将是金属壁面的传热过程，并在湿空气侧成为分压力 p_i 下过热（t_G-t_i）的水蒸气沿壁面被冷凝和移动着的相界外侧湿空气非等温流动情况的传热传质的复合问题。图 5-12 表示了冷壁面附近湿空气的温度和含湿量的变化趋势。

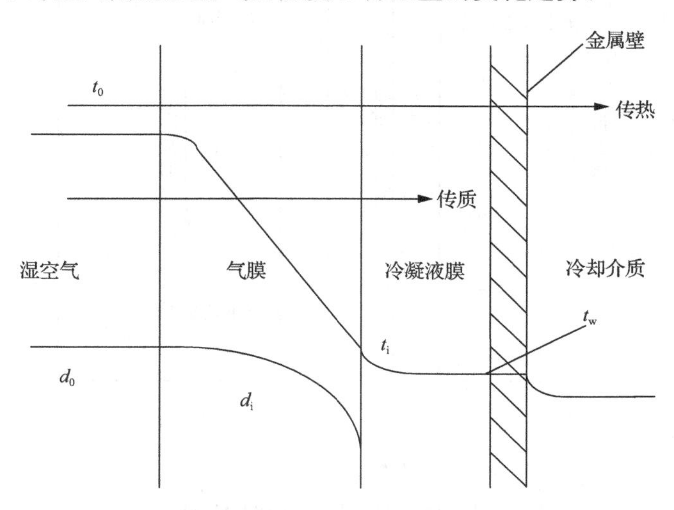

图 5-12 湿空气在冷壁面上的冷却除湿过程示意图

如图 5-13 所示，湿空气进入冷却器内，当冷却器表面温度低于湿空气的露点温度时，水蒸气就要凝结，从而在冷却器表面形成一层流动的水膜。两者之间要进行热质交换，也就是说既有显热交换，也有潜热交换，其传热传质过程同时进行，相互影响，质量的传递促使热量的迁移，与此同时，热量的迁移又会强化水膜表面的蒸发和凝结。紧靠水膜处为湿空气的边界层，这时可以认为与水膜相邻的饱和空气层的温度与冷却器表面上的水膜温度近似相等。因此，空气的主体部分与冷却器表面的热交换是由于空气的主流与凝结水膜之间的温差（$t-t_i$）而产生的，如果边界层内空气温度高于主体空气，则由边界层向周围空气传热；反之，则由主体空气向边界层传热。质交换则是由于空气的主流与凝结水膜相邻的饱和空气层中的水蒸气的分压力差，即含湿量差（$d-d_i$）而引起的。如果边界层内水蒸气分压力大于主体空气的水蒸气分压力，则水蒸气将由边界层向主体空气迁移；反之，则水蒸气分子将由主体空气向边界层迁移。

如图 5-13 所示，湿空气和水膜在无限小的微元面积 $\mathrm{d}A$ 上接触时，空气温度变化为 $\mathrm{d}t$，含湿量的变化为 $\mathrm{d}d$。则热、质交换量可用式（5-1）和式（5-2）两方程来表示：

$$\mathrm{d}Gc_p\mathrm{d}t=\alpha(t-t_i)\mathrm{d}A \tag{5-1}$$

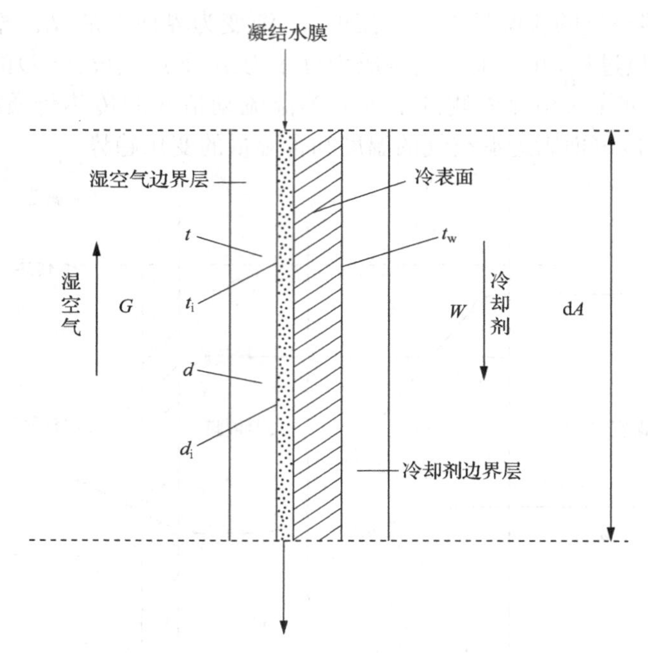

图 5-13　湿空气的冷却与降湿

$$Gdd = \sigma(d - d_i)dA \tag{5-2}$$

式中，G 为湿空气的质量流量，kg/s；d、d_i 分别为湿空气主流和紧靠水膜饱和空气的含湿量，$kg/kg_{干空气}$；t、t_i 分别为湿空气主流和凝结水膜的温度，℃；α 为湿空气侧的换热系数，$W/(m^2 \cdot ℃)$；σ 为以含湿量为基准的传质系数，$kg/(m^2 \cdot s)$。

假定水膜和金属表面的热阻可不计，则单位面积上冷却剂的传热量为

$$\alpha_w(t_i - t_w) = Wc_w \frac{dt_w}{dA} \tag{5-3}$$

式中，α_w 为冷却剂侧的对流换热系数，$W/(m^2 \cdot ℃)$；t_w 为冷却剂侧的主流温度，℃；c_w 为冷却剂的比热，$(J/kg \cdot ℃)$；W 为冷却剂的质量流量，kg/s。

根据热平衡原理，可得

$$\begin{aligned}\alpha_w(t_i - t_w) &= \alpha(t - t_i) + \sigma(d - d_i)r \\ &= \sigma\left[\frac{\alpha c_p(t - t_i)}{\sigma c_p} + (d - d_i)r\right]\end{aligned}$$

对于水—空气系统，根据刘易斯关系式 $\frac{\alpha}{\sigma c_p} = 1$，上式改写为

$$\begin{aligned}\alpha_{\mathrm{w}}(t_{\mathrm{i}}-t_{\mathrm{w}}) &= \alpha(t-t_{\mathrm{i}})+\sigma(d-d_{\mathrm{i}})r \\ &= \sigma(h-h_{\mathrm{i}})\end{aligned} \tag{5-4}$$

式中，h、h_{i} 为湿空气主流与边界层饱和空气比焓，kJ/kg。

式(5-4)通常称为麦凯尔(Merkel)方程式，它清楚地说明了湿空气在冷却表面进行冷却降湿过程中，湿空气主流与紧靠水膜饱和空气的焓差是湿空气与水膜表面之间热、质交换的推动势，而不是温差，因而，空气冷却器的冷却能力与湿空气的比焓值有直接的关系，或者说直接受湿空气湿球温度的影响。其在单位时间内、单位面积上的总传热量可近似地用传质系数 σ 与焓差驱动力 Δh 的乘积来表示。

根据热平衡，利于空气侧，有

$$G\mathrm{d}h=\sigma(h-h_{\mathrm{i}})\mathrm{d}A \tag{5-5}$$

将式(5-5)除以式(5-1)，得

$$\frac{\mathrm{d}h}{\mathrm{d}t}=\frac{(h-h_{\mathrm{i}})}{(t-t_{\mathrm{i}})} \tag{5-6}$$

这就是湿空气在冷却降湿过程中的过程线斜率。

由式(5-4)可得

$$\frac{(h_{i}-h)}{(t_{\mathrm{i}}-t_{\mathrm{w}})}=-\frac{\alpha_{\mathrm{w}}}{\sigma}=-\frac{\alpha_{\mathrm{w}}c_{\mathrm{p}}}{\alpha} \tag{5-7}$$

这就是连接点(h,t_{w})与$(h_{\mathrm{i}},t_{\mathrm{i}})$的连接线斜率。此式说明空气冷却器结构确定后，已知空气和冷却剂流速，$-\alpha_{\mathrm{w}}/\sigma$ 就为定值，显然当 t_{w} 一定时，表面温度 t_{i} 仅与空气进口的焓有关。

由式(5-3)～式(5-5)得

$$\frac{\mathrm{d}h}{\mathrm{d}t_{\mathrm{w}}}=\frac{Wc_{\mathrm{w}}}{G} \tag{5-8}$$

这是表示 h 与 t_{w} 之间关系的工作线斜率。

为了直观地描述湿空气的状态变化过程，可以利用湿空气的 h-t 图，图中纵坐标是湿空气的焓 h，$\mathrm{kJ/kg}_{干空气}$；横坐标是温度 t，℃。根据式(5-6)～式(5-8)能很快地在 h-t 图上做出湿空气在空气冷却器冷却降湿过程中的温度与焓的变化曲线。

图 5-14 为一个典型的水-空气系统的 h-t 图。图中分布有几条曲线，包括饱和线、工作线和过程线。在焓温图上，根据已知的有关参数和曲线，描绘出湿空气从进口到出口的状态变化过程即过程线。其中 PQ 为饱和线，表示冷表面上饱和空气的状态，表 5-1 列出了常压下 PQ 线上不同温度点对应的饱和湿空气的焓值及其斜率。E 点的坐标为(t_1,h_1)，为湿空气进口的状态点，M 点为湿空气出空气冷却

器的状态点，则曲线 EM 即湿空气在冷却降湿过程中的过程线。图中 B 点的坐标为 (t_{w1}, h_1)，因此当表冷器有关参数和湿空气进口状态确定后，B 点也就确定了，过 B 点作斜率为 Wc_w/G 的工作线，再过 B 点作斜率为 $-\alpha_w/\sigma$ 的直线，交饱和线 PQ 于点 C，则 C 点的坐标为 (t_i, h_i)，BC 线称为连接线。连接 E、C 两点，由式(5-6)可知，直线 EC 就是过程线在初始点 E 上的切线。然后在切线上，离开 E 点很小一段距离找出新的工作点，重复上述过程，最后把所有的工作点连接起来，得到过程线 EM，对应湿空气的出口状态一般很接近饱和状态。E、Q 点的温度分别为入口空气的干、湿球温度，M 点为湿空气出口的干球温度，与湿球温度非常接近。过 M 点与工作线相交的是 A 点，为空气冷却器冷却剂侧主流出口状态点。

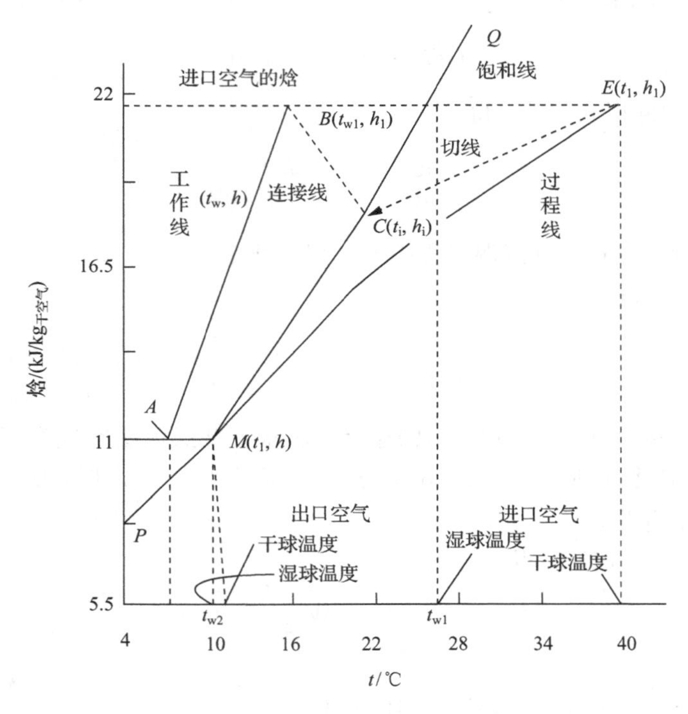

图 5-14　麦凯尔方程所表示的湿空气冷却降湿过程

表 5-1　常压下饱和湿空气的焓值及其在饱和曲线上的斜率

t/℃	h/(kJ/kg)	dh/dt/[kJ/(kg·℃)]
4.4	35.418	1.900
7.2	41.027	2.122
10.0	47.210	2.332
12.8	53.999	2.579

续表

t/℃	h/(kJ/kg)	$\mathrm{d}h/\mathrm{d}t$/[kJ/(kg·℃)]
15.6	61.409	2.863
18.3	69.906	3.194
21.1	79.274	3.579
23.9	85.135	4.019
26.7	101.598	4.529
29.4	114.948	5.124
32.2	130.063	5.814
35.0	147.247	6.614
37.8	166.791	7.543
40.6	189.153	8.627
43.3	214.733	9.896
46.1	244.123	11.386
48.9	277.984	13.144
51.7	317.190	15.237
54.4	362.537	17.791

图 5-14 并未给出需要的冷却表面积、出口空气的含湿量及凝结水的量，但这些值可根据出口湿蒸汽的状态求得。因为已知湿空气的干、湿球温度就可求得其含湿量，再通过质量平衡，立即可求出凝结水的量。所需要的冷却面积可从式(5-5)求得

$$A=\frac{G}{\sigma}\int\frac{\mathrm{d}h}{h-h_{\mathrm{i}}}\tag{5-9}$$

5.2.4　表面式冷却器热湿交换过程的特点

1. 干工况下的传热

用表冷器处理空气时，与空气进行热质交换的介质不和空气直接接触，热质交换是通过表冷器管道的金属面进行的。对于空气调节系统中常用的水冷式表冷器，空气与水的流动方式主要为逆交叉流，而当冷却器的排数达到 4 排以上时，又可将逆交叉流看成完全逆流。

当冷却器表面温度低于被处理空气的干球温度，但尚高于其露点温度时，空气只被冷却而并不产生凝结水。这种过程称为等湿冷却过程或干冷过程(干工况)。

由于只有显热传递，表面式冷却器的换热量取决于传热系数、传热面积和两交

换介质之间的对数平均温差。当其结构、尺寸及交换介质温度给定时，对水流传热能力起决定作用的是传热系数 K。对于空调工程中常采用的肋片管换热器，如果忽略其他附加热阻，K 值可按式(5-10)计算(以外表面积为计算基准)，即

$$K=\left(\frac{1}{\alpha_{\mathrm{w}}'}+\frac{\tau\delta}{\lambda}+\frac{\tau}{\alpha_{\mathrm{n}}}\right)^{-1} \tag{5-10}$$

式中，K 为总传热系数，W/(m^2·℃)；α_{n} 为肋片管内表面热交换系数，W/(m^2·℃)；α_{w}'为肋片管外表面当量热交换系数，考虑了肋片效率，W/(m^2·℃)；δ 为管壁的厚度，m；λ 为管壁热导率，W/(m·℃)；τ 为肋化系数，$\tau=F_{\mathrm{w}}/F_{\mathrm{n}}$；$F_{\mathrm{w}}$、$F_{\mathrm{n}}$ 分别为单位管长肋管外、内表面积，m^2。

直接计算空气内外侧的传热系数都是比较复杂的。空气侧的传热系数受肋片的影响。对于水冷式表冷器，管内无相变发生，管内传热系数可以采用无相变的传热准则方程式；对于直接蒸发式表冷器，制冷剂在管内发生相变，要采用管内沸腾传热方程式。

由式(5-10)可知，当表冷器的结构一定时，传热系数 K 值只与内外表面热交换系数有关，而它们又是水和空气流动状况的函数。

在实际工作中，对于已经结构定型的表冷器，其传热系数 K 往往是通过实验来确定的，并将实验结果整理成以下实验公式，即

$$K=\left(\frac{1}{A\nu_{\mathrm{y}}^{m}}+\frac{1}{B\omega^{n}}\right)^{-1} \tag{5-11}$$

式中，ν_{y} 为空气迎面风速，一般为 2～3m/s；ω 为表冷器的水流速度，一般为 0.6～1.8m/s；A、B、m、n 为由实验得出的系数和指数。表 5-2 列出了一些水冷式表冷器传热公式的实验数据。

对于直接蒸发式表冷器，可以不考虑制冷剂流速的影响，而将 K 值整理成

$$K=A'(\nu\rho)^{m'} \tag{5-12}$$

式中，A'、m' 为实验整理出的系数和指数，可以根据厂家给出的实验数据获得。

2. 除湿工况下的传热

如果冷却器表面温度低于空气的露点温度，则空气不但被冷却，而且其中的水蒸气也将部分地凝结出来，并在冷却器的肋片管表面形成水膜。这种过程称为减湿冷却过程或湿冷过程(湿工况)。

除湿时，在稳定的湿工况下，可以认为在整个表冷器外表面上形成一层等厚的冷凝水膜，多余的冷凝水不断从表面流走。冷凝过程放出的冷凝热使水膜温度略高于肋片表面温度，但因水膜温升及膜层热阻影响较小，计算时可以忽略水膜的存

在对其边界层空气参数的影响。

湿工况下，由于边界层空气与主体空气之间不但存在温差，也存在水蒸气分压力差，所以通过表冷器表面不但有显热交换，也有伴随交换的潜热交换。由此可见，表面式冷却器的湿工况比干工况应具有更大的热交换能力，其表冷量的增大程度可用换热扩大系数 ξ 表示。除湿过程平均换热扩大系数被定义为总热交换量与显热交换量之比。在理想条件下，空气终状态可达饱和（对应于饱和状态 h_b，t_b），其实

$$\xi = \frac{h - h_b}{c_p(t - t_b)} \tag{5-13}$$

不难看出，ξ 的大小也反映了冷却过程中凝结水析出的多少，故又称为析湿系数。它是计算湿工况下表面冷却器的一个重要参数。显然，湿工况下 $\xi>1$，而干工况下 $\xi=1$。在实际计算中，已知空气初状态1点、空气终状态2点，则

$$\xi = \frac{h_1 - h_2}{c_p(t_1 - t_2)} \tag{5-14}$$

根据对空气与水直接接触条件下热湿交换过程的分析，表冷器微元面积 dF 上总热交换的推动力是主体空气与水面边界层空气间的焓差，即

$$dQ_z = \sigma(h - h_b)dF \tag{5-15}$$

式中，σ 为空气与水表面之间按含湿量差计算的湿交换系数，kg/(m^2·s)。

将式(5-13)以及刘易斯关系式 $\sigma = \alpha_w / c_p$ 代入这一微分方程式可得

$$dQ_z = \alpha_w \xi (t - t_b) dF \tag{5-16}$$

由此可见，当表冷器上出现凝结水时，可以认为外表面换热系数比干工况增大了 ξ 倍。于是冷却除湿过程的传热系数 K 可以按照式(5-17)计算，即

$$K = \left(\frac{1}{\alpha'_w \xi} + \frac{\tau\delta}{\lambda} + \frac{\tau}{\alpha_n}\right)^{-1} \tag{5-17}$$

同样，实际工作中一般多用通过实验得到的经验公式来计算湿工况传热系数，K 值不仅与空气和水的流速有关，还与过程的平均析湿系数 ξ 有关，故其经验公式采用如下形式，即

$$K = \left(\frac{1}{A\nu_y^m \xi^p} + \frac{1}{B\omega^n}\right)^{-1} \tag{5-18}$$

式中，p 为由实验得出的指数。

其余符号意义同前。部分国产表冷器的传热系数实验公式见表5-2。

表 5-2　部分水冷式表面冷却器的传热系数和阻力实验公式

型号	排数	作为冷却用之传热系数 K/[W/(m²·℃)]	干冷时空气阻力 ΔH_g 和湿冷时空气阻力 ΔH_s/Pa	水阻力/kPa	作为热水加热用之传热系数 K/[W/(m²·℃)]	试验时用的型号
B或 U-Ⅱ型	2	$K=\left(\frac{1}{34.3V_y^{0.782}\xi^{1.03}}+\frac{1}{207w^{0.8}}\right)^{-1}$	$\Delta H_g=20.97V_y^{1.39}$			B-2B-6-27
B或 U-Ⅱ型	6	$K=\left(\frac{1}{31.4V_y^{0.837}\xi^{0.87}}+\frac{1}{281.7w^{0.8}}\right)^{-1}$	$\Delta H_g=29.75V_y^{1.98}$ $\Delta H_s=38.93V_y^{1.84}$	$\Delta h=64.68w^{1.854}$		R-6R-8-24
GL或 GL-Ⅱ型	6	$K=\left(\frac{1}{21.1V_y^{0.845}\xi^{1.15}}+\frac{1}{216.6w^{0.8}}\right)^{-1}$	$\Delta H_g=19.99V_y^{1.862}$ $\Delta H_s=32.05V_y^{1.635}$	$\Delta h=64.68w^{1.854}$		GL-6R-8.24
W	2	$K=\left(\frac{1}{42.1V_y^{0.52}\xi^{1.03}}+\frac{1}{332.6w^{0.8}}\right)^{-1}$	$\Delta H_g=5.68V_y^{1.85}$ $\Delta H_s=25.28V_y^{0.895}$	$\Delta h=8.18w^{1.93}$	$K=34.77V_y^{0.4}w^{0.078}$	小型试验样品
JW	4	$K=\left(\frac{1}{39.7V_y^{0.52}\xi^{1.03}}+\frac{1}{332.6w^{0.8}}\right)^{-1}$	$\Delta H_g=11.96V_y^{1.72}$ $\Delta H_s=42.8V_y^{0.992}$	$\Delta h=12.54w^{1.93}$	$K=31.87V_y^{0.48}w^{0.08}$	小型试验样品
JW	6	$K=\left(\frac{1}{41.5V_y^{0.52}\xi^{1.02}}+\frac{1}{325.6w^{0.8}}\right)^{-1}$	$\Delta H_g=16.66V_y^{1.75}$ $\Delta H_s=62.23V_y^{1.1}$	$\Delta h=14.5w^{1.93}$	$K=30.7V_y^{0.485}w^{0.08}$	小型试验样品
JW	8	$K=\left(\frac{1}{35.5V_y^{0.58}\xi^{1.0}}+\frac{1}{353.6w^{0.8}}\right)^{-1}$	$\Delta H_g=23.8V_y^{1.74}$ $\Delta H_s=70.56V_y^{1.21}$	$\Delta h=20.19w^{1.93}$	$K=27.3V_y^{0.58}w^{0.075}$	小型试验样品
KL-1	4	$K=\left(\frac{1}{32.6V_y^{0.53}\xi^{0.987}}+\frac{1}{350.1w^{0.8}}\right)^{-1}$	$\Delta H_g=24.21V_y^{1.828}$ $\Delta H_s=24.01V_y^{1.913}$	$\Delta h=18.03w^{2.1}$	$K=\left(\frac{1}{28.6V_y^{0.656}}+\frac{1}{286.1w^{0.8}}\right)^{-1}$	
KL-2	4	$K=\left(\frac{1}{29V_y^{0.622}\xi^{0.758}}+\frac{1}{385w^{0.8}}\right)^{-1}$	$\Delta H_g=27V_y^{1.43}$ $\Delta H_s=42.2V_y^{1.2}\varepsilon^{0.18}$	$\Delta h=22.5w^{1.8}$	$K=11.16V_y+15.54w^{0.276}$	KL-2-4-10/600
KL-3	6	$K=\left(\frac{1}{27.5V_y^{0.778}\xi^{0.843}}+\frac{1}{460.5w^{0.8}}\right)^{-1}$	$\Delta H_g=26.3V_y^{1.75}$ $\Delta H_s=63.3V_y^{1.2}\varepsilon^{0.15}$	$\Delta h=27.9w^{1.81}$	$K=12.97V_y+15.08w^{0.13}$	KL-3-6-10/600

5.2.5 表冷器除湿热工计算

1. 水冷式表冷器除湿热工计算

用水冷式表面式冷却器处理空气，依据计算目的的不同，可分为设计性计算和校核性计算两种类型。设计性计算多用于选择表冷器，以满足已知初、终参数的空气处理要求；校核性计算多用于检查已确定了型号的表冷器，能将具有一定初参数的空气处理到什么样的终参数。每种计算类型按已知条件和计算内容又可分为数种，表 5-3 为最常见的计算类型。

表 5-3 表面式冷却器的热工计算类型

计算类型	已知条件	计算内容
设计性计算	空气量 G 空气初状态 $t_1, h_1(t_{s1}\cdots)$ 空气终状态 $t_2, h_2(t_{s2}\cdots)$	冷却器型号、台数、排数(冷却面积 A) 冷水初温 t_{w1}(或冷水量 W) 和终温 t_{w2}(冷量 Q)
校核性计算	空气量 G 空气初状态 $t_1, h_1(t_{s1}\cdots)$ 冷却器型号、台数、排数(冷却面积 A) 冷水初温 t_{w1}(或冷水量 W)	空气终状态 $t_2, h_2(t_{s2}\cdots)$ 冷水终温 t_{w2}(冷量 Q)

1) 表冷器的热交换系数和接触系数

表冷器的热交换效率也是通过将空气和水的实际状态变化过程和理想过程比较而获得的。全热交换系数同时考虑了空气和水的状态变化，如图 5-15 所示。

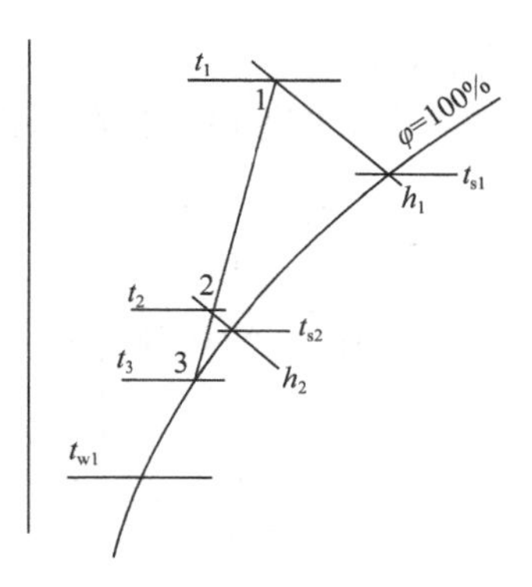

图 5-15 表冷器处理空气时的各个参数

表冷器的热交换效率 ε_1 定义为

$$\varepsilon_1 = \frac{t_1 - t_2}{t_1 - t_{w1}} \tag{5-19}$$

式中，t_1、t_2 分别为除湿前、后空气的干球温度，℃；t_{w1} 为冷水初温，℃。

由于式(5-19)中只有空气的干球温度，所以又把 ε_1 称为表冷器的干球温度效率。

在水冷式除湿表冷器中，空气与水的流动主要为逆交叉流，当表冷器排数$N\geqslant 4$时，从总体上甚至可将其视为逆流。在逆流条件下，对表冷器一微元面积 dF 进行其上传热量分析，可以推导出 ε_1 的理论计算式为

$$\varepsilon_1 = \frac{1 - \exp[-\mathrm{NTU}(1-\gamma)]}{1 - \gamma\exp[-\mathrm{NTU}(1-\gamma)]} \tag{5-20}$$

式中，NTU 为传热单元数，$\mathrm{NTU} = \frac{K_s F}{\xi G c_{pa}}$；$\gamma$ 为两流体的水当量比，$\gamma = \frac{\xi G c_{pa}}{W c_{pw}}$；$G$ 为处理空气量，kg/s；W 为表冷器盘管内水流量，kg/s；c_{pa}、c_{pw}分别为空气和水的定压比热容，kJ/(kg・℃)；

式(5-20)表明，热交换效率 ε_1 只与 NTU 和 γ 有关。为简化计算，可根据该式制成线算图，由 NTU 和 γ 直接查 ε_1 值。当表冷器结构形式一定且忽略空气密度的变化时，ε_1 值其实只与 ν_y、ω 和 ξ 有关。因此，也可以通过实验得到 ε_1 与 ν_y、ω 和 ξ 的关系式。

表冷器的接触系数表示为

$$\varepsilon_2 = \frac{t_1 - t_2}{t_1 - t_3} = 1 - \frac{t_2 - t_3}{t_1 - t_3} = 1 - \frac{h_2 - h_3}{h_1 - h_3} \tag{5-21}$$

式中，t_3 为空气处理的理想终温，℃。

它可以近似代表表冷器的表面平均温度。接触系数可以推导为

$$\varepsilon_2 = 1 - \frac{t_2 - t_{s2}}{t_1 - t_{s1}} \tag{5-22}$$

同样，通过对表冷器微元面积 dF 上的传热分析，可以推导出 ε_2 的理论计算式为

$$\varepsilon_2 = 1 - \exp\left(\frac{-\alpha_w a N}{\nu_y \rho c_p}\right) \tag{5-23}$$

式中，a 为肋通系数，指每排肋管外表面积与迎风面积之比，$a = \frac{F}{NF_y}$；N 为肋管的排数；F_y 为每排肋管迎风面积，m^2。

由此可见，对结构特性一定的表冷器来说，由于肋通系数 a 值一定，空气密度 ρ

可视为常数，α_w 又与 ν_y 有关，所以 ε_2 也就成为 ν_y 和 N 的函数，即 $\varepsilon_2 = f(\nu_y, N)$，据此也可通过实验获取值。而且 ε_2 将随表冷器排数增加而变大，随 ν_y 增加而变小。当 ν_y 与 N 确定之后，且 α_w 可知，则根据式(5-23)可计算表冷器的 ε_2 值。此外，表冷器的 ε_2 值也可通过实验得到。

国产部分表冷器的 ε_2 值可由表 5-4 查得。

表 5-4 水冷式表面冷却器的 ε_2 值

冷却器型号	排数 N	迎面风速 v_y/(m/s)			
		1.5	2.0	2.5	3.0
B或U-Ⅱ型 GL或GL-Ⅱ型	2	0.543	0.518	0.499	0.484
	4	0.791	0.767	0.748	0.733
	6	0.905	0.887	0.875	0.863
	8	0.957	0.946	0.937	0.930
JW型	2*	0.590	0.545	0.515	0.490
	4*	0.841	0.797	0.768	0.740
	6*	0.940	0.911	0.888	0.872
	8*	0.977	0.964	0.954	0.945
KL-1型	2	0.466	0.440	0.423	0.408
	4*	0.715	0.686	0.665	0.619
	6	0.848	0.800	0.806	0.792
	8	0.917	0.824	0.887	0.877
KL-2型	2	0.553	0.530	0.511	0.493
	4*	0.800	0.780	0.762	0.743
	6	0.909	0.896	0.886	0.870
KL-3型	2	0.450	0.439	0.429	0.416
	4	0.700	0.685	0.672	0.660
	6*	0.834	0.823	0.813	0.802

注：表中有*号的为试验数据，无*号的是根据理论公式计算出来的。

由式(5-23)可见，肋管的排数 N 的增加和空气迎面风速 ν_y 的减小均有利于提高表冷器的接触系数。但 N 的增加会引起空气阻力的增加，且后几排还会因空气与水之间温差过小而减弱传热作用，所以 N 一般以不超过 8 排为宜。此外，迎风面风速最好控制在 2～3m/s，因为 ν_y 过低将导致冷却器规格加大，初投资增加；过大则致使 ε_2 降低，也会增加空气阻力，还可以把冷凝水带入送风系统，影响送风参数。实践中，当 ν_y>2.5m/s 时，表冷器后面应装设挡水板。

2）表冷器除湿热工计算方法和步骤

对型号一定的表冷器而言，热工计算原则就是满足下列 3 个条件。

（1）空气处理过程需要的 ε_1 应等于该表冷器能够达到的 ε_1，即

$$\frac{t_1 - t_2}{t_1 - t_{w1}} = f(\mathrm{NTU}, \gamma) \tag{5-24}$$

（2）空气处理过程需要的 ε_2 应等于该表冷器能够达到的 ε_2，即

$$1 - \frac{t_2 - t_{s2}}{t_1 - t_{s1}} = f(\nu_y, N) \tag{5-25}$$

（3）空气放出的热量应等于冷水吸收的热量，即

$$G(h_1 - h_2) = Wc_{pw}(t_{w2} - t_{w1}) \tag{5-26}$$

由此可见，表冷器的热工计算方法和喷水室的热工计算方法相似，也可以通过联解三个方程来完成。不过由于表冷器的 ε_1 和 ε_2 计算式中包含较多的参数，手算求解相当困难，故在工程计算中常采用以下做法。

（1）表冷器设计性计算。

对于表冷器的设计性计算，应先根据已知的空气初参数和要求处理到的空气终参数计算 ε_2，根据 ε_2 确定表冷器的排数，继而在假定 $\nu_y = 2.5 \sim 3\mathrm{m/s}$ 时确定表冷器的 F_y，根据可确定表冷器的型号与台数，然后就可求出该表冷器能够达到的 ε_1 值，根据 ε_1 可确定水初温 t_{w1} 为

$$t_{w1} = t_1 - \frac{t_1 - t_2}{\varepsilon_1} \tag{5-27}$$

如果已知条件中给定了水初温 t_{w1}，则说明空气处理过程需要的 ε_1 已定，热用计算的目的就在于通过调整水量或迎面风速、改变冷水流速或传热面积和传热系数等，使所选择的表冷器能够达到空气处理过程需要的 ε_1 值。

（2）表冷器校核性计算。

在校核计算中，因空气终参数未求出，尚不知道过程的析湿系数 ξ。为了求解空气终参数和水终温，需要增加辅助方程，使得求解程序更为复杂。这种情况需要用试算法。

附带说明，联立解三个方程式只能求出三个未知数。然而上述热平衡式(5-26)中实际上又包括 $Q = G(h_1 - h_2)$ 和 $Q = Wc_{pw}(t_{w2} - t_{w1})$ 两个方程。所以，解题时若需求出冷量 Q，即需要增加一个未知数时，则应联解四个方程。这就是人们常说的计算表冷器的方程组由四个方程组成的道理。

此外，由表 5-3 可知，无论是哪种计算类型，已知的参数都是六个，未知的参数都是三个(按四个方程计算时，已知参数是六个，未知参数是四个)，进行计算时所

用的方程数目与要求的未知数个数应是一致的。如果已知参数给多了，即所用方程数目比要求的未知数多，就可能得出不正确的解；同理，如果使用的方程数目少于所求的未知数，也就得出不合理的解。关于这一点进行计算时必须注意。

（3）表冷器安全系数的选取。

表冷器经长时间使用后，因外表面积灰、内表面结垢等，其传热系数会有所降低。为了保证在这种情况下表冷器的使用仍然安全可靠，在选择计算时应考虑一定的安全系数。可以用加大传热面积的办法考虑安全系数，如增加排数或者增加迎风面积。但是，由于表冷器的产品规格有限，采用这种办法往往做不到安全系数正好合适，或者给选择计算工作带来麻烦（设计性计算可能转化成校核性计算）。因此，在工程上可考虑以下两种做法：①在选择计算之初，将求得的 ε_1 乘以安全系数 a。对仅做冷却用的表冷器取 $a=0.94$；②计算过程中不考虑安全系数。在表冷器规格选定之后将计算出来的水初温再降低一些。水初温的降低值可按水温升的10%～20%考虑。

（4）表冷器阻力计算。

对一定结构特性的表冷器而言，空气阻力可由下面形式的实验公式求出，即

$$\Delta H = B(\nu\rho)^{p} \tag{5-28}$$

式中，B、p 为实验得出的系数和指数。

2. 直接蒸发式表冷器设计计算步骤

（1）确定蒸发冷却器的工况。进冷却器的风温为 t_1，相对湿度为 φ_1；要求出冷却器的风温为 t_2，相对湿度为 φ_2；风量为 G(kg/s)。

（2）确定蒸发器肋片管束的结构形式。包括肋片的形式、盘管外径及壁厚、肋片厚、肋片节距、管束的排列形式等。

（3）求所需的热交换系数和接触系数，以蒸发温度为机器的露点温度。

（4）求蒸发冷却器的传热系数。

（5）确定蒸发冷却器的结构。

（6）以计算得到的传热系数和所要求的换热量对原来的阵法温度进行校核。

（7）蒸发冷却器技术参数与结构参数的确定。

直接蒸发表冷器传热系数在计算时，平面肋片管束或连接整体肋管管束的结构尺寸如图 5-16 所示，外表面空气侧放热系数为

$$\alpha_{\mathrm{w}} = C_1 C_2 \left(\frac{\lambda_{\mathrm{a}}}{d_{\mathrm{e}}}\right)\left(\frac{L}{d_{\mathrm{e}}}\right)^{n} Re_{\mathrm{f}}^{m} \tag{5-29}$$

式中，Re_{f} 为雷诺数，$Re_{\mathrm{f}} = \dfrac{\rho_{\mathrm{a}}\nu d_{\mathrm{e}}}{\mu}$；$\nu$ 为净通道断面的空气流速，m/s；μ 为空气动力

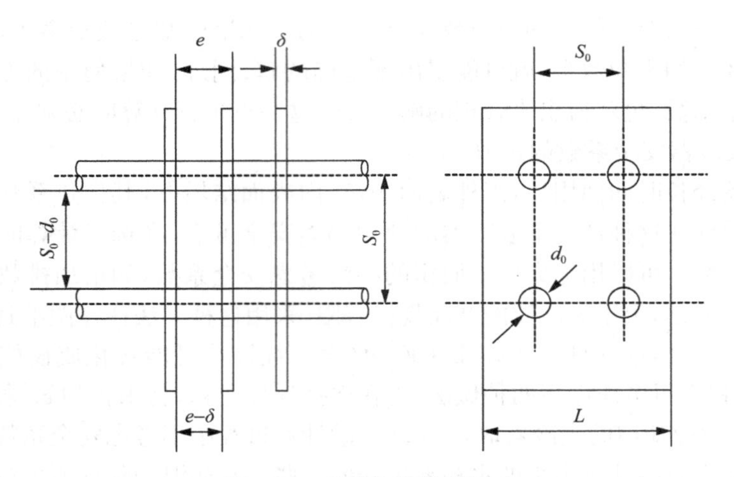

图 5-16　整体肋片计算尺寸

黏度，Pa·s；ρ_a 为空气密度，kg/m^3；λ_a 为空气热导率，W/(m^2·℃)；L 为沿气流方向肋片的长度，m；n 为指数，$n=-0.28+0.08\dfrac{Re_f}{1000}$；$m$ 为指数，$m=0.45+0.0066\dfrac{L}{d_e}$；$C_1$ 为与气流运动状况有关的系数，$C_1=1.36-0.24\dfrac{Re_f}{1000}$；$C_2$ 为与结构尺寸有关的系数，见表 5-5；d_e 为空气流通断面的当量直径，如图 5-16 所示。

$$d_e=\frac{2(S_0-d_0)(e-\delta)}{(S_0-d_0)+(e-\delta)} \tag{5-30}$$

式中，S_0 为管间距，m；e 为肋片节距，m；δ 为肋片厚度，m。

表 5-5　与结构尺寸有关的系数

L/d_e	5	10	20	30	40	50
C_2	0.412	0.326	0.201	0.125	0.080	0.475

叉排整体式肋片管束中空气侧的放热系数也可以表示为

$$\alpha_w=18\nu^{0.578} \tag{5-31}$$

式中，ν 为净通道断面的空气流速，m/s，它与迎面风速 ν_y 的关系式为 $\nu=\nu_y/\varepsilon$；ε 为净面比；其余符号同式(5-30)。

水平管内的沸腾放热系数的计算如下(以 R12 和 R22 制冷剂为例)。

进口流速 $\nu_0=0.05\sim0.5$m/s，进口蒸气干度 $x_1=0.04\sim0.25$，出口蒸气干度 $x_2=0.9\sim1$。当热流密度 $\psi\leqslant4000$W/m^2 时，有

R12 制冷剂

$$\alpha_n = 1600\nu^{0.43} \tag{5-32}$$

R22 制冷剂

$$\alpha_n = 2470\nu^{0.47} \tag{5-33}$$

当 $\psi > 0.6 \sim 25\text{kW/m}^2$ 时，制冷剂质量流速 $\nu_m = 50 \sim 60\text{kg/(m}^2 \cdot \text{s)}$ 时，对于 R12、R22 制冷剂有

$$\alpha_n = A\psi^{0.6} v_m^{-0.2} d_i^{-0.2} \tag{5-34}$$

式中，ν_m 为制冷剂质量流速，$\text{kg/(m}^2 \cdot \text{s)}$；$A$ 为系数，由表 5-6 获得。

表 5-6　R12 和 R22 的 A 值表

制冷剂	蒸发温度/℃				
	−30	−10	0	10	30
R12	0.85	1.0444	1.1395	1.2300	1.4708
R22	0.9494	1.1697	1.3202	1.4708	1.8543

5.2.6　表冷器热工计算的方法和步骤举例

下面通过例题说明表冷器的设计性计算和校核性计算步骤。

【例 5-1】 已知被处理的空气量 G 为 30000kg/h(8.33kg/s)，当地大气压力为 101325Pa 时，空气的初参数为 $t_1 = 25.6℃$、$h_1 = 50.9\text{kJ/kg}$、$t_{s1} = 18℃$；空气的终参数为 $t_2 = 11℃$、$h_2 = 30.7\text{kJ/kg}$、$t_{s2} = 10.6℃$、$\varphi = 95\%$。试选择 JW 型表面式冷却器，并确定水温、水量。JW 型表面式冷却器的技术数据见表 5-7。

表 5-7　JW 型表面式冷却器技术数据

型号	风量 $L/(\text{m}^3/\text{h})$	每排散热面积 F_d/m^2	迎风面积 F_y/m^2	通水断面积 f_w/m^2	备注
JW10-4	5000～8350	12.15	0.944	0.00407	共有 4、6、8、10 排四种产品
JW20-4	8350～16700	24.05	1.87	0.00407	
JW30-4	16700～25000	33.40	2.57	0.00553	
JW40-4	25000～33400	44.50	3.43	0.00553	

【解】 (1) 计算需要的 ε_2，确定表面冷却器的排数。

如图 5-17 所示，根据

$$\varepsilon_2 = 1 - \frac{t_2 - t_{s2}}{t_1 - t_{s1}}$$

得

$$\varepsilon_2 = 1 - \frac{11 - 10.6}{25.6 - 18} = 0.947$$

根据表 5-4 可知，在常用的 ν_y 范围内，JW 型 8 排表面式冷却器能满足 $\varepsilon_2 = 0.947$ 的要求，所以决定选用 8 排。

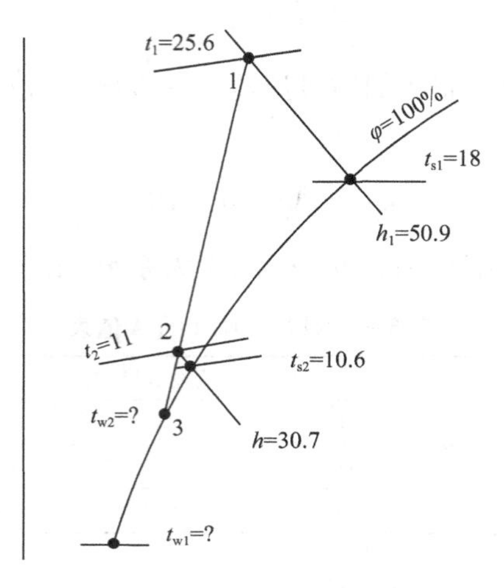

图 5-17　例 5-1 附图

(2) 确定表面式冷却器的型号。

先确定一个 ν_y'，算出所需冷却器的迎风面积 F_y'；再根据 F_y'，选择合适的冷却器型号及并联台数，并算出实际的 ν_y 值。

假定 $\nu_y'=2.5\text{m/s}$，根据 $F_y' = \frac{G}{\nu_y'\rho}$，可得

$$F_y' = \frac{8.33}{2.57 \times 1.2} = 2.8(\text{m/s})$$

根据 $F_y'=2.8\text{m/s}$，查表 5-7 可以选用 JW30-4 型表面式冷却器一台，其 $F_y = 2.57$，所以实际的 ν_y 为

$$\nu_y = \frac{G}{F_y\rho} = \frac{8.33}{2.5 \times 1.2} = 2.7(\text{m/s})$$

再查表 5-7 可知，在 $\nu_y=2.7\text{m/s}$ 时，8 排 JW 型表面冷却器实际的 $\varepsilon_2=0.950$，与需要的 $\varepsilon_2=0.947$ 差别不大，故可继续计算。如果两者差别较大，则应改选其他型号的表面冷却器或在设计允许范围内调整空气的一个终参数，从而变成已知冷却面积及一个空气终参数求解另一个空气终参数的计算类型。

由表 5-7 还可知道，所选表面式冷却器的每排传热面积 $F_d=33.4\text{m}^2$，通水断面积 $f_w=0.00553\text{m}^2$。

(3) 求析湿系数。

根据 $\xi=\dfrac{h_1-h_2}{c_p(t_1-t_2)}$ 得

$$\xi=\frac{50.9-30.7}{1.01\times(25.6-11)}=1.38$$

(4) 求传热系数。

由于题中未给出水初温和水量,缺少一个已知条件,故采用假定水流速的办法补充一个已知数。

假定水流速 $\omega=1.2\text{m/s}$,根据表 5-2 中的相应公式可算出传热系数为

$$\begin{aligned}K&=\left(\frac{1}{35.5\nu_y^{0.58}\xi^{1.0}}+\frac{1}{353.6\omega^{0.8}}\right)^{-1}\\&=\left(\frac{1}{35.5\times2.7^{0.58}\times1.38}+\frac{1}{353.6\times1.2^{0.8}}\right)^{-1}\\&=71.8(\text{W/(m}^2\cdot℃))\end{aligned}$$

(5) 求冷水量。

根据 $W=f_w\omega\times10^3$ 得

$$W=0.00553\times1.2\times10^3=6.64(\text{kg/s})$$

(6) 求表面冷却器能达到的 ε_1。

先求 β 及 γ 值,根据 $\beta=\dfrac{KF_d}{\xi Gc_p}$ 得

$$\beta=\frac{71.8\times33.4\times8}{1.38\times8.33\times1.01\times10^3}=1.65$$

根据 $\gamma=\dfrac{\xi Gc_p}{Wc}$ 得

$$\gamma=\frac{1.38\times8.33\times1.01\times10^3}{64.6\times4.19\times10^3}=0.42$$

根据 β 和 γ 值按式(5-16)计算可得

$$\varepsilon_1=\frac{1-e^{-1.65(1-0.42)}}{1-0.42e^{-1.65(1-0.42)}}=0.734$$

(7) 求水初温。

$$t_{w1}=25.6-\frac{25.6-11}{0.734}=5.7(℃)$$

(8) 求冷量及水终温。

根据式(5-26)可得

$$Q = G(h_1 - h_2) = 8.33 \times (50.9 - 30.7) = 168.3(\text{kW})$$

$$t_{w2} = t_{w1} + \frac{G(h_1 - h_2)}{Wc} = 5.7 + \frac{8.33 \times (50.9 - 30.7)}{6.64 \times 4.19} = 11.7(℃)$$

(9) 求空气阻力和水阻力。

查表 5-2 中 JW 型 8 排表冷器的阻力计算公式可得

$$\Delta H = 70.56\nu_y^{1.21} = 70.56 \times 2.7^{1.21} = 235(\text{Pa})$$

$$\Delta h = 20.19\omega^{1.93} = 20.19 \times 1.2^{1.93} = 28.6(\text{kPa})$$

表冷器的校核计算也要满足与其设计计算一样的三个条件。对于加和计算，由于空气终参数未求出之前，尚不知道过程的析湿系数 ξ，所以为了求解空气终参数和水终温，需要增加辅助方程，使解题程序变得更为复杂。这种情况下倒不如采用试算法更为方便，具体做法将通过下面的例题说明。

【例 5-2】 已知被处理的空气量为 16000kg/h(4.44kg/s)，当地大气压力为 101325Pa，空气的初参数为 $t_1 = 25℃$、$h_1 = 59.1\text{kJ/kg}$、$t_{s1} = 18℃$，冷水量为 $W = 23500\text{kg/h}(6.53\text{kg/s})$，冷水初温为 $t_{w1} = 5℃$。试求用 JW20-4 型 6 排表冷器处理空气所能达到的终状态(图 5-18)和水终温。

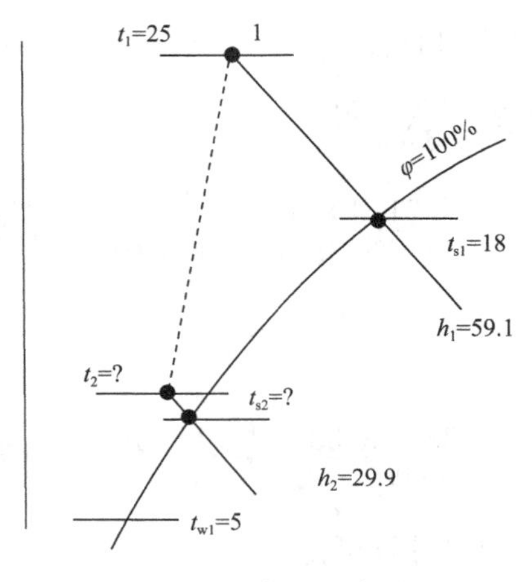

图 5-18 例 5-2 附图

【解】 (1)求表冷器迎面风速 ν_y 及水流速 ω。

由表 5-7 知，JW20-4 型表面冷却器迎风面积 $F_y = 1.87\text{m}^2$，每排散热面积 $F_d = 24.05\text{m}^2$，通水断面积 $F_w = 0.00407\text{m}^2$，所以有

$$\nu_y = \frac{G}{F_y \rho} = \frac{4.44}{1.87 \times 1.2} = 1.98(\mathrm{m/s})$$

$$\omega = \frac{W}{F_w \times 10^3} = \frac{6.53}{0.00407 \times 10^3} = 1.6(\mathrm{m/s})$$

(2) 求表冷器可提供的 ε_2。

根据表 5-4，当 $\nu_y=1.98\mathrm{m/s}$、$N=6$ 排时，$\varepsilon_2=0.911$。

(3) 假定 t_2，确定空气终状态。

先假定 $t_2=10.5$℃(一般可按 $t_2=t_{w1}+(4\sim6)$℃假设)。

根据 $t_{s2}=t_2-(t_1-t_{s1})(1-\varepsilon_2)$ 可得

$$t_{s2} = 10.5-(25-20.5)(1-0.911) = 10.1(℃)$$

查 h-d 图可知，当 $t_{s2}=10.1$℃时，$h_2=29.9\mathrm{kJ/kg}$。

(4) 求析湿系数。

根据 $\xi = \frac{h_1-h_2}{c_p(t_1-t_2)}$ 可得

$$\xi = \frac{59.1-29.7}{1.01 \times (25-10.5)} = 2.01$$

(5) 求传热系数。

根据表 5-2，对于 JW 型 6 排表冷器有

$$K= \left(\frac{1}{41.5\nu_y^{0.52}\xi^{1.0}} + \frac{1}{325.6\omega^{0.8}}\right)^{-1}$$
$$= \left(\frac{1}{41.5 \times 1.98^{0.52} \times 2.01} + \frac{1}{325.6 \times 1.6^{0.8}}\right)^{-1}$$
$$= 96.2\mathrm{W/(m^2 \cdot ℃)}$$

(6) 求表面冷却器能达到的 ε_1 值。

$$\beta = \frac{KF_d}{\xi G c_p} = \frac{95.4 \times 24.05 \times 6}{1.99 \times 4.44 \times 1.01 \times 10^3} = 1.54$$

$$\gamma = \frac{\xi G c_p}{Wc} = \frac{1.99 \times 4.44 \times 1.01 \times 10^3}{6.53 \times 4.19 \times 10^3} = 0.33$$

由 $\beta=1.54$ 和 $\gamma=0.33$，按式(5-20)计算得

$$\varepsilon_1' = \frac{1-\mathrm{e}^{-1.54(1-0.33)}}{1-0.33\mathrm{e}^{-1.54(1-0.33)}} = 0.728$$

(7) 求需要的 ε_1 并与上面得到的 ε_1' 比较。

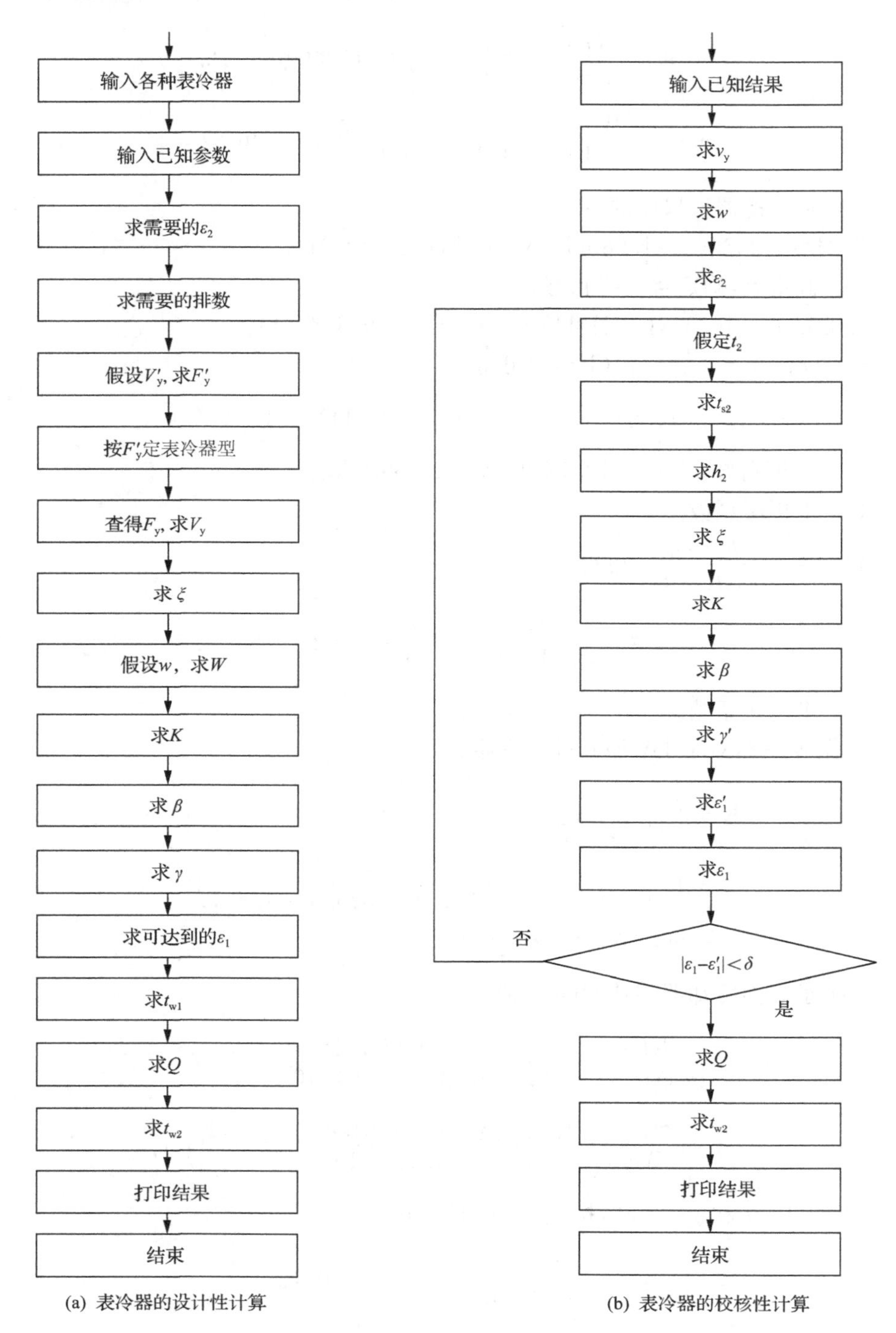

(a) 表冷器的设计性计算　　(b) 表冷器的校核性计算

图 5-19　表冷器的计算步骤框图

$$\varepsilon_1 = \frac{t_1 - t_2}{t_1 - t_{w1}} = 0.725$$

计算时可取 $\delta=0.01$，当 $\varepsilon_1-\varepsilon_1'\leqslant\delta$ 时，证明所设 $t_2=10.5$℃合适。若不合适，则应重设 t_2 再算。

于是，在本例题的条件下，得到的空气终参数为 $t_2=10.5$℃、$t_{s2}=10.1$℃、$h_2=29.9$kJ/kg。

(8) 求冷量及水终温。

根据公式(5-26)可得

$$Q = 4.44 \times (59.1 - 29.9) = 129.6(\text{kW})$$

$$t_{w2} = 5 + \frac{4.44 \times (59.1 - 29.9)}{6.53 \times 4.19} = 9.7(℃)$$

上面介绍的计算步骤也可以用图5-19所示的框图表示。如果用计算机计算，可按框图编制程序。这种计算程序对多种方案的比较是非常方便的。

鉴于用湿球温度效率计算表冷器的湿工况，能更好地反映全热交换的推动力为焓差，所以有一些学者提出了用湿球温度效率计算表冷器湿工况的方法。湿球温度效率法的优点是可能减少或避免试算过程，具体的计算步骤可参考文献《空气调节》。

5.3　喷水室除湿

喷水室除湿是通过在喷水室中直接喷淋冷水，空气与冷水接触后结霜脱除水分的除湿方式。作为冷源使用的冷水可以是地下的井水，也可以是由制冷机人工制取的冷冻水，究竟采用何种方案，由当地气象条件和除湿所要求的空气终了状态决定。

5.3.1　空气与水直接接触时的热湿交换原理

按照空气和液体表面之间的接触形式，可以分为直接接触和间接接触两种类型。空气与水直接接触的典型设备是喷水室；间接接触的典型设备是表冷器。空气与在盘管内流动的水或者制冷剂之间是间接接触，与冷却盘管表面的冷凝水之间是直接接触。

1. 空气与水直接接触时的热湿交换

空气与水直接接触时，根据水温的不同，可能仅发生显热变换，也可能既有显热交换又有潜热交换，即发生热交换的同时伴有质交换(湿交换)。

显热交换是空气与水之间存在温差时，由导热、对流和辐射作用而引起的换热结果。潜热交换是空气中的水蒸气凝结(或蒸发)而放出(或吸收)汽化潜热的结果。总热交换是显热交换和潜热交换的代数和。

根据热质交换理论可知,如图 5-20 所示,当空气与敞开水面或飞溅水滴表面接触时,由于水分做不规则运动的结果,在贴近水表面处存在一个温度等于水表面温度的饱和空气边界层,而且边界层的水蒸气分压力取决于水的表面温度。在边界层周围,水蒸气分子仍做不规则运动,结果经常有一部分水分子进入边界层,同时也有一部分水蒸气分子离开边界层进入空气中。空气与水之间的热湿交换与远离边界层的空气(主体空气)和边界层内饱和空气间的温差及水蒸气分压力差的大小有关。

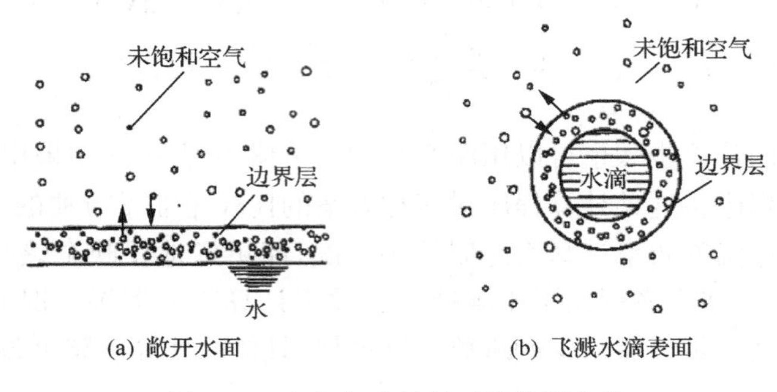

图 5-20　空气与水接触时的热湿交换

如果边界层内空气温度高于主体空气温度,则由边界层向周围空气传热;反之,则由主体空气向边界层传热。

如果边界层内水蒸气分压力大于主体空气的水蒸气分压力,则水蒸气分子将由边界层向主体空气迁移;反之,则水蒸气分子将由主体空气向边界层迁移。所谓"蒸发"与"凝结"现象就是这种水蒸气分子迁移的结果。在蒸发过程中,边界层中减少了的水蒸气分子又由水面跃出的水分子补充;在凝结过程中,边界层中过多的水蒸气分子将回到水面。这种由于水蒸气压力差产生的蒸发与凝结现象,称为空气与水之间的湿交换。这同样也可以解释水滴和周围空气的湿交换(图 5-20)。当空气流过水滴表面时,把水滴表面饱和空气层的一部分空气吹走。由于水滴表面水分子不断蒸发,又形成新的饱和空气层。这样饱和空气层将不断与流过的空气相混合,使整个空气状态发生变化。这也就是利用水与空气的直接接触处理空气的原理。

如上所述,温差是热交换的推动力,而水蒸气分压力差则是湿(质)交换的推动力。

热质交换基本方程式的推导基于以下 3 个条件。

(1) 采用薄膜模型。

(2) 在空调范围内,空气与水表面之间传质速率比较小,因而可以不考虑传质对传热的影响。

(3) 在空调范围内,认为刘易斯关系式成立,即 $\frac{\alpha}{\sigma}=c_{\mathrm{p}}$。

对水膜表面的空气与水的热湿交换过程进行分析,如图 5-21 所示,当空气与水在一微元面积 $\mathrm{d}A(\mathrm{m}^2)$上接触时,空气温度变化为 $\mathrm{d}t$,含湿量变化为 $\mathrm{d}d$,显热交换将为

$$\mathrm{d}Q_{\mathrm{x}}=\mathrm{d}Gc_{\mathrm{p}}\mathrm{d}t=\alpha(t-t_{\mathrm{b}})\mathrm{d}A \tag{5-35}$$

式中,$\mathrm{d}G$ 为与水接触的空气量,kg/s;α 为空气与水表面间显热交换系数,W/(m^2·℃);t、t_{b} 为主体空气和边界层空气温度,℃。

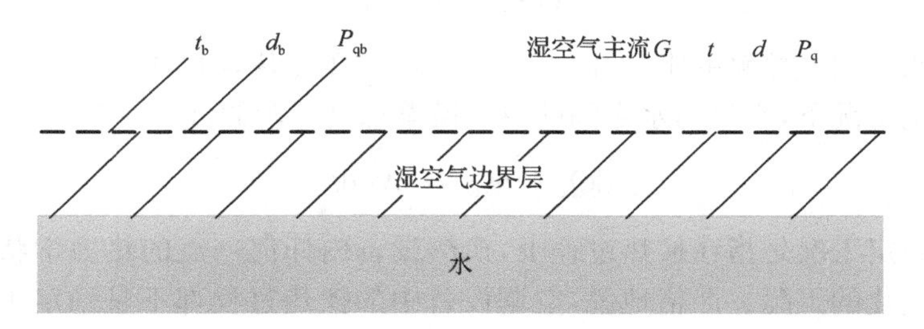

图 5-21　湿空气在水表面的冷却除湿

湿交换量将为

$$\mathrm{d}W=\mathrm{d}G\mathrm{d}d=\sigma_{\mathrm{p}}(P_{\mathrm{q}}-P_{\mathrm{qh}})\mathrm{d}A \tag{5-36}$$

式中,σ_{p} 为空气与水表面间按水蒸气分压力差计算的湿交换系数,kg/(N·s);P_{q}、P_{qh}为主体空气和边界层空气的水蒸气分压力,Pa。

由于水蒸气分压力差在比较小的温度范围内可以用具有不同湿交换系数的含湿量差代替,所以湿交换量也可写为

$$\mathrm{d}W=\sigma(d-d_{\mathrm{b}})\mathrm{d}A \tag{5-37}$$

式中,σ_{p} 为空气与水表面间按含湿量差计算的湿交换系数,kg/(m^2·s);d、d_{b} 为主体空气和边界层空气的含湿量,kg/kg。

潜热交换量将为

$$\mathrm{d}Q_{\mathrm{q}}=r\mathrm{d}W=r\sigma(d-d_{\mathrm{b}})\mathrm{d}A \tag{5-38}$$

式中,r 为温度为 t_{b} 时水的汽化潜热,J/kg。

因为总热交换量 $\mathrm{d}Q_{\mathrm{z}}=\mathrm{d}Q_{\mathrm{x}}+\mathrm{d}Q_{\mathrm{q}}$,于是,可以写为

$$\mathrm{d}Q_{\mathrm{z}}=[\alpha(t-t_{\mathrm{b}})+r\sigma(d-d_{\mathrm{b}})]\mathrm{d}A \tag{5-39}$$

通常把总热交换量与显热交换量之比称为换热扩大系数 ξ(也称为析湿系数),即

$$\xi = \frac{Q_z}{Q_x} \tag{5-40}$$

由此可见,在空气与水热质交换时,推动总热交换的动力将是焓差而不是温差,因而总热交换量与湿空气的焓差有关,或者说与湿空气的湿球温度有关。因此在确定热流方向时,仅考虑显热是不够的,必须综合考虑显热和潜热两个方面。

由于空气与水之间的热湿交换,所以空气与水的状态都将发生变化。从水侧看,若水温变化为 $\mathrm{d}t$,则总热交换量也可写为

$$\mathrm{d}Q_z = Wc\,\mathrm{d}t_w \tag{5-41}$$

式中,W 为与空气接触的水量,kg/s;c 为水的定压比热,kJ/(kg·℃)。

在稳定工况下,空气与水之间的热交换量总是平衡的,即

$$\mathrm{d}Q_x + \mathrm{d}Q_q = Wc\,\mathrm{d}t_w \tag{5-42}$$

所谓稳定工况是指在换热过程中,换热设备内任何一点的热力学状态参数都不随时间变化的工况。严格地说,空调设备中的换热过程都不是稳定工况。然而考虑到影响空调设备热质交换的许多因素变化(如室外空气参数的变化、工质的变化等)比空调设备本身过程进行得更为缓慢,所以在解决工程问题时可以将空调设备中的热湿交换过程看成稳定工况。

在稳定工况下,可将热交换系数和湿交换系数看成沿整个热交换面是不变的,并等于其平均值。这样,若能将式(5-35)、式(5-38)和式(5-39)沿整个接触面积分即可求出 Q_x、Q_q 及 Q_z。但在实际条件下接触面积有时很难确定。以空调工程中常用的喷淋室为例,水的表面积将是尺寸不同的所有水滴表面积之和,其大小与喷嘴构造、喷水压力等许多因素有关,因此难于计算。

随着科学技术的发展,利用激光衍射技术分析喷淋室中水滴直径及其分布情况,并得出具有某一平均直径的粒子总数已成为可能,从而为喷淋室热工计算的数值解提供了可能性。

2. 空气和水直接接触时的对流增湿和减湿

前已述及,在空调设备中的空气处理过程常常伴有水分的蒸发和凝结,即常有同时进行的热湿传递过程。美国学者刘易斯对绝热加湿过程热变换和湿交换的相互影响进行了研究,得出了以下关系式:

$$\sigma = \frac{\alpha}{c_p}$$

这就是著名的刘易斯关系式，它表明对流热交换系数与对流质交换系数之比是一常数。根据刘易斯关系式，可以由对流热交换系数求出对流质交换系数。

这一结论后来一度曾被推广到所有用水处理空气的过程中。但是研究表明，热交换与质交换类比时，只有当质交换的施密特准则(Sc)与热变换的普朗特准则(Pr)数值相等，而且边界条件的数学表达式也完全相同时，反映对流质交换强度的宣乌特准则(Sh)和反映对流热变换强度的努谢尔特准则(Nu)才相等，只有此时热质交换系数之比才是常数。上述绝热加湿过程是符合这一条件的，然而并非所有用水处理空气的过程都符合这一条件。因此，热质交换系数之比等于常数的结论只适用于一部分空气处理过程。除绝热加湿过程外，冷却干燥过程、等温加湿过程、加热加湿过程以及用表冷器处理空气的过程也都符合刘易斯关系式，这就为研究一些空调设备的热工计算方法打下了基础。

如果在空气与水的热湿交换过程中存在着刘易斯关系式，则式(5-39)将变为

$$\mathrm{d}Q_z = \sigma[c_p(t - t_b) + r(d - d_b)]\mathrm{d}A \tag{5-43}$$

式(5-43)为近似式，因为它没有考虑水分蒸发或水蒸气凝结时液体热的转移。以水蒸气的焓代替式中的汽化潜热，同时将湿空气的比热用(1.01＋1.84d)代替。这样式(5-43)就变为

$$\mathrm{d}Q_z = \sigma[(1.01 + 1.84d)(t - t_b) + (2500 + 1.84t_b)(d - d_b)]\mathrm{d}A$$

$$\mathrm{d}Q_z = \sigma\{[(1.01t + (2500 + 1.84t)d] - [1.01t_b + (2500 + 1.84t_b)d_b]\}\mathrm{d}A$$

即

$$\mathrm{d}Q_z = \sigma(h - h_b)d \tag{5-44}$$

式中，h、h_b 为主体空气和边界层饱和空气的焓，kJ/kg。

式(5-44)为著名的麦凯尔方程。它表明在热质交换同时进行时，如果符合刘易斯关系式的条件存在，则推动总热变换的动力是空气的焓差。

3. 影响空气与水表面之间热质交换的主要因素

根据空气与水进行热质交换的物理模型，可以从总热变换推动力和双膜阻力这两个方面对影响空气与水表面之间热质交换的主要因素进行分析。

(1) 焓差是总热交换的推动力。由前面的基本方程可知，传给空气的总能量可表示为

$$G_a \mathrm{d}\alpha = \sigma(h_b - h)\mathrm{d}A \tag{5-45}$$

式(5-45)又称为热质交换总换热方程式。

从式(5-45)可以看出，总热交换量与推动力和总热交换系数的乘积成正比。

同时也可以看出，空气与水表面之间的总热交换推动力是焓差，而不是温差。因此，在确定热流方向时，仅考虑显热是不够的，必须同时考虑显热和潜热两个方面。关于空气处理过程中的热质流量分析，可以很方便地在焓—温(h-t)图上进行。

从上面分析可以得出，空气和水韵初状态决定了总热流方向，从而决定了过程的推动力。

(2) 气液之间的双膜(水膜和气膜)阻力是热质交换的控制因素。由前面分析得

$$\frac{h-h_{\mathrm{b}}}{t_{\mathrm{w}}-t_{\mathrm{b}}}=-\frac{1/\sigma}{1/\alpha_{\mathrm{w}}}=-\frac{c_{\mathrm{p}}/\alpha}{1/\alpha_{\mathrm{w}}} \tag{5-46}$$

焓差推动力与温差推动力之比，正比于两膜阻力之比，说明膜阻力越大，需要的推动力也越大。因此，双膜阻力是热质交换的控制因素，影响两膜阻力的因素也就是影响热质交换的因素。

以上所述为影响空气与水之间热质交换的主要因素，其他影响因素还有热质交换设备的构造以及流体物性等。

5.3.2 喷水室的构造与类型

喷水室由喷嘴、供水排管、挡水板、集水底池和外壳组成，底池还包括多种管道和附属部件。喷水室借助喷嘴向流动空气中均匀喷洒细小水滴，以实现空气与水在直接接触条件下进行热湿交换。喷水室具有一定的空气净化能力、结构上易于现场加工构筑及节省金属耗量等优点，使之成为最早且应用相当普遍的空气处理设备。但是它对水质的要求高、占地面积大、水泵能耗多等缺点限制了它的应用场合。所以，目前在一般建筑中不常使用或仅作为加湿的设备使用。但是会在以调节湿度为主要目的的纺织厂、卷烟厂等工程中使用。

喷水室的类型较多，除了卧式和立式外，还有单级和双级、低速和高速之分，此外，在工程上还使用带旁通和填料层的喷水室。

图 5-22(a)为应用比较广泛的单级卧式低速喷水室的构造示意图。被处理空气进入喷水室后流经喷水管排，与喷嘴中喷出的水滴相接触进行热湿交换，然后经后挡水板流走。后挡水板能将空气中夹带的水滴分离出来，以减少喷水室的“过水量”。从喷嘴喷出的水滴完成与空气的热湿交换后，落入底池中。

立式喷水室(图 5-22(b))的特点是占地面积小，空气流动自下而上，喷水由上而下，两者直接逆向接触，因此，空气与水的热湿交换效果更好，一般是在处理风量小或空调机房层高允许的地方采用。

双级喷水室是采用两个喷水室在风路和水路上串联而成的，故能重复利用冷水，使得水的温升大、水量小，在空气得到较大焓降的同时节省了水量。因此，它更

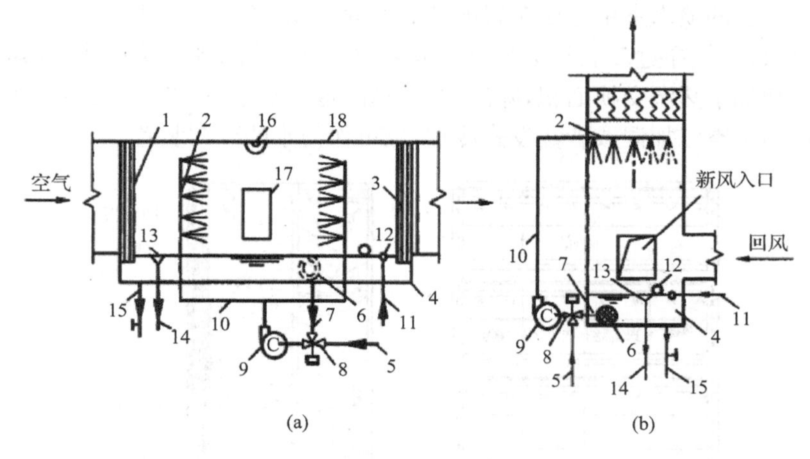

图 5-22　喷水室的构造

1-前挡水板；2-喷嘴与排管；3-后挡水板；4-底池；5-冷水管；6-滤水器；7-循环水管；8-三通混合阀；9-水泵；10-供水管；11-补水管；12-浮球阀；13-溢水器；14-溢水管；15-泄水管；16-防水灯；17-检查门；18-外壳

适合用在使用自然界冷水或空气焓降要求大的地方。双级喷水室的缺点是占地面积大，水系统复杂。

一般低速喷水室内空气流速一般为 2～3m/s，而高速喷水室内空气流速更高，常见于国外产品，在节省占地、提高热交换效率及节约运行电耗、水耗等方面具有明显优势。图 5-23 为美国 Carrier 公司的高速喷水室。在其圆形断面内空气流速可高达 8～10m/s，挡水板在高速气流驱动下旋转，靠离心力作用排除所夹带的水滴。图 5-24 为瑞士 Luwa 公司的高速喷水室，它的风速为 3.5～6.5m/s，其结构与低速喷水室类似。为了减少空气阻力，它的均风板用流线型导流格栅代替，后挡水板为双波型。这种高速喷水室已在我国纺织行业推广应用。

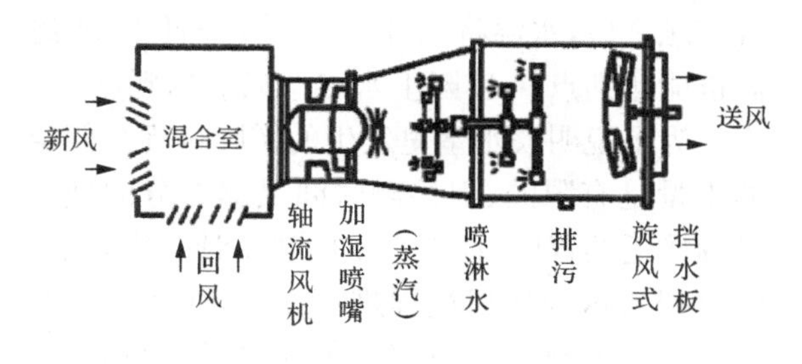

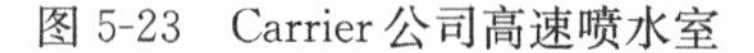
图 5-23　Carrier 公司高速喷水室

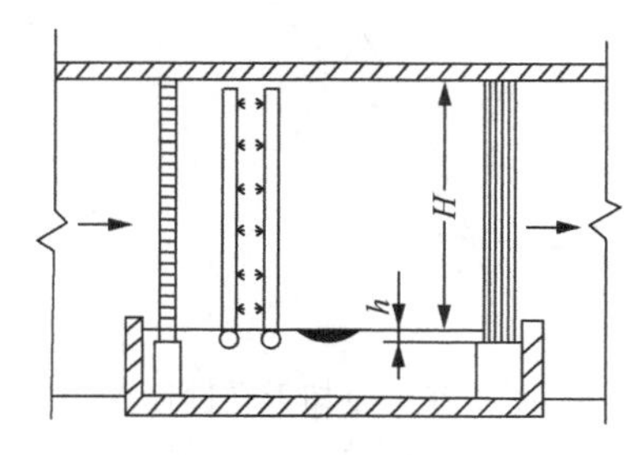

图 5-24　Luwa 公司高速喷水室

带旁通的喷水室是在喷水室的上面或侧面增加一个旁通风道，它可使一部分空气不经过喷水处理而与经过喷水处理的空气混合，从而得到所需的空气终参数。

带填料层的喷水室由分层布置的玻璃丝盒组成，如图 5-25 所示。在玻璃丝盒上均匀喷水，空气穿过玻璃丝层时与各玻璃丝表面上的水膜接触，进行热湿交换。由于有效增加了热湿交换面积，除湿效果更好，这种喷水室对空气的净化作用也更好。它适用于空气加湿或者蒸发式冷却，也可作为水的冷却装置。

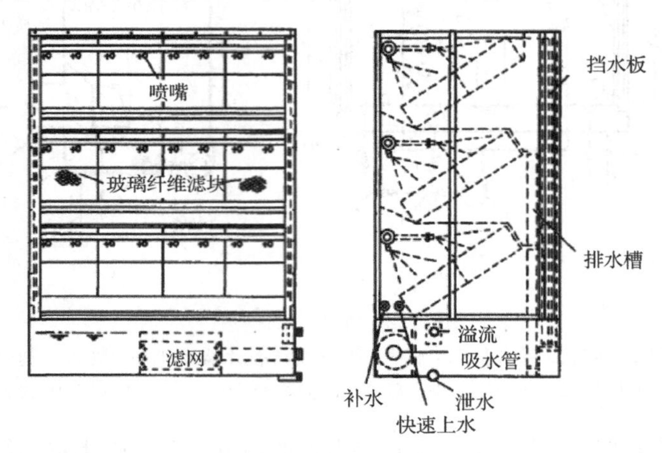

图 5-25　玻璃丝盒喷水室

5.3.3　喷水室的热工计算方法

对于空气冷却减湿的过程在 h-d 图上如图 5-26 所示。在空气与水接触时，如果热、湿交换充分，则具有状态 1 的空气的终状态可变到状态 3。但是由于实际过程中热、湿交换不够充分，空气的终状态只能达到点 2，进入喷水室的水初温为 t_{w1}，因为水量有限，与空气接触之后，水温将上升。在理想条件下，水终温也能达到点 3，实际上水终温只能达到点 4。

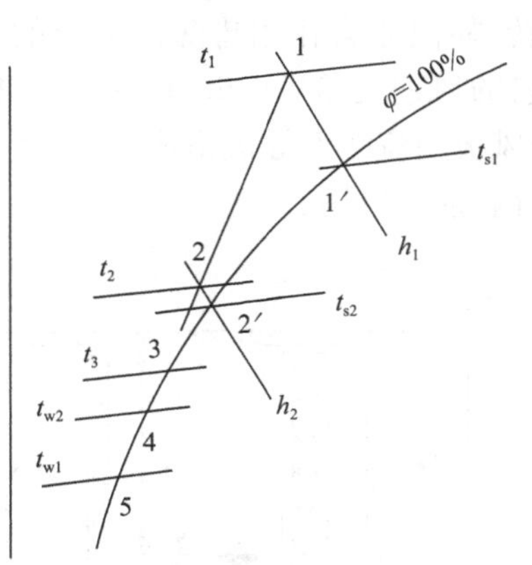

图 5-26　冷却干燥过程空气与水的状态变化

为了说明喷水室里发生的实际过程与假定的水量是有限的、但接触时间足够充分的理想过程接近的程度，在喷水室的热工计算中，把实际过程与这种理想过程进行比较，而将比较结果用所谓的热交换效率系数和接触系数表示，并且用它们来评价喷水室的热工性能。

1. 喷水室的热交换效率系数 η_1 和 η_2

1) 全热交换效率系数 η_1

η_1 和 η_2 是喷水室的两个热交换效率系数，它们表示的是喷水室的实际处理过程与喷水量有限、但接触时间足够充分的理想过程接近的程度，并且用它们来评价喷水室的热工性能。

喷水室的全热交换效率系数 η_1（也称第一热交换效率或热交换效率系数）是同时考虑空气和水的状态变化的。如果把空气状态变化的过程线沿等焓线投影到饱和曲线上，并近似地将这一段饱和曲线看成直线，则全热交换效率 η_1 可以表示为

$$\eta_1=\frac{\overline{1'2'}+\overline{45}}{\overline{1'5}}=\frac{(t_{s1}-t_{s2})+(t_{w2}-t_{w1})}{t_{s1}-t_{w1}}=\frac{(t_{s1}-t_{w1})-(t_{s2}-t_{w2})}{t_{s1}-t_{w1}}$$

即

$$\eta_1=1-\frac{(t_{s2}-t_{w2})}{t_{s1}-t_{w1}} \tag{5-47}$$

由此可见，当 $t_{s2}=t_{w2}$ 时，即空气的终状态温度与水终温相同时，$\eta_1=1$。t_{s2} 与 t_{w2} 的差值越大，说明热、湿交换越不完善，因而 η_1 越小。

2) 接触系数

喷水室的接触系数 η_2（也称第二交换效率或通用热交换效率系数）是只考虑空气状态变化的，因此它可以表示为

$$\eta_2=\frac{\overline{12}}{\overline{13}}$$

如果也把图5-26上点1和点3之间的一段饱和曲线近似地看成直线，则有

$$\eta_2=\frac{\overline{12}}{\overline{13}}=\frac{\overline{1'2'}}{\overline{1'3}}=\frac{\overline{1'3}-\overline{2'3}}{\overline{1'3}}=1-\frac{\overline{2'3}}{\overline{1'3}}$$

由于△121′与△232′几何相似，所以有

$$\frac{\overline{2'3}}{\overline{1'3}}=\frac{\overline{22'}}{\overline{11'}}=\frac{t_2-t_{s2}}{t_1-t_{s1}}$$

$$\eta_2=1-\frac{t_2-t_{s2}}{t_1-t_{s1}} \tag{5-48}$$

2. 喷水室热湿交换的影响因素

影响喷水室热湿交换的因素很多，如空气质量流速、喷嘴类型与布置密度、喷

嘴孔径与喷嘴前水压、空气与水的接触时间、空气与水滴的运动方向以及空气与水的初、终参数等。但是,对一定的空气处理过程而言,可将主要的影响因素归纳为以下 3 个方面。

1) 空气质量流速的影响

喷水室内热湿交换首先取决于水接触的空气流动状况。然而在空气流动过程中,随着温度变化其流速也将发生变化。为了能反映空气流动状况的稳定因素,采用空气质量流速 $\nu\rho$ 为

$$\nu\rho = \frac{G}{3600f} \tag{5-49}$$

式中, ν 为空气流速,m/s;ρ 为空气密度,kg/m^3;G 为通过喷水室的喷气量,kg/h;f 为喷水室的横截面积,m^2。

由此可见,空气质量流速就是单位时间内通过每平方米喷水室横断面的空气质量,它不因温度的变化而变化。

实验证明,增大 $\nu\rho$ 可使喷水室的热交换系数和接触系数变大,并且在风量一定的情况下可以缩小喷水室的横截面积,从而减小其占地面积。但 $\nu\rho$ 过大也会引起挡水板过水量及喷水室阻力增加,所以常用的 $\nu\rho$ 为 2.5～3.5kg/(m^2 · s)。

2) 喷水系数的影响

喷水量的大小常以处理每千克空气所用的水量,即喷水系数来表示。如果通过喷水室的风量为 G(kg/h),总喷水量为 W(kg/h),则喷水系数为

$$\mu = \frac{W}{G} \tag{5-50}$$

式中, μ 为喷水系数,$kg_{水}/kg_{空气}$。

实践证明,在一定的范围内加大喷水系数可增大热交换效率系数和接触系数。μ 的具体数值应由喷水室的热工计算决定。

3) 喷水室结构特性的影响

喷水室的结构特性主要是喷嘴排数、喷嘴密度、喷水方向、排管间距、喷嘴孔径、喷水方向和空气与水的初参数等,它们对喷水室的热湿交换效率均有影响。空气通过结构特性不同的喷水室时,即使 $\nu\rho$ 值与 μ 值完全相同,也会得到不同的除湿结果。

3. 喷水室的热交换效率系数和接触系数的实验公式

可以看出,影响喷水室除湿效果的因素是极其复杂的,不能用纯数学的方法确定热交换效率系数和接触系数,而只能用实验的方法为各种结构特性不同的喷水室提供空气除湿过程下的实验公式。由于对一定的空气处理过程而言,结构参数

一定的喷水室，其两个热交换效率系数值只取决于 μ 及 $\nu\rho$，所以可将实验数据整理成 η_1 或 η_2 与 μ 及 $\nu\rho$ 有关系的图表，也可以将 η_1 及 η_2 整理成以下反映喷水室的热交换效果受各种喷水室的空气质量流速、空气与水的接触状况等因素的影响实验公式，其具体形式为

$$\eta_1 = A(\nu\rho)^m\mu^n \tag{5-51}$$

$$\eta_2 = A'(\nu\rho)^{m'}\mu^{n'} \tag{5-52}$$

式(5-51)和式(5-52)中，A、A'、m、m'、n、n' 均为实验的系数和指数，它们因喷水室结构参数及空气处理过程的不同而不同。表 5-8 列出了一些在除湿工况下喷水室热交换效率系数实验公式的系数和指数。

表 5-8　喷水室热交换效率系数实验公式的系数和指数

喷嘴排数	1				2			
喷水方向	顺喷		逆喷		一顺、一逆		两逆	
热交换效率系数	η_1	η_2	η_1	η_2	η_1	η_2	η_1	η_2
A 或 A'	0.635	0.662	0.73	0.88	0.745	0.755	0.56	0.73
m 或 m'	0.245	0.23	0	0	0.07	0.12	0.29	0.15
n 或 n'	0.42	0.67	0.35	0.38	0.265	0.27	0.46	0.25

注：实验条件：离心喷嘴，喷孔直径 5mm；喷嘴密度 n=13 个/(m^2·排)；$\nu\rho$=1.5～3.0kg/(m^2·s)；喷嘴前水压 P_0=0.1～0.25MPa。在表 5-8 中，当实际喷嘴密度变化较大时应引起修正系数。当 n=18 个/(m^2·排)时，修正系数取 0.93；当 n=24 个/(m^2·排)时，修正系数取 0.9。

4. 喷水室除湿热工计算方法和步骤

对机构参数一定的喷水室而言，如果空气处理过程一定，它的热工计算原则就在于满足下列 3 个条件。

(1) 空气处理过程需要的 η_1 应等于喷水室能达到的 η_1。

(2) 空气处理过程需要的 η_2 应等于喷水室能达到的 η_2。

(3) 空气失去的焓应等于喷水室中喷水吸收的热量。

或者用 3 个方程式来表示：

$$\eta_1 = 1 - \frac{(t_{s2} - t_{w2})}{t_{s1} - t_{w1}} = A(\nu\rho)^m\mu^n \tag{5-53}$$

$$\eta_2 = 1 - \frac{t_2 - t_{s2}}{t_1 - t_{s1}} = A'(\nu\rho)^{m'}\mu^{n'} \tag{5-54}$$

$$Q = G(h_1 - h_2) = \mu c_{pw}(t_{w2} - t_{w1}) \tag{5-55}$$

式中，Q 为换热量，kW；c_{pw} 为水的定压比热容，kJ/(kg·℃)。

式(5-55)也可以写为

$$h_1 - h_2 = \mu c(t_{w2} - t_{w1})$$

或

$$\Delta h = \mu c \Delta t_w \tag{5-56}$$

为了计算方便，有时还利用焓差与湿球温度差的关系 $\Delta h = \varphi \Delta t_s$。在 $t_s = 0 \sim 20$℃时，由于利用 $\Delta h = 2.86\Delta t_s$ 计算误差不大，上面的方程式也可以用式(5-24)代替：

$$2.86\Delta t_s = 4.19\mu \Delta t_w$$

或

$$\Delta t_s = 1.46\mu \Delta t_w \tag{5-57}$$

联立式(5-53)、式(5-54)、式(5-55)或式(5-56)可以求得三个未知数。在实际热工计算中，根据未知数的特点可分为设计性和校核性两类计算，见表5-9。

表5-9　喷水室的计算类型

计算类型	已知条件	计算内容
设计性计算	空气量 G 空气初状态 t_1、t_{s1}(h_1…) 空气终状态 t_2、t_{s2}(h_2…)	喷水室结构 喷水量 W 冷水初、终温 t_{w1}、t_{w2}
校核性计算	空气量 G 喷水室结构 空气初状态 t_1、t_{s1}(h_1…) 冷水初、终温 t_{w1}、t_{w2}	空气终状态 t_2、t_{s2}(h_2…) 喷水量 W

在设计性计算中，按计算所得水初温 t_{w1} 来决定采用何种冷源。如果自然冷源满足不了要求，则应采用人工冷源——冷冻水。如果喷水初温 t_{w1} 比冷冻水初温 t_{le} 高(一般 $t_{le} = 5 \sim 7$℃)，则需使用一部分循环水。这时需要的冷冻水量 W_{le}、循环水量 W_x 和回水量 W_h 可根据图5-27所示的热平衡关系确定。

由热平衡关系式：

$$Gh_1 + W_{le}ct_{le} = Gh_2 + W_h ct_{w2} \tag{5-58}$$

而

$$W_{le} = W_h \tag{5-59}$$

所以

$$G(h_1 - h_2) = W_{le}c(t_{w2} - t_{le}) \tag{5-60}$$

即

$$W_{le} = \frac{G(h_1 - h_2)}{c(t_{w2} - t_{le})} \tag{5-61}$$

又由于

$$W = W_{le} + W_x \tag{5-62}$$

所以

$$W_x = W - W_{le} \tag{5-63}$$

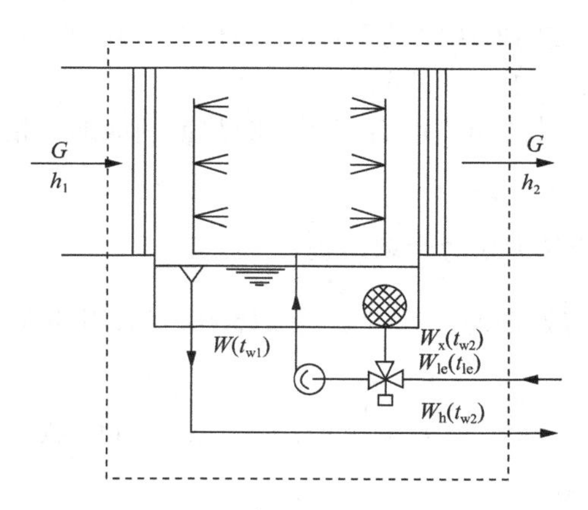

图 5-27　喷水室的热平衡图

喷水室的阻力计算步骤如下。

喷水室的总阻力 ΔH 由前、后挡水盘的阻力 ΔH_d、喷嘴排管阻力 ΔH_p 和水苗阻力 ΔH_w 三部分组成，可按下述方法计算。即

$$\Delta H = \Delta H_d + \Delta H_p + \Delta H_w \tag{5-64}$$

各阻力计算如下。

(1) 前后挡水板阻力。

$$\Delta H_d = \Sigma\xi_d \frac{\nu_d^2}{2}\rho \tag{5-65}$$

式中，ΔH_d 为前、后挡水板阻力，Pa；$\Sigma\xi_d$ 为前后挡水板局部阻力系数之和，取决于挡水板的结构，一般可取 $\Sigma\xi_d = 20$；ν_d 为空气在挡水板断面上的迎面风速，因为挡水板的迎风面积＝喷水室断面面积－挡水板边框后的面积，所以一般取 $\nu_d =$

(1.1～1.3)νm/s。

(2) 喷嘴排管阻力。

这部分阻力的计算公式为

$$\Delta H_p = 0.1z\frac{\nu_d^2}{2}\rho \tag{5-66}$$

式中，ΔH_p 为喷嘴排管阻力，Pa；z 为排管数；ν 为喷水室断面风速，m/s。

(3) 水苗阻力。

这部分阻力的计算公式为

$$\Delta H_w = 1180b\mu p \tag{5-67}$$

式中，ΔH_w 为水苗阻力，Pa；μ 为喷水系数；p 为喷嘴前水压，MPa(工作压力)；b 为由喷水和空气运动方向所决定的系数，一般取为单排顺喷时 $b=-0.22$，单排逆喷时 $b=0.13$，双排对喷时 $b=0.75$。

对于定型喷水室，其总阻力已有实测后的数据制成的表格或曲线，根据工作条件便可查出。

5. 喷水室设计计算方法与步骤举例

【例 5-3】 已知需处理的空气量 G 为 21600kg/h；当地大气压力为 101325Pa；空气的初参数为

$$t_1 = 28℃,\quad t_{s1} = 22.5℃,\quad h_1 = 65.8\text{kJ/kg}$$

需要处理的空气终参数为

$$t_2 = 16.6℃,\quad t_{s2} = 15.9℃,\quad h_2 = 44.4\text{kJ/kg}$$

求喷水量 W、喷嘴前水压 p、水的初温 t_{w1}、终温 t_{w2}、冷冻水量 W_{le}及循环水量 W_x。

【解】 (1) 参考表 5-8 选用喷水室结构。

双排对喷，Y-1 型离心式喷嘴，$d_0=5$mm，$n=13$ 个/(m^2 · 排)，取 $\nu\rho=3\text{kg/}(\text{m}^2\cdot\text{s})$。

(2) 列出热工计算方程式。

根据上述选取的参数，如图 5-28 所示，$A=0.745$，$m=0.007$，$n=0.265$，$A'=0.755$，$m'=0.12$，$n'=0.27$，可以列出三个方程式如下：

$$1-\frac{t_{s2}-t_{w2}}{t_{s1}-t_{w1}} = A(\nu\rho)^m\mu^n$$

$$1-\frac{t_2-t_{s2}}{t_1-t_{s1}} = A'(\nu\rho)^{m'}\mu^{n'}$$

$$h_1 - h_2 = \mu c(t_{w2} - t_{w1})$$

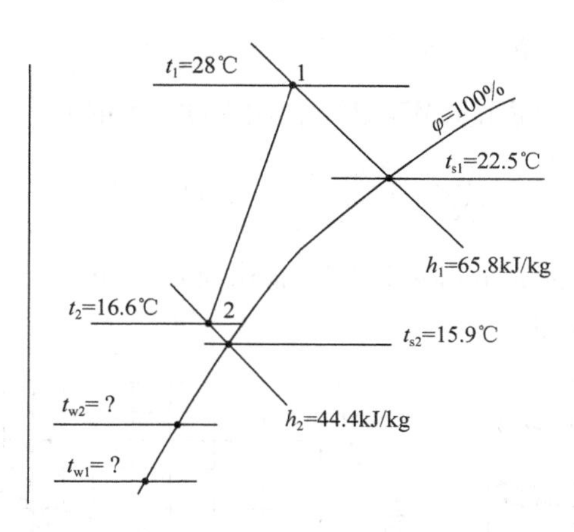

图 5-28　例 5-3 附图

将已知数代入方程式可得

$$\begin{cases} 1 - \dfrac{15.9 - t_{w2}}{22.5 - t_{w1}} = 0.745 \times 3^{0.07} \mu^{0.265} \\ 1 - \dfrac{16.6 - 15.9}{28 - 22.5} = 0.755 \times 3^{0.12} \mu^{0.27} \\ 65.8 - 44.4 = \mu \times 4.19(t_{w2} - t_{w1}) \end{cases}$$

经过简化可得

$$\begin{cases} 1 - \dfrac{15.9 - t_{w2}}{22.5 - t_{w1}} = 0.805\mu^{0.265} \\ 0.861\mu^{0.27} = 0.873 \\ \mu(t_{w2} - t_{w1}) = 5.11 \end{cases}$$

(3) 联立求解。

$$\mu = 1.05, \quad t_{w1} = 8.45℃, \quad t_{w2} = 13.31℃$$

(4) 求总喷水量。

$$W = \mu G = 1.05 \times 21600 = 22680(\text{kJ/h})$$

(5) 求喷嘴前水压。

根据已知条件,可求出喷水室断面为

$$f = \frac{G}{3600 \times \nu\rho} = \frac{21600}{3 \times 3600} = 2.0(\text{m}^2)$$

两排喷嘴的总喷嘴数为

$$N = 2nf = 2 \times 13 \times 2 = 52(\text{个})$$

根据计算所得的总喷水量 W，知每个喷嘴的喷水量为

$$\frac{W}{N} = \frac{22680}{52} = 436(\text{kg/h})$$

根据每个喷嘴的喷量 436kg/h 及喷嘴孔径 $d_0 = 5\text{mm}$，查图 5-29 可得所需水压为 0.18MPa(工作压力)。

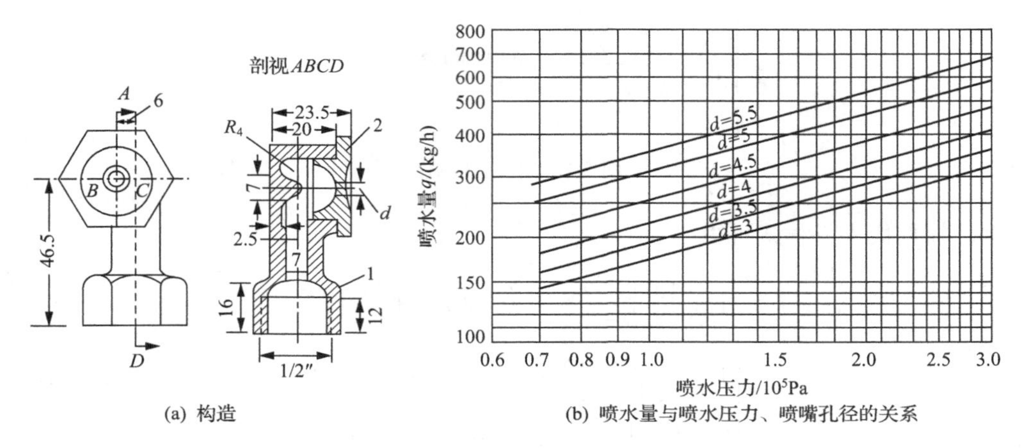

(a) 构造　　(b) 喷水量与喷水压力、喷嘴孔径的关系

图 5-29　Y-1 型离心喷嘴的构造与性能

1-喷嘴本体；2-喷头

(6) 求冷冻水量及循环水量。

根据前面的计算已知 $t_{w1} = 8.45℃$，若冷冻水初温 $t_{le} = 7℃$，则根据公式(5-61)可得需要的冷冻水量为

$$W_{le} = \frac{G(h_1 - h_2)}{c(t_{w2} - t_{le})} = \frac{21600(65.8 - 44.4)}{4.19(13.31 - 7)} = 17480(\text{kg/h})$$

同时可得需要的循环水量为

$$W_x = W - W_{le} = 22680 - 17480 = 5200(\text{kg/h})$$

(7) 阻力计算。

空气在挡水板面上的迎面风速为

$$\nu_d = 1.2\nu = 1.2 \times 2.5 = 3(\text{m/s})$$

前后挡水板的阻力由式(5-32)可得

$$\Delta H_{\mathrm{d}} = \Sigma\xi_{\mathrm{d}}\frac{\nu_{\mathrm{d}}^{2}}{2}\rho = 20\times\frac{3^{2}}{2}\times 1.2 = 108(\mathrm{Pa})$$

喷嘴排管阻力由式(5-33)可得

$$\Delta H_{\mathrm{p}} = 0.1z\frac{\nu_{\mathrm{d}}^{2}}{2}\rho = 0.1\times 2\times\frac{2.5^{2}}{2}\times 1.2 = 0.8(\mathrm{Pa})$$

水苗阻力由式(5-34)可得

$$\Delta H_{\mathrm{w}} = 1180b\mu p = 1180\times 0.075\times 1.05\times 0.18 = 16.7(\mathrm{Pa})$$

以上就是单级喷水室设计性的热工计算方法和步骤。

对于全年都使用的喷水室，一般也可仅对夏季进行热工计算，冬季就取夏季的喷水系数，若有必要也可以按冬季的条件进行校核计算，以检查冬季经过处理后空气的终参数是否满足设计要求。必要时，冬、夏两季可采用不同的喷水系数，用变频水泵以节约运行费用。

根据上面的介绍，进行喷水室热工计算必须同时满足 3 个方程式，而这样解出来的喷水初温必然是一个定值，例如，在例 5-3 中，解得喷水初温为 8.45℃。这就是说，即使有 9℃的地下水，也因其温度比要求的喷水初温高而不能使用，从而为了获得 8.45℃的冷冻水不得不设置价格较贵的制冷设备。这与一般的理解似乎有点矛盾。人们不禁要问，如果水初温偏高一些(不是比计算值偏高很多)，但是将水量加大一些，是否可以达到同样的处理效果。

研究表明，在一定范围内适当地改变喷水温度并相应地改变喷水系数，确实可以达到同样的处理效果。因此，若具有与计算水温相差不多的冷水，则完全可以满足使用要求，不过要在新的水温条件下对喷水室进行校核计算，计算所得的空气终参数与设计要求相差不多方可。

根据实验资料分析，在新的水温条件下，所需喷水系数的大小可以利用式(5-68)所示的热平衡关系式求得

$$\frac{\mu'}{\mu} = \frac{t_{l1} - t'_{\mathrm{w1}}}{t_{l1} - t_{\mathrm{w1}}} \tag{5-68}$$

式中，t_{w1}、μ 为第一次计算时的喷水初温和喷水系数；t'_{w1}、μ' 为新的喷水初温和喷水系数；t_{l1} 为被处理空气的露点温度。

为了验证上述调整喷水温度和喷水系数公式的可信度，下面仍按例 5-3 的条件，但将喷水初温改成 10℃进行一次校核性计算。

【例 5-4】 在例 5-3 中已知需处理的空气量 G 为 21600kg/h，$t_1=28$℃，$t_{\mathrm{s1}}=22.5$℃，$t_2=16.6$℃，$t_{\mathrm{s2}}=15.9$℃，$t_{l1}=20.4$℃。并通过计算得到 $\mu=1.05$，$t_{\mathrm{w1}}=8.45$℃，$W=22680$kJ/h，试将喷水初温改成 10℃进行校核性计算。

【解】 现在 $t'_{w1}=10℃$，则依据式(5-68)可求出新水温下的喷水系数为

$$\mu'=\frac{\mu(t_{l1}-t_{w1})}{t_{l1}-t'_{w1}}=\frac{1.05(20.4-8.45)}{20.4-10}=1.2$$

于是可得新条件下的喷水量为

$$W'=\mu' G=1.2\times 21600=25920(\mathrm{kJ/h})$$

下面利用新条件下的各参数计算该喷水室能够得到的空气终状态和水终温。

将已知数代入热工计算方程式：

$$\begin{cases}1-\dfrac{t_{s2}-t_{w2}}{22.5-10}=0.745\times 3^{0.07}\times 1.2^{0.265}\\ 1-\dfrac{t_2-t_{s2}}{28-22.5}=0.755\times 3^{0.12}\times 1.2^{0.27}\\ 2.86(22.5-t_{s2})=1.2\times 4.19(t_{w2}-10)\end{cases}$$

经过化简可得

$$\begin{cases}t_{s2}-t_{w2}=1.875\\ t_2-t_{s2}=0.55\\ 1.758t_{w2}+t_{s2}=40.08\end{cases}$$

联解三个方程式可得

$$t_2=16.4℃,\quad t_{s2}=15.8℃,\quad t_{w2}=13.9℃$$

可见所得空气的终参数与例 5-3 要求的基本相同。

可使用的最高水温可按 $\eta_1=1$ 的条件求得。对于本例，$\eta_1=1$ 时，$\mu=1.73$，$t_{w1}=12.2℃$。

6. 双级喷水室的特点及其热工计算问题

采用天然冷源时(如深井水)，为了节省水量、充分发挥水的冷却作用(增大水温升)，或者被处理空气的焓降较大，使用单级喷水室难以满足要求时，可使用双级喷水室。典型的双级喷水室是风路与水路串联的喷水室(图 5-30)，即空气先进入Ⅰ级喷水室再进入Ⅱ级喷水室，而冷水是先进入Ⅱ级喷水室，然后再由Ⅱ级喷水室底池抽出，供给Ⅰ级喷水室。这样，空气在两级喷水室中能得到较大的焓降，同时水温升也较大。在各级喷水室里空气状态和水温变化情况如图 5-30 和图 5-31 所示。

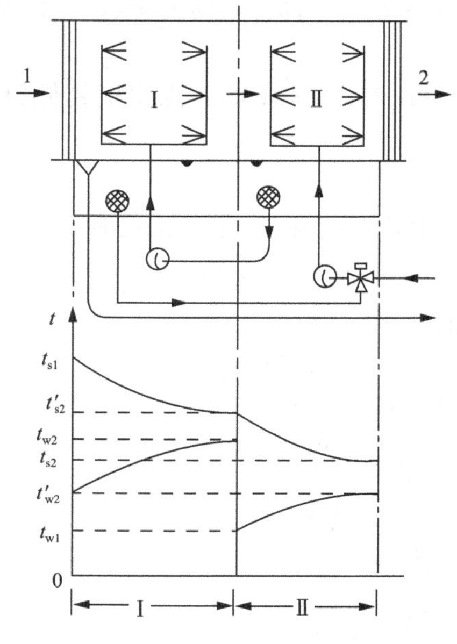

图 5-30　双级喷水室原理图

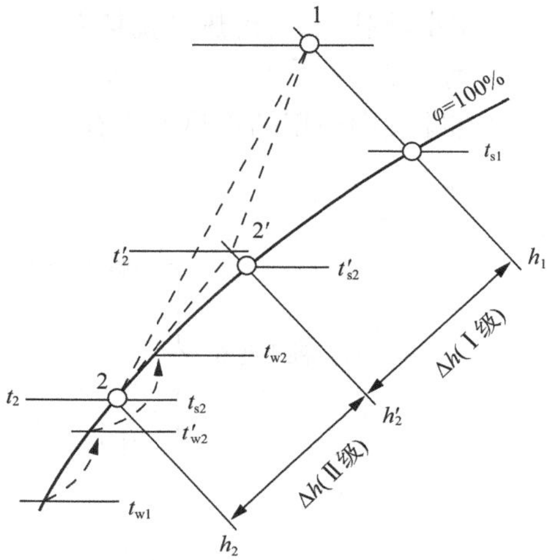

图 5-31　双级喷水室中空气与水的状态变化

双级喷水室的主要特点如下。

(1) 被处理空气的温降、焓降较大，且空气的终状态一般可达饱和。

(2) Ⅰ级喷水室的空气温降大于Ⅱ级，而Ⅱ级喷水室的空气减湿量大于Ⅰ级。

(3) 由于水与空气呈逆流流动，且两次接触，所以水温提高较多，甚至可能高于空气终状态的湿球温度，即可能出现 $t_{w2} > t_{s2}$ 的情况。所以双级喷水室的 η_1 值可能大于1，η_2 值可能等于1。

由于双级喷水室的水重复使用，所以两级的喷水系数相同，而且在进行热工计算时，可以作为一个喷水室看待，确定相应的 η_1、η_2 值，不必求两级喷水室中间的空气参数。具体的设计步骤可参考文献《空气调节》。

5.4　冷却器除湿的再热系统

1) 再热量

冷却除湿时，为了将空气中的水分脱除，需要将空气冷却到必要的露点温度以下，导致出事后的空气温度往往过低，进入室内会使人体产生不舒适，如果是全空气的空调系统，还会导致过冷发生。另外，某些工艺要求送入空气的相对湿度不能太高，也需要将除湿的空气加热后再使用。再热量的计算式为

$$Q_{rh} = G(h_E - h_C) \tag{5-69}$$

式中，Q_{rh}为再热量，kW；G 为空气的质量流量，kg/s；h_E、h_C 分别为 E、C 点的焓值，kJ/kg。

由于空调送风的状态基本一定，从焓湿图可以看出，要求的露点温度越低、相对湿度越小，则所需的再热量就越大。

2）再热方式

冷却除湿中使用的再热方式有热回收和其他热源的方式，如图 5-32 所示。

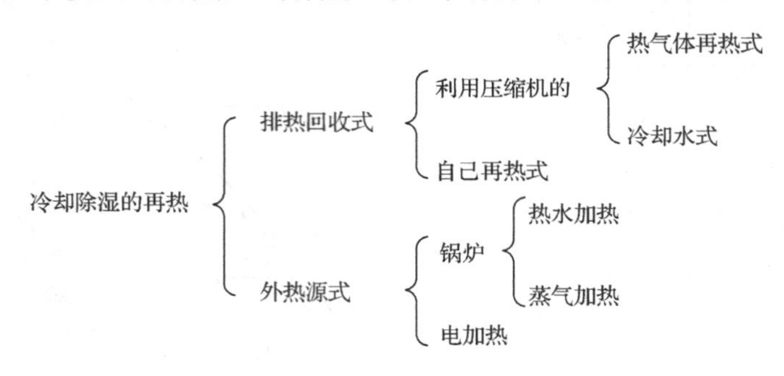

图 5-32　冷却除湿再热方式

从节能角度看，利用压缩机的排热方式效果好，但存在一个临界排热值的问题，超过该值后会影响制冷机工作。若没有相应的控制措施，制冷机就不能稳定运转。自己再热式也能进行热回收，但加热量也受到限制。锅炉热源方式的加热容量很大，再热量不会受到限制，而且调节加热量简单，但运行费用最高，要受电网制约。综上所述，宜采用热回收和其他热源的组合方式进行再热，以发挥各自的优点。

（1）热气体再热式。这种方式是利用压缩机压缩功产生的排热，所能利用的最大热量相当于冷凝器带走的热量。热气体再热器能完成制冷机风冷式冷凝器的作用，因此除湿负荷的变化会影响制冷机运转时高压侧的压力，若不设置保持高压一定的设备，除湿机就不能运行稳定除湿。所以这种方式只能用在对温、湿度的精度要求不高的家用房间除湿器上。制冷机的冷凝器相当于一个再热器。

（2）冷却水式。冷却水式是利用制冷机的水冷冷凝器排出的热水进行再热的方式，其系统图与图 5-6 相同。使用时常将它和冷却塔组合在一起。若除湿负荷不变而再热负荷减小，则用冷却塔除去制冷机排热的剩余部分，若除湿负荷增大则用设备的旁路前段冷却塔回路，只运转再热器。因此在运转方面比热气体再热式稳定。再热器和表冷器的构造完全相同。

（3）自己再热式。自己再热式是利用处理空气本身出入热交换器时的温、湿度差进行热回收的方式。图 5-33 为这种方式的原理与流程图。温、湿度比较高的处理空气 1 通过预冷盘管后冷却除湿到 2 点，再用除湿盘管（即表冷器）冷却到空气所要求的露点温度3进行除湿，然后再热盘管将空气从3点再热到4点。1—2和3—4间交换的热量相等。热回收泵使载热体不断地流过预冷盘管和再热盘管，进行热交换。因此这种方法能够减轻制冷机的负荷，所减少的部分等于1—2间的热量。若将这种方式和制冷机排热再热方式组合在一起，则能获得更多的热回收能量。若处理空气的出入口温、湿度差很小，就没有再热价值了。

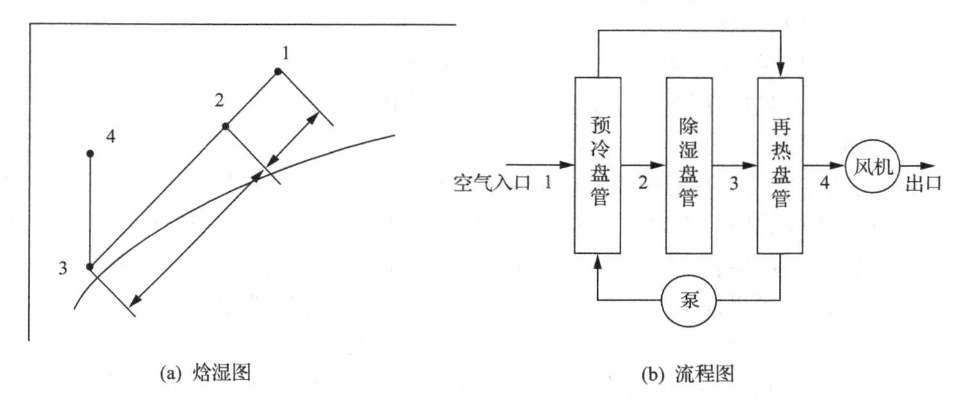

图5-33 利用冷媒自己再热式除湿

图5-34为另外一种自己再热式除湿方式，它直接用处理后的冷却气通过预冷器，预冷其中的待处理空气，而自己本身温度得到提升。这种系统更简单一些，待处理的新风在预冷器中也要脱除一部分水分。

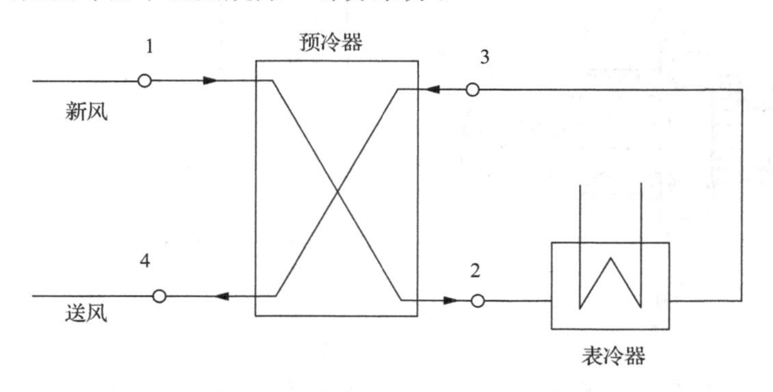

图5-34 处理空气自己再热式除湿

(4) 热水加热器。热水加热器的构造与表冷器完全相同，以热水锅炉作为它的热源。只要锅炉容量足够大，不管什么情况全都能进行再热。在露点温度0℃以下时，再热器入口空气温度也在0℃以下，热水加热器内的水可能冻结。为防止冻结，可在盘管的前面组合使用一段电加热器，或者选用顺流布置的方式，即热水的入口在空气入口侧，热水出口在空气出口侧一样，可参考有关空调设计手册。由于加热器表面始终是干燥的，计算时不需要考虑水分析出对传热和阻力性能的影响。

(5) 蒸气加热器。蒸气加热器的热源是蒸气锅炉，可任意选择加热容量，加热温度高，使用范围大，在某些工艺场合如食品加工厂等地方广泛使用这种方式。

蒸气加热器的构造与表冷器类似，采用肋片管。它的选择计算也与表冷器和热水加热器类似。对于入口空气温度在0℃以下的低露点除湿过程，在使用蒸气加热器进行再热时，蒸气加热器内的冷凝水仍然可能冻结。因此，要采取防止冻结的措施。常见的是加热管采用双层管，蒸气走管内，凝结水走外管，这样就能防止凝结水的过冷却。

(6) 电加热器。再加热用的电加热器是套管式加热器，如图5-35所示。它是将镍铬合金丝或铁铬合金丝等发热元件成形为螺旋状后，用绝缘粉末把它固定密封在金属管内，有时将外套管做成带肋片的。电加热器与蒸气加热器、热水加热器的不同之处是若风机停机，它仍继续通电，就会很快出现异常温度，甚至有发生火灾的危险。在送风机发生故障时，若再热器和送风机之间没有联锁装置，则可能发生上述事故。为此，要对电加热器采取装双金属片和熔断器的双重安全措施，以防过热。使用电加热器时，还必须注意断线和绝缘能力降低所造成的漏电现象。一般电绝缘性(包括运转时)都不应该低于1MΩ。管状电加热元件除棒状外，还有其他形状，如图5-35所示。

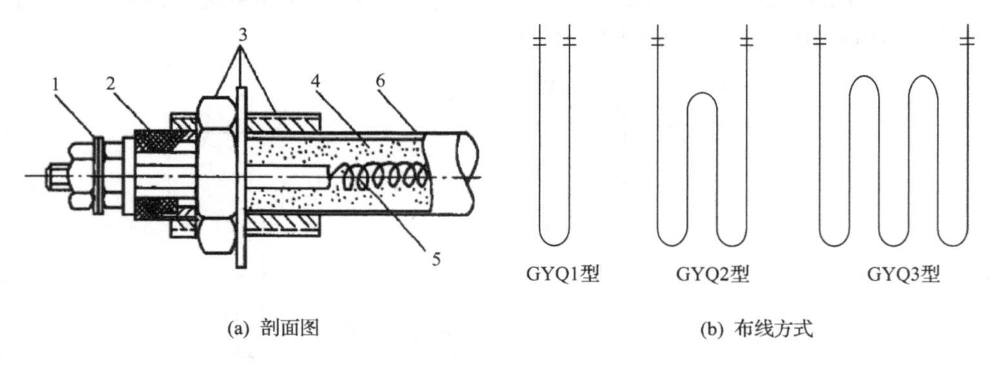

(a) 剖面图　　(b) 布线方式

图5-35　金属套管电加热器

1-接线端子；2-瓷绝缘子；3-紧固装置；4-绝缘材料；5-电阻丝；6-金属套管

参考文献

陈亚俊，马最良，姚杨．2001．空调工程中的制冷技术．第二版．哈尔滨：哈尔滨工程大学出版社．

邓玉艳．2007．除湿机除霜设计与实验研究．流体机械，35(2)：58-60．

丁颂．2000．冷冻除湿在药厂低湿洁净空调系统中的应用．化工与医药工程，21(6)：272-275．

何天琪，康侍民，卢军. 2002. 供暖通风与空气调节. 重庆:重庆大学出版社.
李百军，邓玲黎. 2008. 冷冻极限除湿空调系统的设计与实践. 建筑热能通风空调，27(6):50-52.
苏升明. 2004. 直接蒸发抽湿再热系统在洁净组合式空调机的应用. 制冷，23(2):63-66.
孙克春，龙恩深，陈进军，等. 2008. 夏热冬冷地区除湿方式探讨. 建筑科学，24(8):81-84.
王倩. 2013. 空调系统中的除湿技术. 广东石油化工学院学报，23(4):63-67.
张立志. 2005. 除湿技术. 北京:化学工业出版社.
赵荣义，范存养，薛殿华，等. 2008. 空气调节. 第四版. 北京:中国建筑工业出版社.
周孝清，李峥嵘，曹叔维. 1998. 通风与空气调节工程. 北京:中国建筑工业出版社.
American Society of Heating, and Air-conditioning Engineers. 2005. ASHRAE handbook-fundamentals. SI edition. Atlanta: American Society of Heating, and Air-conditioning Engineers Inc.

第6章　溶液除湿技术

溶液除湿技术是利用湿空气与盐溶液表面之间的水蒸气分压力之差来实现水分传递和转移的一种湿处理方法。本章主要对溶液除湿技术基本原理、吸湿溶液基本性质、除湿/再生设备、热质交换模型、性能评价方法以及溶液除湿技术的几种典型应用进行介绍。

6.1　溶液除湿/再生系统

6.1.1　溶液除湿技术原理及其优势

1. *溶液除湿原理*

溶液除湿是利用某些吸湿性溶液能够吸收空气中的水分而将空气除湿的方法。由理想溶液拉乌尔定律可知，溶液表面水蒸气分压力低于相同条件下纯水表面水蒸气分压力，并且随着溶液浓度的增加而降低。当浓度较高的溶液(常温)与湿空气接触时，由于溶液表面水蒸气分压力低于空气中水蒸气分压力，空气中的水蒸气逐渐向溶液扩散，并释放气液相变潜热，使得溶液和空气温度升高，这就是溶液对空气的除湿过程；当溶液浓度较低，并经过加热使得温度较高(60～80℃)以致溶液表面水蒸气分压力高于空气中水蒸气分压力的情况下，溶液中的水分逐渐扩散到空气中去，同时该部分水分要从溶液和空气中吸收气液相变潜热使得水分由液态变为气态，这就是溶液的再生过程。

2. *溶液除湿空调原理*

空调系统总负荷由显热负荷和潜热负荷两部分构成，主要任务是消除被处理空气中的显热负荷与潜热负荷使其达到送风状态点。如图6-1所示，N点为被处理空气状态点，需要处理到点O(送风状态点)，N、O两点间的单位总负荷为Q_z，其中包括潜热负荷(状态点N与状态点V_d之间的焓差)和显热负荷(状态点V_d与状态点O之间的焓差)。传统空调系统通过露点控制处理方法，先将空气从状态点N处理到机器露点L，然后将其再热至送风状态点O，将处理后的空气送入空调房间。由此可知，虽然空调负荷为 Q_z，但实际空气调节处理过程所需冷量为状态点 N、L 之间的焓差，比实际处理负荷大，还要一部分再热量，为 L、O 之间的焓差。

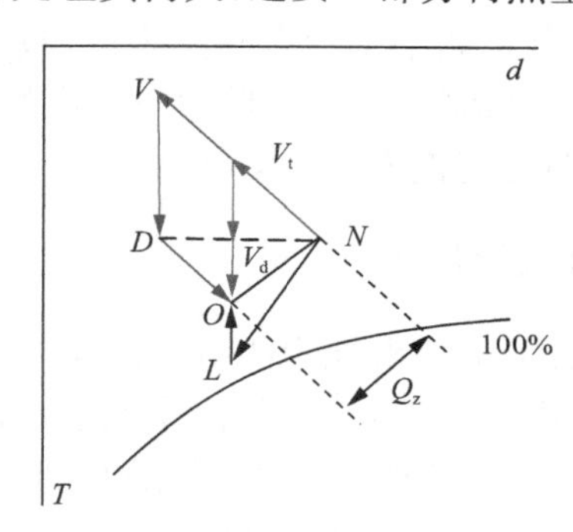

图 6-1 溶液除湿空调负荷转化分析图

溶液除湿空气调节过程是首先将湿空气从 N 点除湿处理到 D 点，再绝热加湿至 O 点，直接达到送风状态。从负荷处理角度而言，状态点 N 处理到状态点 D 这一过程可以分为两部分：首先将湿空气绝热处理至 V 点，处理全部潜热负荷，再利用常温水冷却至 D 状态，这个过程相当于将潜热负荷全部转化为显热负荷进行处理，然后通过常温冷却介质处理此部分显热负荷。从空调负荷角度而言，实际湿负荷为状态点 N 处理至 O 点的湿差，溶液除湿至 V_t 状态点即完成了湿负荷的处理。若此时利用其他高温冷却介质使空气由 V_t 点干式冷却到送风状态 O，则构成了热湿独立处理空调系统。若无其他冷源，则将湿空气由 V_t 点进一步除湿到 V 点，再经过常温冷却水冷却到 D 点，最后经绝热加湿（蒸发冷却）处理至送风状态，这就是溶液除湿蒸发冷却空调系统原理。总之，溶液除湿空调系统是将全部负荷转化为显热负荷并通过常温冷却水处理这部分显热负荷来完成空气调节过程。

3. 溶液除湿空调系统的优势

溶液除湿空调系统作为传统压缩式制冷循环空调系统的有力竞争者与替代者，相比传统压缩式制冷循环空调系统具有如下优势。

（1）耗能优势：由于溶液再生温度较低（60～80℃），故可利用低品位热源驱动溶液除湿空调系统，实现能源梯级利用，提高能源利用率。室内空调负荷出现高峰时太阳辐射能往往也处于高峰期，利用太阳能驱动的溶液除湿空调可以有效削减由空调引起的用电负荷，有利于优化城市用能结构。

（2）空气温湿度精确控制的优势：对空气进行除湿时，浓溶液与空气直接接触，溶液和空气的运行参数容易调节，可以精确控制空气温湿度。

（3）环保优势：溶液除湿空调系统能够利用太阳能、废热和余热等低品位热能驱动，减少了夏季空调耗电量，从而有效地减少了发电过程所造成的环境污染问题。同时,溶液除湿空调系统以除湿盐溶液和冷媒水作为制冷工质,杜绝了氟利昂物质的使用,保护了臭氧层。

(4) 健康优势:溶液除湿空调系统没有潮湿表面,减少了霉菌的滋生,对人体的健康有利;而且通过对空气喷洒溶液可以除去空气中的细菌、尘埃和霉菌等有害物质,使得送风健康清洁,从而提高室内的空气品质。

6.1.2 常用的除湿溶液及性能强化

溶液除湿空调系统选用具有吸湿能力的溶液作为工质。常用的除湿溶液分为单一组分的无机溶液,如 LiBr、LiCl、$CaCl_2$ 等溶于水后形成的溶液;单一组分的有机溶液,如三甘醇、二甘醇、丙二醇等。其中三甘醇是 20 世纪 50 年代最早使用的液体除湿剂。三甘醇是无色无臭有吸湿性的黏稠液体,密度为 1.1274kg/L,沸点为 285℃,凝固点为-7.2℃,溶于水和乙醇。三甘醇的黏度较大,用于除湿剂时需要的浓度常在 90%以上,在系统中循环流动时会有部分滞留,黏附于系统内表面,影响系统的稳定工作。另外,三甘醇溶液还会缓慢蒸发扩散到空气中,但对金属管道无腐蚀。氯化锂、溴化锂等盐溶液虽然具有一定的腐蚀性,但塑料等防腐材料的使用,可以防止盐溶液对管道等设备的腐蚀,而且成本较低。另外,盐溶液不易挥发到空气中影响、污染室内空气,相反还具有除尘杀菌功能,有益于提高室内空气品质。工程中应用较多的除湿溶液是单一的氯化钙、氯化锂、溴化锂三种,或者它们之间的混合溶液。

1. 单一组分除湿剂

影响溶液除湿剂性能的主要参数包括工作浓度范围内溶液表层空气水蒸气分压力、黏度以及比热容等。不同的除湿剂本身热物理性质的不同将决定各自的除湿性能的差异。以常用的四种溶液除湿剂为例,$CaCl_2$ 水溶液作为除湿剂时,工作区需要的质量浓度通常在 30%~40%,LiCl 水溶液工作区需要的质量浓度通常在 35%~45%,LiBr 水溶液工作区质量浓度通常在 50%~60%,有机溶剂三甘醇水溶液工作区需要的质量浓度一般在 90%以上。如果以上四种溶液除湿剂作为除湿溶液吸收相同质量的水分,那么工作质量浓度越高的溶液的浓度变化量将越大,导致吸收相同质量的水分后溶液除湿性能的改变就越大。因此三甘醇水溶液吸收一定质量水分后浓度改变量将最大,其次是溴化锂水溶液,氯化锂和氯化钙水溶液相对最小,在除湿过程中能够保持相对稳定的除湿浓度。另外对于无机水溶液,质量浓度越高的除湿溶液比热容越小,如果相同质量的除湿溶液吸收相同的除湿相变潜热,那么质量浓度越低的除湿溶液温升将越小,除湿溶液除湿过程中温度保持将越稳定。因此,相同质量的氯化锂和氯化钙水溶液吸收相同的除湿相变潜热之后温升将最小。

很多研究者在溶液物性方面开展了一些研究。Chung 和 Luo 对氯化锂、溴化锂、氯化钙、三甘醇、乙二醇以及它们的混合溶液的水蒸气分压力进行了实验测定,获取了常规温度和浓度范围内水蒸气分压力及它们的关联式。Conde 全面地总结了前人对溶液物性的研究结果,通过收集归纳得到了氯化锂和氯化钙水溶液表层水蒸气分压力、比热、密度、表面张力、黏度、导热系数等物理量的拟合公式。

2. 多组分除湿剂

虽然 LiBr 和 LiCl 在工作浓度范围内溶液表层水蒸气分压力比较低,具有较好的除湿性能,但这两类除湿剂的价格较贵。为了发展性价比高的溶液除湿剂,很多研究者尝试配制多组分的混合溶液。Ertas 等在 1992 年的实验研究成果受到最大的关注,并被广泛引用。他们通过实验对 5 种浓度配比的混合 LiCl-$CaCl_2$溶液(溶质总的质量浓度为 20%,五组分别为 100% LiCl、70% LiCl 和 30% $CaCl_2$、50% LiCl 和 50% $CaCl_2$、30% LiCl 和 70% $CaCl_2$、100% $CaCl_2$)的表面蒸汽压大小及其他热物性进行了研究。研究发现,当两种溶质的质量浓度相等时可以达到最佳的成本-效益。Ertas 等关于 LiCl-$CaCl_2$混合除湿溶液热物性的成果广为引用,但不同浓度的 LiCl-$CaCl_2$混合除湿溶液到底具有怎样的除湿效果,却一直缺乏实验上的验证。直到 2008 年,张小松等对 LiCl-$CaCl_2$混合溶液除湿性能进行了实验研究,结果表明,混合溶液中 LiCl 与 $CaCl_2$溶液质量分数分别为 31.2% 和 20% 时比 39%的单一 LiCl 水溶液的除湿效果提高了 25%左右。

东南大学的沈子婧等对以氯化钙溶液为底液的不同配比混合盐溶液除湿剂的溶解度、黏度、表面张力进行了测量,为混合盐溶液配比的选择提供了参考依据。下面对测量结果进行具体介绍。

为了探究混合溶液的极限溶解度,向饱和氯化钙溶液中加入氯化锂或溴化锂颗粒直至混合溶液饱和,测量混合前后溶液质量分数的变化,具体结果见表 6-1。可以看出,已经饱和的氯化钙溶液中可以再溶入一定量的氯化锂或溴化锂颗粒,30℃以后再溶入量明显增多。从整体上看,溴化锂的扩容量大于氯化锂,即在相同条件下,溴化锂颗粒更易溶入氯化钙的饱和溶液中。

表 6-1　向饱和氯化钙溶液中加入氯化锂/溴化锂颗粒形成的饱和混合溶液质量分数(%)

温度/℃	$CaCl_2$(经验公式计算值)	$CaCl_2$(实际配制)	$CaCl_2$+LiCl	扩溶量($CaCl_2$+LiCl)	$CaCl_2$+LiBr	扩溶量($CaCl_2$+LiBr)
10	39.80	38.93	39.51	0.58	40.07	1.14
20	42.60	41.70	42.18	0.48	45.00	3.30
30	50.00	49.56	55.23	5.67	54.68	5.12

续表

温度/℃	$CaCl_2$（经验公式计算值）	$CaCl_2$（实际配制）	$CaCl_2$+LiCl	扩溶量（$CaCl_2$+LiCl）	$CaCl_2$+LiBr	扩溶量（$CaCl_2$+LiBr）
40	53.40	53.10	58.84	5.74	61.59	8.49
50	57.00	56.45	62.98	6.53	63.04	6.59
60	57.70	57.21	63.83	6.62	63.69	6.48
65	58.00	57.83	63.38	5.55	64.76	6.93

注：扩容量定义为混合溶液饱和时的质量分数减去同温度下单一溶液饱和时的质量分数，即加入氯化锂/溴化锂颗粒后饱和混合溶液的质量分数减去同温度下氯化钙饱和溶液的质量分数。

配制质量浓度为40%，氯化钙与氯化锂质量比为3∶1、2∶1、1∶1、1∶2、1∶3的混合溶液，测量各配比混合溶液在10～80℃温度区间内的黏度和表面张力值，具体结果分别见表6-2和表6-3。从表6-2可以看出，混合溶液的黏度随温度的升高而减小；从20℃到30℃，混合溶液黏度值有明显下降；总体来看，1∶1配比时混合溶液黏度最小，3∶1时最大，中间依次为1∶3、2∶1、1∶2的配比。从表6-3可以看出，配比一定时，混合溶液的表面张力随温度的升高而减小；不同温度下，1∶1配比时混合溶液表面张力最小。

表6-2　不同配比氯化钙、氯化锂混合溶液在各温度下的黏度值(mPa·s)

温度/℃	$CaCl_2$∶LiCl 3∶1	$CaCl_2$∶LiCl 2∶1	$CaCl_2$∶LiCl 1∶1	$CaCl_2$∶LiCl 1∶2	$CaCl_2$∶LiCl 1∶3
10	6.72	6.44	5.51	5.72	6.48
20	6.13	5.54	5.11	5.24	5.58
30	5.01	4.32	4.07	4.14	4.94
40	4.76	4.32	4.07	4.14	4.68
50	4.41	4.07	3.56	3.83	4.13
60	4.05	3.79	3.33	3.51	3.80
70	3.85	3.62	3.22	3.36	3.63
80	3.56	3.51	3.01	3.15	3.31

表6-3　不同配比氯化钙、氯化锂混合溶液在各温度下的表面张力值($mN·m^{-1}$)

温度/℃	$CaCl_2$∶LiCl 3∶1	$CaCl_2$∶LiCl 2∶1	$CaCl_2$∶LiCl 1∶1	$CaCl_2$∶LiCl 1∶2	$CaCl_2$∶LiCl 1∶3
10	121.4	117.1	111.8	113.4	114.7
20	118.7	111.3	102.5	107.1	109.4

续表

温度/℃	$CaCl_2$ ∶ LiCl 3∶1	$CaCl_2$ ∶ LiCl 2∶1	$CaCl_2$ ∶ LiCl 1∶1	$CaCl_2$ ∶ LiCl 1∶2	$CaCl_2$ ∶ LiCl 1∶3
30	113.2	104.0	96.6	102.9	106.8
40	110.0	100.3	93.7	100.1	103.2
50	103.1	96.7	90.8	96.8	99.7
60	99.3	86.6	81.4	87.4	90.3
70	79.1	76.9	71.2	78.7	82.1
80	73.6	69.9	64.4	72.5	76.6

除了测量上述物性参数外，沈子婧还对氯化钙—氯化锂混合溶液表面的水蒸气分压力进行了测定。配制质量浓度为 40%，氯化钙与氯化锂质量比为 3∶1、2∶1、1∶1、1∶2、1∶3 的混合溶液，测量各配比混合溶液在 10～80℃温度区间内的表面水蒸气分压力值，具体结果见图 6-2。可以看出，混合溶液表面水蒸气分压力随氯化锂含量的增加而减小，随温度的升高而增大。

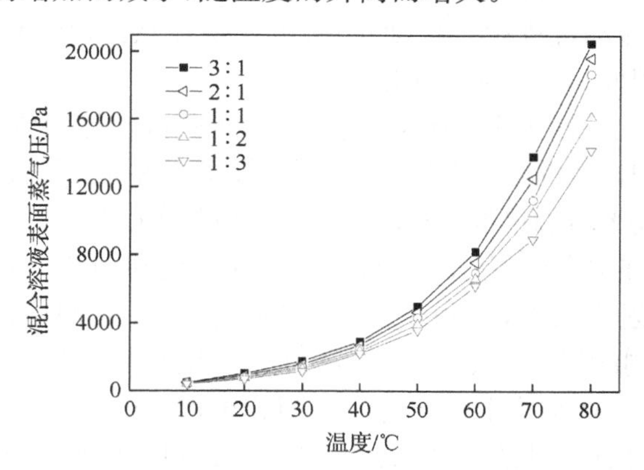

图 6-2　不同配比 40%氯化钙-氯化锂混合溶液蒸汽压

3. 溶液除湿性能强化

通过加入纳米微颗粒或者表面活性添加剂可以强化除湿溶液性能。Ali 等通过在降膜溶液中添加纳米微颗粒来改变溶液导热系数，试图强化溶液除湿性能，采用数值模拟的方法研究了除湿和再生过程中加入纳米金属粒子之后的传质强化效果。Zheng 等在 LiCl 溶液中分别添加十二烷基硫酸钠、聚丙烯酰胺，探讨了不同表面活性添加剂对传质过程的影响，结果表明：十二烷基硫酸钠能够影响氯化锂溶液的表面张力，强化了溶液与空气之间的传热传质性能，而聚丙烯酰胺几乎无影响。陈晓阳等提出在除湿溶液中添加相变材料，加入相变材料之后溶液有效比热增加，可以有效抑制除湿过程和再生过程溶液温度的变化，使得除湿和再生过程性能得到强化。

6.1.3 溶液除湿/再生设备

1. 绝热填料型除湿/再生设备

填料塔式除湿器和再生器能够提供很大的气液接触面积，是目前研究最多的溶液除湿器和再生器。除湿溶液与湿空气在填料中直接接触，在两流体温差的作用下发生显热交换，溶液温度的变化会导致溶液表层水蒸气分压力的变化；同时在湿空气和除湿溶液表层水蒸气分压力差作用下发生水分的迁移，此过程由于水的气液相变过程伴随着水汽化潜热的释放或者吸收，该过程又会影响除湿溶液和空气的温度。

进行热质交换的设备有很多种形式，如湿壁塔、喷淋塔、填料塔等。湿壁塔是一种将液体沿着圆管内外壁表面或者平板表面流下，气体与之做顺流或者逆流方式的直接接触流动而进行传热传质的装置，该类装置单位体积提供的气液接触面积较小，而且气液流动过程中受扰动较小，处于层流状态，传热传质系数也较小。喷淋塔一般用于萃取和分离的工业场所。

溶液除湿/再生过程热质交换系数较小，为了获取较好的传热传质性能，通过增加表面积与体积比值的除湿/再生设备可以提供更大的实际接触表面，同时通过强化气液流动扰动来增加单位体积的传质量。填料塔就是一种广泛应用于化工行业的设备，塔填料的作用是为气、液两相提供充分的接触面，并为提高其湍动程度（主要是气相）创造条件，以利于传质（包括传热）。它们应能使气、液接触面大、传质系数高，同时通量大、阻力小，所以要求填料层空隙率高、比表面积大、表面湿润性能好，并在结构上还要有利于两相密切接触，促进湍流。制造材料又要对所处理的物料有耐腐蚀性，并具有一定的机械强度，使填料层底部不致因受压而碎裂、变形。下面主要对常用的散装填料与规整填料以及一种新的Z型填料进行介绍。

1）散装填料

散装填料有中空的环形填料、表面敞开的鞍形填料等。常用的构造材料包括陶瓷、金属、玻璃、石墨等。几种主要散装填料的特点如下。

(1) 拉西环。拉西环为高与直径相等的圆环，常用的直径为25～75mm（也有小至6mm，大至150mm的，但少用），陶瓷环壁厚2.5～9.5mm，金属环壁厚0.8～1.6mm，如图6-3所示。填料多乱堆在塔内，直径大的亦可整砌，以降低阻力及减少液体流向塔壁的趋势。拉西环结构简单，但与其他填料相比，气体通过能力低，阻力也大，液体到达环内部比较困难，因而湿润不易充分，传质效果差，故近年来使用较少。在拉西环内部空间的直径位置上加一隔板，即成为列辛环；环内加螺旋形隔板则成为螺旋环。隔板有提高填料能力与增大表面的作用。

(2) 弧鞍。弧鞍又称贝尔鞍(berl saddle)，如图 6-4 所示，是出现较早的鞍形填料，弧鞍填料属鞍形填料的一种，其形状如同马鞍，一般采用瓷质材料制成，大小为25～50mm 的较常用。弧鞍的表面不分内外，全部敞开，流体在两侧表面分布同样均匀。它的另一特点是堆放在塔内时，对塔壁的侧压力比环形填料小。但由于两侧表面构形相同，堆放时填料容易叠合，因而减少暴露的表面。弧鞍填料的特点是表面全部敞开，不分内外，液体在表面两侧均匀流动，表面利用率高，流道呈弧形，流动阻力小。其缺点是易发生套叠，致使一部分填料表面重合，传质效率降低，最近已渐为构形改善了的矩鞍填料所代替。弧鞍填料多用陶瓷制造，强度较差，易破碎，工业生产中应用不多。

图 6-3　拉西瓷环填料

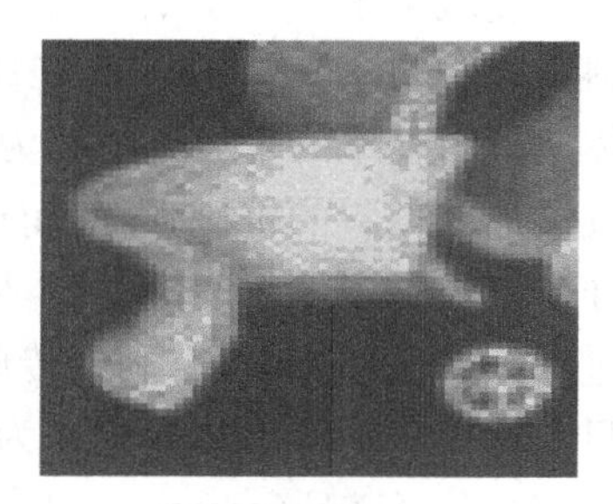

图 6-4　弧鞍填料

(3) 矩鞍 (intalox saddle)。矩鞍两侧表面不能叠合，且较耐压力，构形简单，加工比弧鞍方便，多用陶瓷制造。在以陶瓷为材料的填料中，此种填料的水力性能与传质性能都比较优越，如图 6-5 所示。

图 6-5　矩鞍填料

以上各种散装填料的壁上不开孔或槽，多用陶瓷制成。此外，又有在壁上开孔或槽的，多用金属或塑料制成。后者的性能比前者提高很多，因此称为“高效”填料。常见的散装开孔填料有下列几种。

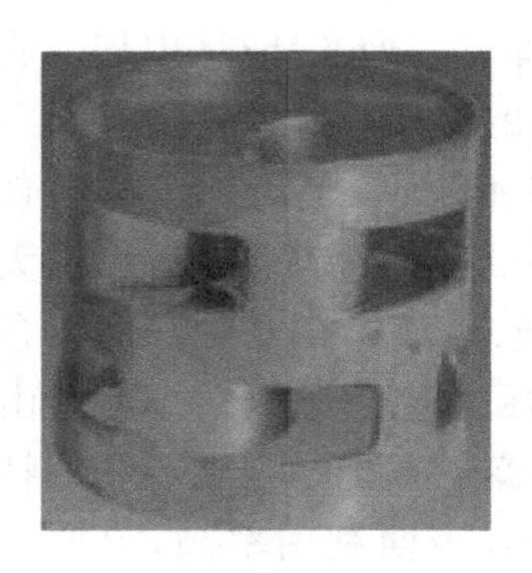

图 6-6 鲍尔环填料

(4) 鲍尔环(pall ring)。鲍尔环的构造,相当于在金属拉西环的壁面上开一排或两排正方形或长方形孔,开孔时只断开四条边中的三条边,另一边保留,使原来的金属材料片呈舌状弯入环内,这些舌片在环内几乎对接起来,如图 6-6 所示。填料的空隙率与比表面并未因此增加。但堆成层后气、液流动通畅,有利于气、液进入环内。因此,鲍尔环比拉西环气体通过能力与体积传质系数都有显著提高,阻力也减少。鲍尔环还可用塑料制造。

(5) 阶梯环(cascade miniring)。阶梯环是对鲍尔环的改进,与鲍尔环相比,阶梯环高度减少了 1/2,并在一端增加了一个锥形翻边,是一端有喇叭口的开孔环形填料,如图 6-7 所示。由于高径比减少,环高与直径之比略小于 1,环内有筋,使得气体绕填料外壁的平均路径大为缩短,减少了气体通过填料层的阻力。锥形翻边不仅增加了填料的机械强度,而且使填料之间由以线接触为主变成以点接触为主,这样不但增加了填料间的空隙,同时成为液体沿填料表面流动的汇集分散点,可以促进液膜的表面更新,有利于传质效率的提高。阶梯环的综合性能优于鲍尔环,成为目前所使用的环形填料中最为优良的一种,制造材料多为金属或塑料。

(6) 金属鞍环(metal intalox saddle)。用金属做的矩鞍,并在鞍的背部冲出两条狭带,弯成环形筋,筋上又冲出四个小爪弯入环内,如图 6-8 所示。它在构形上是鞍与环的结合,又兼有鞍形填料液体分布均匀和开孔环形填料气体通量大、阻力小的优点,故称鞍环为环矩鞍。

图 6-7 阶梯环填料

图 6-8 金属鞍环填料

2) 规整填料

规整填料与散装填料的不同,在于它具有成块的规整结构,可在塔内逐层叠放。最早出现的规整填料是由机木板条排列成的栅板,后来也有用金属条或塑料板条做的。栅板填料气流阻力小，传质效果却比较差，现已不大用于气液传质设备，但在凉水塔中仍有使用。20 世纪 60 年代以后开发出来的波纹填料，是目前使用比较广泛的规整填料。

丝网波纹填料就是其中一种，如图 6-9 所示。将金属丝网切成宽 50～100mm 的矩形条，并压出波纹，波纹与长边的斜角为 30°、45°或 60°，网条上打出小孔以利气体穿过。然后将若干网条并排成比塔内截面略小的一圆盘，盘高与条宽相等，许多盘在塔内叠成所需的高度。若塔径大，则将一盘分成几份，安装时再并合。一盘之内，左右相邻两盘的网条又互成 90°交叉。这种结构的优点如下：各片排列整齐而峰谷之间空隙大，气流阻力小；波纹间通道的方向频繁改变，气流滑动加剧；片与片之间以及盘与盘之间网条交错，促使液体不断再分布；丝网细密，液体可在网面上形成稳定薄膜，即使液体喷淋密度小，也易于达到完全润湿。上述特点使这种填料层的通量大，在大直径塔内使用也没有液体分布不匀及填料表面润湿不良的缺点。丝网波纹填料的缺点如下：造价高；装砌要求高，塔身安装的垂直度要求严格，盘与塔壁间的缝隙要堵实；填料内部通道狭窄，易被堵塞且不易清洗。然而，由于其传质效率很高且阻力很小，所以在精密精馏和真空精馏中广泛使用。

目前纸质或者无机波纹填料作为热质交换设备在制冷空调领域应用较为广泛，如 Munter 公司的 CELdek 系列湿帘、加湿器产品，都是对此类填料的应用，图 6-10 就是一种纸质波纹填料，质轻价廉，比表面积大，比较适宜用于溶液除湿/再生系统，但纸质波纹填料由于吸湿性比较差，持液量较小，所以在较小流量的时候，填料的湿润系数比较小，不能完全发挥高比表面积的优越性，无机波纹填料却能够弥补其不足，具有较大的持液量和吸湿性，但价格比纸质贵。

图 6-9　丝网波纹规整填料

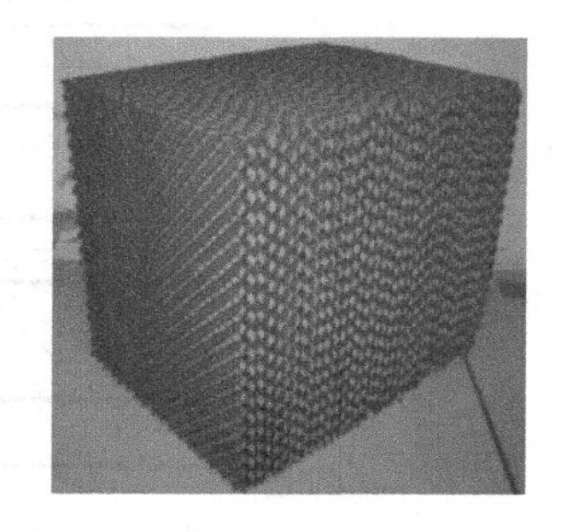

图 6-10　纸质波纹填料

Longo 等采用 LiBr 水溶液为除湿剂对散装填料和规整填料再生器进行了对比实验研究，研究结果表明，散装填料的再生性能高于规整填料 20%～25%，但是空气侧压力降高于规整填料 65%～70%。清华大学江亿等提出的利用填料结构的多级除湿模块来处理空调新风，如图 6-11 所示，级间循环溶液在进入填料之前经过冷却水降温，保证溶液在除湿过程中具有较低的温度，内部循环溶液流量可以根据填料湿润情况进行调节，外部流动的级间溶液流量仅需满足处理湿负荷要求保证一定的溶液浓度差，因此外部流动的级间溶液流量可以远小于内部溶液流量。

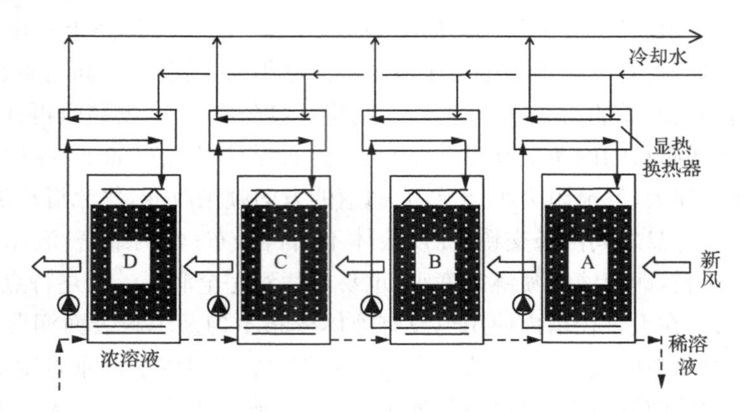

图 6-11　利用填料结构的多级除湿模块

3）一种新的 Z 型填料

东南大学殷勇高等提出了一种新型简单结构的除湿/再生填料——“Z 型”填料。Z 型填料主要由若干 Z 型连接的降模板和支撑结构组成，它具有规整填料的特性，同时又能做到具有较高的比表面积，吸湿性能也较好，持液量较大，而且价格较规整有机波纹填料较低。其结构如图 6-12 和图 6-13 所示。

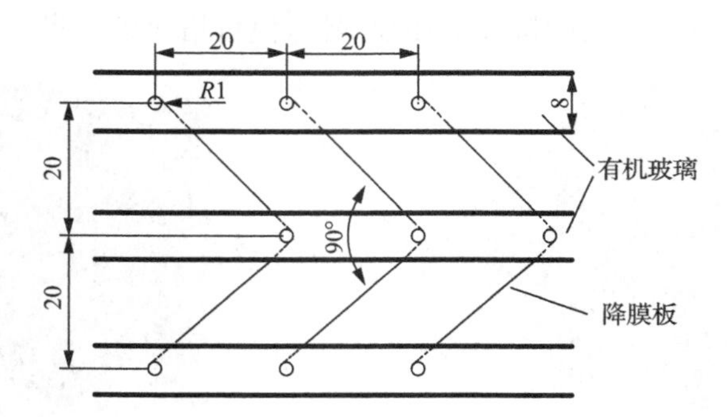

图 6-12　Z 型填料单元体示意图(单位:mm)

所述的降模板采用耐腐蚀、对溶液易浸润的柔性材料组成 Z 型连接降模板，降模板的折弯角度为 90°，相邻支撑结构间距为 20mm，有机玻璃宽为 8mm，间距为 20mm，有机玻璃上的孔半径为 1mm，填料设计尺寸为 500mm × 500mm × 500mm，Z 型结构间距为 20mm，共 25 组。

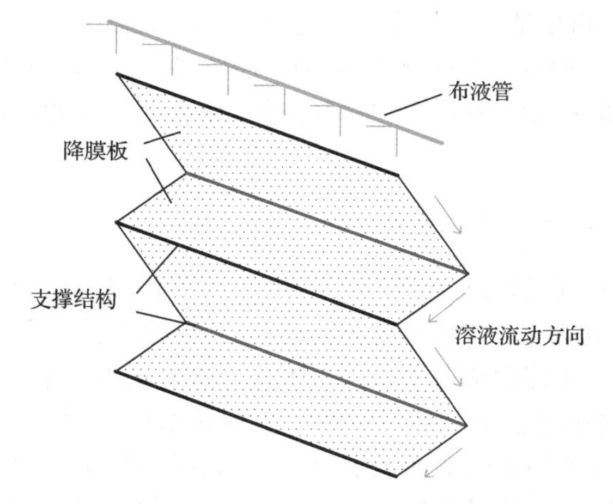

图 6-13　Z 型填料内部结构示意图

此外，搭建实验装置对相同体积的 Z 型填料与波纹填料再生性能进行实验对比，验证 Z 型填料能否达到预期的再生性能以及应用于溶液再生装置的可能性。实验装置如图 6-14 所示，包括叉流再生模块、空气系统、溶液循环系统、溶液加热器和数据采集模块。叉流再生器分别采用亲水波纹板填料和 Z 型填料，比表面积分别为 $450m^2/m^3$ 和 $160m^2/m^3$。再生器的气液接触形式为叉流，LiCl 水溶液由顶端布液装置流下，在重力的作用下润湿填料，与空气进行热质交换。结果表明：相

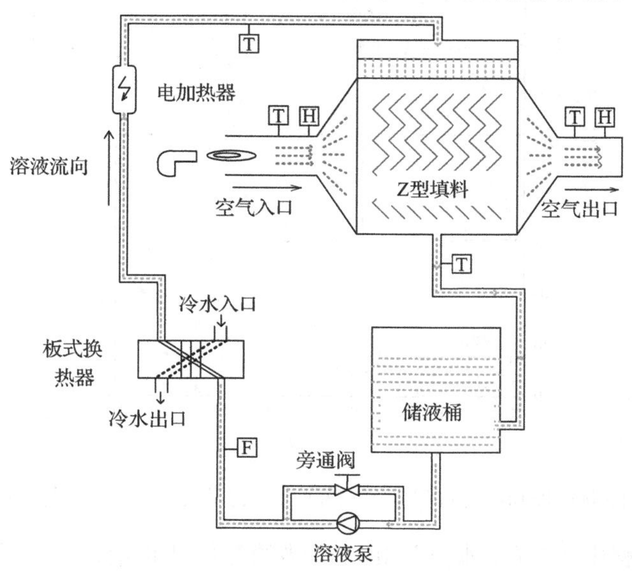

图 6-14　Z 型填料溶液再生实验系统图

T-温度测量单元；H-湿度测量单元；F-流量测量单元

同体积的Z型填料再生器的再生量约为规整填料再生器的40%，再生效率约为规整填料的50%，再生热效率约为规整填料的70%，且可将Z型结构间距缩小以增大比表面积，各性能指标均有较大的提升空间，提高再生性能，有望达到替代规整填料的性能要求。

2. 内冷/内热型除湿/再生设备

传统的各类填料能够保证单位体积内的较大的传热传质面积，但是都有一个显著的缺点：随着溶液与空气传热传质的进行，热源侧介质—溶液或者空气的温度将逐渐降低，使得再生器内部分填料的再生能力逐渐减小直至丧失再生能力，甚至在某些工况下出现除湿过程。图6-15显示了质量浓度分别为30%、35%、40%的三种LiCl水溶液在不同温度下的表层空气平衡含湿量，从图中可以看出，相同浓度下溶液温度从70℃降低到60℃后溶液表层空气平衡含湿量降低（$\Delta\omega_{a1}$）近40g/kg，因此溶液与空气间的传质湿差减小巨大。为实现溶液的高效再生，提高单位体积再生器的再生性能，提出含有内热源的溶液再生模型。该模型是在溶液再生过程中，通过加入热源流体，使溶液或者空气保持较高的温度，以保证溶液表层有较高的水蒸气分压力。该物理再生模型将能有效地提高再生器单位体积的再生性能。

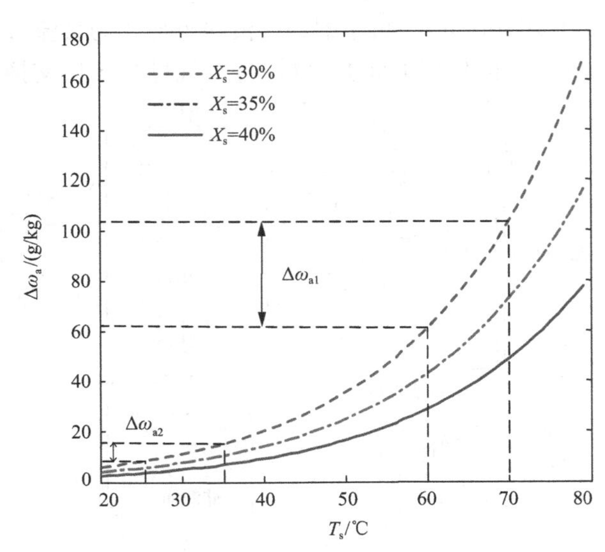

图6-15 除湿过程和再生过程中溶液温度变化引起表层空气含湿量的变化比较

在除湿过程中，空气中水蒸气相变潜热的释放使得溶液温度上升，如图6-15所示，相同溶液浓度下，溶液温度由25℃上升到35℃后溶液表层空气平衡含湿量增加（$\Delta\omega_{a2}$）近10g/kg。虽然溶液表层空气含湿量变化没有再生过程中变化大，但保持溶液较低的温度，不仅使溶液与空气间的传质湿差增大，而且温度更低的溶液与空气之间的传质系数也更大，这两个双重因素影响将会大大提高除湿过程的除湿性能，因此内冷型除湿过程强化传质的原因不仅是保持有限的传质湿差，更重要地在于通过保持温度较低的溶液温度而获取更大的传质系数。

为研究内冷型除湿/内热型再生过程，东南大学殷勇高等建立了如图 6-16 所示的溶液内冷除湿/内热再生装置。该装置由内冷除湿器/内热再生器、储液桶、泵、电加热器、水箱、冷却装置、阀门、PPR 溶液管道、风道、测控设备等组成，采用 LiCl 水溶液作为溶液除湿剂。除湿/再生器由 6 组板翅式换热器自下而上垒叠，然后用 3mm 厚不锈钢板封装而成，如图 6-17 所示，板翅式换热器定制高度为 100mm，长为 340mm，板间为方形翅片，为溶液与空气直接流通通道，每层翅片高度为 3mm，板间翅片共 3 层，每组板翅式换热器水路共分 10 路。图 6-17 中除湿/再生器中的箭头显示了水流方向，来自水箱的水由总管分流至各分支管后，从板翅式换热器一侧的水路入口进入，水平流出至其对应出口然后回流水箱。空气从除湿/再生器底部的风道入口进入，溶液由上部的布液盘分散到最上部一组板翅式换热器翅片间，在重力作用下自由降膜，与空气形成逆流并直接接触。空气到达顶部后，自顶部的风道出口流出除湿/再生器，进入空气焓差室进行空气状态参数和流量的测量。

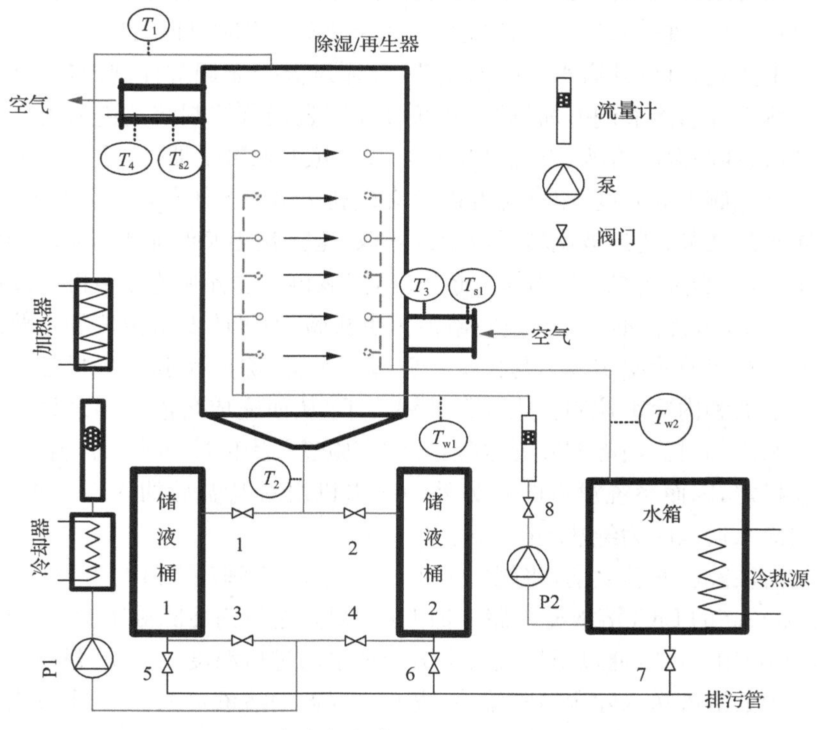

图 6-16　溶液内冷除湿/内热再生型实验装置

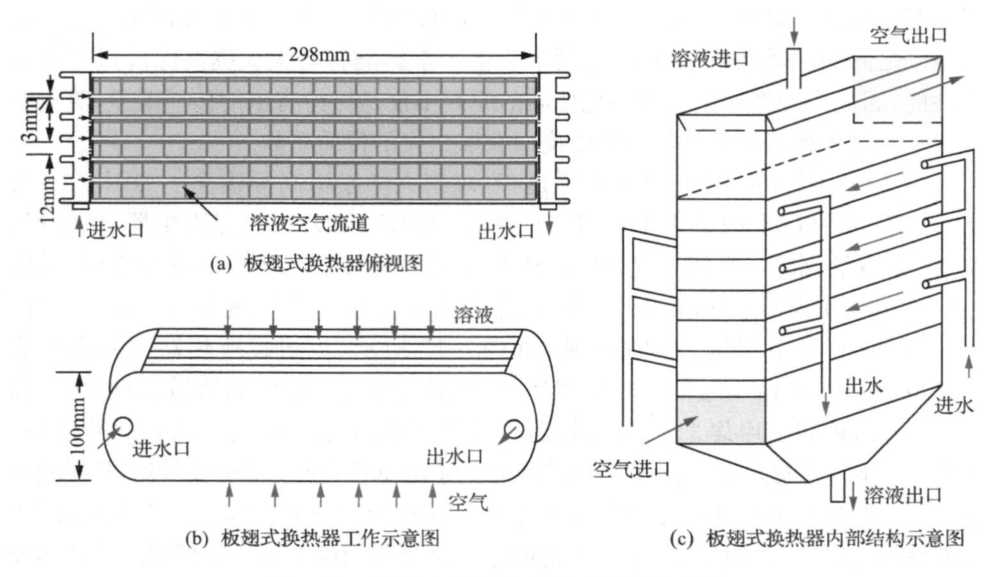

图 6-17　内冷/内热除湿/再生器结构示意图

图 6-16 所示的实验台系统可用于进行内冷除湿/内热再生过程实验，并与绝热除湿/再生过程进行对比实验研究。当水泵 P2 开启时，即水路开启，如果要进行内热再生实验，可以开启水侧电加热器，并通过温控表调节控制内热水的温度，同时溶液侧也开启溶液侧电加热器，并通过温控表调节控制溶液进入再生器中的入口温度，这样高温的溶液、空气以及内热水一起进入再生器，完成内热型再生实验过程。空气侧干球温度、湿球温度以及流量利用焓差本体获取，溶液侧的流量通过溶液侧阀门调节、通过玻璃转子流量计获取，这样就能够保证测得实时溶液和空气的状态参数；当关闭泵 P2，不通入热水时，溶液再生过程为绝热型再生过程。

图 6-17 所示装置不仅能够进行溶液再生实验，通过改变溶液侧和水侧运行参数还能够进行溶液除湿实验。与再生实验过程类似，除湿实验过程只是将浓度较高的除湿溶液和内冷水控制在比较低的温度下，从而完成溶液除湿过程。除湿过程有内冷水冷却时为内冷型除湿过程，此时实验过程中的冷却水来自自来水，水温相对比较稳定，因而系统没有配置另外的冷水机组对升温后的内冷水进行降温。当没有内冷水通入时为绝热型除湿过程。

开始溶液除湿实验之前，将阀门 1、4、5、6 关闭，将阀门 2、3 打开，然后将一定体积、浓度较高的 LiCl 溶液充入储液桶 1。如果是进行内冷除湿实验，还要将阀门 8 关闭，打开阀门 7、9，通过温控表设定溶液和水的进口温度。实验过程中，首先将储液桶 1 中的溶液送入除湿器除湿后，离开除湿器的溶液进入储液桶 2；当储液桶 1 中的溶液用尽时，通过开启阀门 1、4，同时关闭阀门 2、3，测定溶液桶 2 中的溶液浓度与温度，接着将储液桶 2 中的溶液继续在新的浓度下进行除湿实验，依次反复，直至完成所需工况的实验。当溶液浓度比较稀时，再将这些稀释后的溶液进行溶液再生实验。与除湿过程不同的是，再生实验过程中溶液和水的运行工况不同，即设定较高的溶液温度与水温，来进行不同工况下的溶液再生过程实验，操作类似于除湿过程。

基于以上溶液除湿再生系统，对除湿/再生装置进口参数对除湿/再生性能的影响进行研究，并比较不同工况下绝热型和内冷/内热型除湿/再生器的除湿/再生性能。

3. 绝热型与内冷/内热型除湿/再生设备性能比较

影响溶液除湿再生过程的因素主要包括动力学因素（空气流量、溶液流量等）以及非动力学因素（空气温度、含湿量、溶液温度、浓度等）。基于上面所述实验装置对不同工况下两种除湿/再生过程的性能研究，下面以溶液温度对除湿/再生过程性能的影响为例，对比两种除湿/再生模式下除湿器进出口含湿量差、再生量以及再生热效率等性能的差异。其中内热型再生过程所需热量来自内热水和再生溶液，通常再生溶液的入口温度等于内热水的入口温度，因此经过内热型再生过程后，溶液温度降低，空气温度升高，含湿量增大。再生器出口溶液与即将进入再生器的溶液进行热交换，假设热回收完全，根据能量守恒，溶液和内热水为再生过程提供的热能全部转化到空气中，空气焓增即为再生过程提供的热量，因此再生过程的热效率 η_r 可以定义如下：

$$\eta_r = \frac{r(\omega_{a,out} - \omega_{a,in})}{h_{a,out} - h_{a,in}} \tag{6-1}$$

对于除湿过程，入口溶液温度是影响除湿性能的重要因素之一。表 6-4 给出了两组除湿实验工况，表中，T_a 是进口空气温度，ω_a 是进口空气含湿量，M_a 是空气质量流量，M_s 是进口溶液质量流量，X_s 是进口溶液质量浓度，M_w 是进口水质量流量，T_w 是进口水温度。入口溶液温度变化范围为 20～32℃。

表 6-4　变入口溶液温度除湿过程实验工况

组	T_a/℃	ω_a/(g/kg)	M_a/(kg/s)	M_s/(kg/s)	X_s/%	M_w/(kg/s)	T_w/℃
a	30.5	13.4	0.073	0.104	37.7	0.151	22
b	30.9	12.6	0.073	0.104	38.8	0.151	22

具体结果如图 6-18 所示。相同工况下，内冷型除湿过程空气进出口含湿量之差比绝热型除湿过程大，尤其在第 b 组实验中更为显著，主要是该组实验溶液浓度比较高，绝热型除湿过程会产生大量的热量，使得溶液温度增加，从而除湿能力显著性降低。而内冷型的除湿过程由于内冷水的存在，能够将除湿过程产生的大部

分热量带走，维持溶液温度比较低的状态，从而可以大大加强除湿能力。特别在溶液浓度比较高时，内冷型除湿过程的除湿能力明显优于绝热型除湿过程，因而在多级溶液除湿系统中，溶液浓度比较高段宜采用内冷型除湿器。

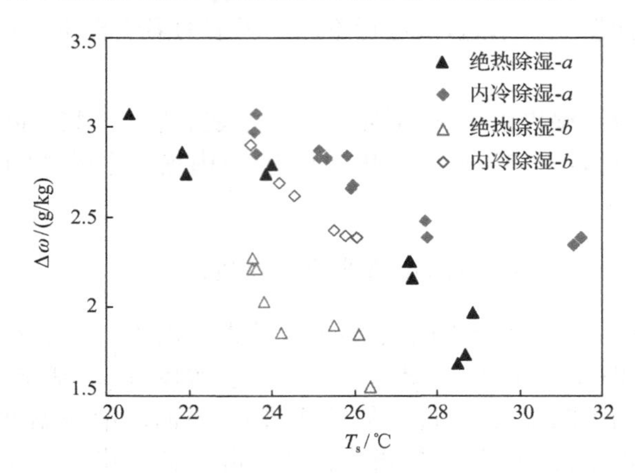

图 6-18　入口溶液温度对空气进出口含湿量差的影响

再生过程中，假定内热水入口温度始终等于入口溶液温度。图 6-19 给出了溶液温度对绝热型和内热型两种再生模式热效率的影响。结果表明，入口溶液温度由 50℃增加至 100℃的过程中，内热型再生过程热效率由 0.5 上升至 0.9，绝热型再生过程由 0.1 上升至 0.8，因此随着溶液温度的增加再生过程热效率逐渐增加。图 6-20 所示的再生量也逐渐增加，内热型再生过程再生热效率和再生量也均高于绝热型再生过程。可见，溶液温度越高，再生过程的再生量和再生热效率也都相应地越大。

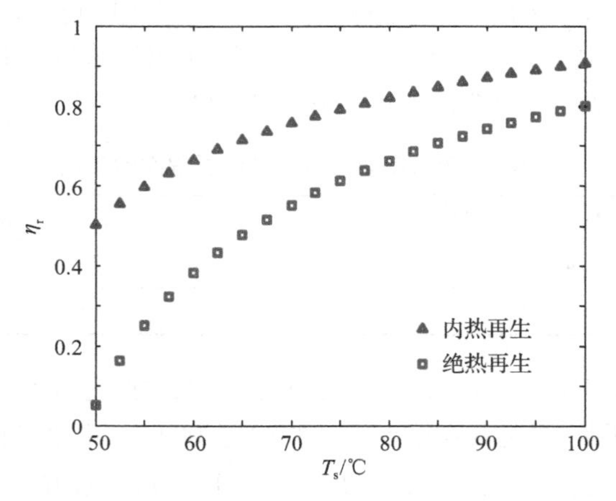

图 6-19　溶液温度对再生热效率的影响

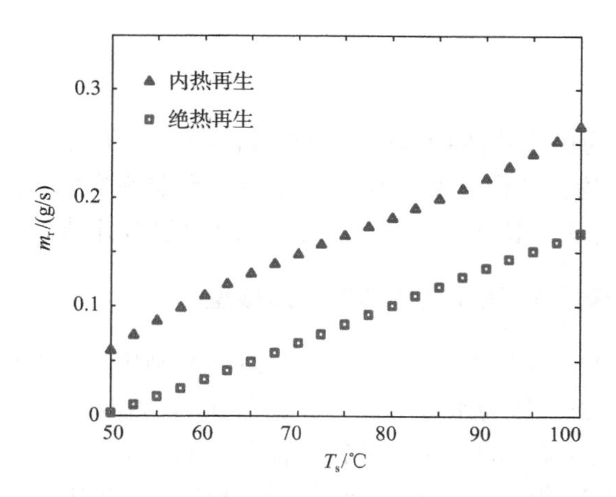

图 6-20　溶液温度对再生量的影响

6.2　溶液除湿/再生性能评价指标与设计方法

6.2.1　溶液除湿/再生性能评价指标

除了上述提到的再生热效率，除湿量、除湿效率、再生量、再生效率等也常作为溶液除湿/再生过程性能评价指标。其中除湿量和再生量为空气进出口含湿量变化量与空气质量流量之积，具体的表达式如式(6-2)和式(6-3)所示：

$$m_d = M_a(\omega_{a,in} - \omega_{a,out}) \tag{6-2}$$

$$m_r = M_a(\omega_{a,out} - \omega_{a,in}) \tag{6-3}$$

除湿效率与再生效率是评价除湿/再生过程接近理想状态程度的参数，其表达式如式(6-4)和式(6-5)所示：

$$\eta_{deh} = \frac{\omega_{a,in} - \omega_{a,out}}{\omega_{a,in} - \omega_e} \tag{6-4}$$

$$\eta_{reg} = \frac{\omega_{a,out} - \omega_{a,in}}{\omega_e - \omega_{a,out}} \tag{6-5}$$

式中，ω_e为与溶液状态相平衡的湿空气的含湿量。

此外，空气与溶液之间的平均传热传质系数是除湿器以及再生器选型和设计过程中的关键参数。热质交换过程的传热传质系数即为在单位传递面积上单位传递势差作用下的传递量，即可由式(6-6)和式(6-7)计算溶液与空气耦合的传热传质系数：

$$h_C = \frac{Q_c}{S\Delta T_m} \tag{6-6}$$

$$h_D = \frac{M_v}{S\Delta\omega_m} \tag{6-7}$$

式中，Q_c、M_v分别为过程传热量和过程传质量；S为传热传质面积；ΔT_m、$\Delta\omega_m$分别为该热力过程的平均传热温差和平均传质湿差。为求解溶液与湿空气之间的传热传质系数，一般需构建除湿/再生过程传热传质数学模型，并结合实验数据进行求解。

6.2.2 绝热型溶液除湿/再生过程传热传质模型

溶液除湿/再生过程是将溶液与空气直接接触，利用除湿溶液表面水蒸气与空气中水蒸气的分压力差作为水蒸气迁移驱动势进行对流扩散传质，同时空气与除湿溶液之间由于显热温差的存在而进行对流传热过程，而且两个过程相互影响耦合。一方面因为除湿溶液与湿空气进行热量交换之后，会引起溶液温度的改变，溶液表层水蒸气分压力是溶液浓度与温度的函数，因此溶液温度的改变会导致溶液表层水蒸气分压力的变化，从而导致传质势的改变；另一方面，由于两者在水蒸气分压力差的作用下进行的传质过程会伴随着水分的相变过程，引起溶液温度和湿空气温度的改变，也会导致传质势的变化。因此，溶液与湿空气进行的热质传递过程使变化参数具有极强的耦合作用和非线性特征。当浓度较高的溶液（温度为常温）与湿空气接触时，由于溶液表面水蒸气分压力低于空气中水蒸气分压力，因而空气中水蒸气逐渐向溶液中扩散，并释放气液相变潜热，使得溶液和空气温度升高，这就是溶液对空气的除湿过程；当溶液浓度较低，并经过加热使温度比较高，以致溶液表面水蒸气分压力高于空气中的水蒸气分压力的情况下，溶液中的水分逐渐扩散到空气中，同时该部分水分要从溶液和空气中吸收气液相变潜热，使得水分由液态变为气态，这就是溶液的再生过程。图 6-21 给出了溶液与空气之间的耦合传热传质过程。

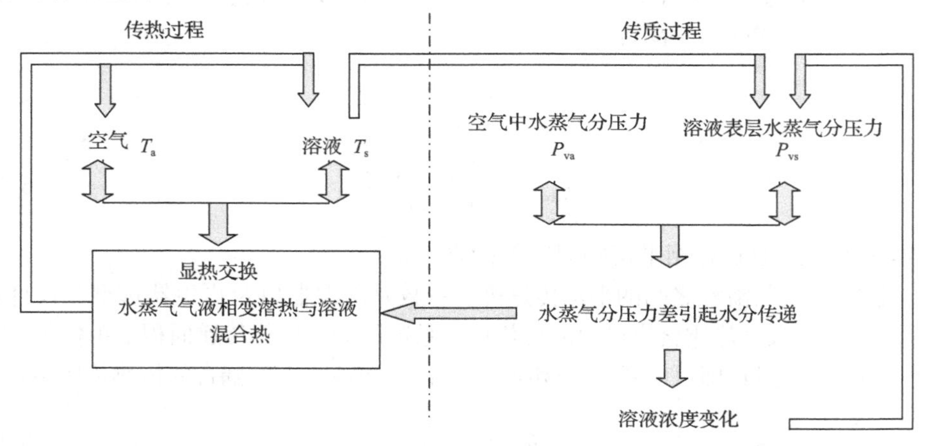

图 6-21 溶液与空气之间的耦合传热传质过程

由溶液除湿和再生过程机理可知，除湿/再生两个过程在热质交换原理上是统一的，只是溶液和空气状态不同导致水分迁移的方向不同，因此可以对溶液除湿/再生过程建立统一的数学模型。下面将对绝热型填料除湿/再生器建立不同流型的数学模型。

1. 叉流填料热质交换模型

叉流填料型除湿/再生模型：除湿溶液经过布液器均匀喷洒到填料顶部，在重力作用下沿着各自流道往下，空气从除湿/再生器的一侧水平进入，与溶液做交叉流动，直接接触进行传热传质。除湿溶液与湿空气叉流热质交换过程示意图如图 6-22 所示，建立如图 6-22 所示的直角坐标系。为分析其热质交换过程，将填料沿 x、y 方向划分成微元控制体，如图 6-23 所示，在以下简化假设的基础上建立二维数学模型。

(1) 溶液喷洒入除湿器之后在填料上布液均匀。

(2) 由于降膜过程溶液降膜厚度很小，空气通道也很小，同时空气流动过程扰动较大，所以可以假定足够小的微元体内溶液和空气参数均一。

(3) 不计溶液、空气与外界的热交换，忽略溶液液膜内部的传热传质阻力。

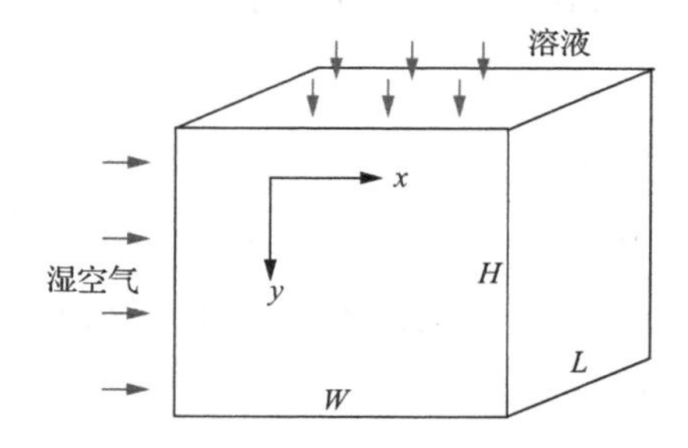

图 6-22　除湿溶液与湿空气叉流示意图

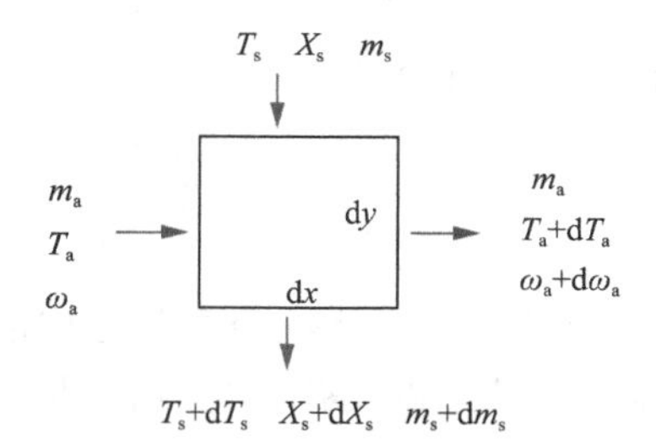

图 6-23　微元控制体热质交换参数变化

除湿溶液与湿空气之间传质量计算如下：

$$m_a \mathrm{d}\omega_a = h_D(\omega_{T_s,\mathrm{sat}} - \omega_a) a_w L \mathrm{d}x\,\mathrm{d}y \tag{6-8}$$

式中，m_a为微元体空气质量流量，kg/s；ω_a为微元体空气含湿量，kg/kg；h_D为以空气含湿量差为传质势的传质系数，kg/(m^2 · s)；$\omega_{T_s,\mathrm{sat}}$为微元体溶液温度、浓度对应表层饱和空气的含湿量，kg/kg；a_w 为填料的湿比表面积，m^2/m^3；L 为填料纵向长度，m。

湿空气与除湿溶液之间的对流换热量：

$$m_a(C_{p_a} + \omega_a C_{p_v})\mathrm{d}T_a = h_C(T_s - T_a) a_w L \mathrm{d}x\,\mathrm{d}y \tag{6-9}$$

式中，C_{p_a}、C_{p_v} 分别为干空气和蒸汽比热，kJ/(kg · ℃)；h_C为空气与溶液的耦合传热系数，kW/(m^2·℃)；T_a、T_s分别为微元体中空气与溶液的温度，℃。

令传质单元数 NTU 和刘易斯因子 Le_f 为

$$Le_f = \frac{h_C}{h_D C_{pm}} \tag{6-10}$$

$$\text{NTU} = \frac{h_D V_t a_w}{M_a} \tag{6-11}$$

式中，C_{pm}为湿空气比热，kJ/(kg·℃)；V_t为填料总体积，m^3，对于长方体填料为 $H\times W\times L$，H、W、L 分别为填料的高、宽、纵向长度，m；M_a为流经填料的空气流量，kg/s。

$$\mathrm{d}h_a = \text{NTU}\cdot Le_f\left[(h_{T_s,\text{sat}} - h_a) + \left(\frac{1}{Le_f} - 1\right) r(\omega_{T_s,\text{sat}} - \omega_a)\right]\frac{\mathrm{d}x}{W} \tag{6-12}$$

式中，$h_{T_s,\text{sat}}$为在溶液温度和浓度下与之平衡的表面空气的焓值，kJ/kg。

经过与湿空气热质交换之后，除湿溶液温度的变化可由微元控制体内能量守恒原理得

$$m_a \mathrm{d}h_a = -C_{p_s}\mathrm{d}(m_s T_s) = -m_s C_{p_s}\mathrm{d}T_s - C_{p_s} T_s m_a \mathrm{d}\omega_a \tag{6-13}$$

简化方程(6-13)可得

$$\mathrm{d}T_s = -\frac{m_a \mathrm{d}h_a + C_{p_s} T_s m_a \mathrm{d}\omega_a}{m_s C_{p_s}} \tag{6-14}$$

式中，m_a为空气在单元空气通道中的质量流量，kg/s；C_{p_s}为溶液比热，kJ/(kg·℃)。除湿溶液浓度的变化计算，由质量守恒不难得到

$$\mathrm{d}X_s = \frac{m_a \mathrm{d}\omega_a}{m_s - m_a \mathrm{d}\omega_a} X_s \tag{6-15}$$

式中，X_s为溶液的质量百分比浓度。

2. 顺流和逆流热质交换模型

与叉流不同，顺流和逆流中空气的流动方向表现为跟溶液流动方向一致和相反，如图 6-24(a)和(b)所示。通常填料中空气和溶液流道很小，因此可以忽略空气和溶液自身内部的传热热阻和传质阻力，认为微元体中空气和溶液参数均一，垂直于流动方向没有传热和传质梯度。根据微元体中溶液和空气之间的传热方程、传质方程以及能量和质量守恒方程，图 6-24 所示的顺流和逆流可以建立一维数学模型，见表 6-5。

从上面阐述的数学模型可以看出，在除湿/再生器结构尺寸、流型以及除湿溶

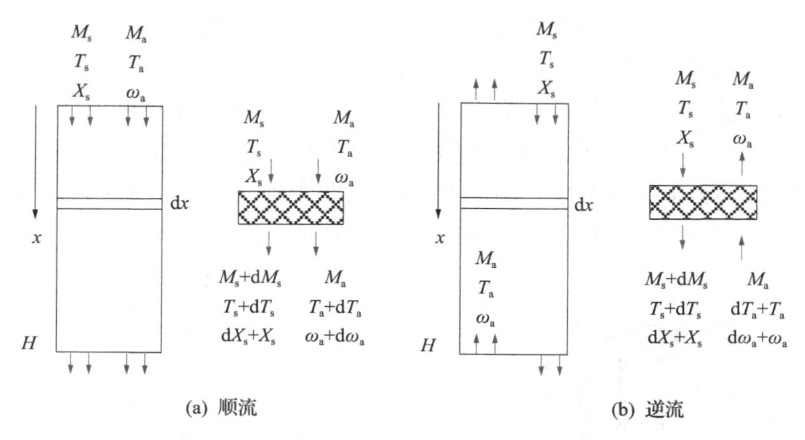

图 6-24　顺流和逆流过程及其微元体参数变化

液和空气的参数确定之后，溶液与空气的热质交换过程以及除湿/再生出口参数就由 NTU 和 Le_f 决定，为方便描述本书称为 NTU-Le_f 模型。

表 6-5　顺流和逆流数学模型

顺流	逆流
$\frac{dT_a}{dx}=\frac{h_C(T_s-T_a)a_wV_t}{M_a(C_{p_a}+\omega_aC_{p_v})}=\frac{Le_f\cdot NTU}{H}(T_s-T_a)$	$-\frac{dT_a}{dx}=\frac{h_C(T_s-T_a)a_wV_t}{M_a(C_{p_a}+\omega_aC_{p_v})}=\frac{Le_f\cdot NTU}{H}(T_s-T_a)$
$\frac{d\omega_a}{dx}=\frac{h_D(\omega_{T_s,sat}-\omega_a)a_wV_t}{M_a}=\frac{NTU}{H}(\omega_{T_s,sat}-\omega_a)$	$-\frac{d\omega_a}{dx}=\frac{h_D(\omega_{T_s,sat}-\omega_a)a_wV_t}{M_a}=\frac{NTU}{H}(\omega_{T_s,sat}-\omega_a)$
$dh_a=(C_{p_a}+\omega_aC_{p_v})dT_a+rd\omega_a$	$dh_a=(C_{p_a}+\omega_aC_{p_v})dT_a+rd\omega_a$
$M_adh_a+d(M_sC_{p_s}T_s)=0$	$M_adh_a=d(M_sC_{p_s}T_s)$
$M_ad\omega_a+dM_s=0$	$M_ad\omega_a=dM_s$
$dX_s=-\frac{dM_s}{M_s+dM_s}X_s$	$dX_s=-\frac{dM_s}{M_s+dM_s}X_s$

6.2.3　内冷型除湿器/内热型再生器数学模型

图 6-25 为前面所述的内冷/热源型除湿/再生器的结构示意图。对于空气除湿过程，常温的冷源流体进入除湿器，能够有效地带走溶液对空气进行除湿过程产

生的气液相变潜热，因而能保障除湿溶液有较低的温度，进而保证了除湿过程较大的传质势。对于溶液再生过程，热源流体进入再生装置，该热源为再生溶液提供热量，使得再生过程溶液有较高的温度，从而再生过程中溶液表层有较高的水蒸气分压力，增强了有效再生面积上的再生性能。对有内冷/热源的除湿/再生过程进行建模与理论研究，取溶液与空气进行热质交换的单元通道，如图 6-26 所示。在降膜方向上取微元控制体，该微元体的参数变化情况如图 6-27 所示。

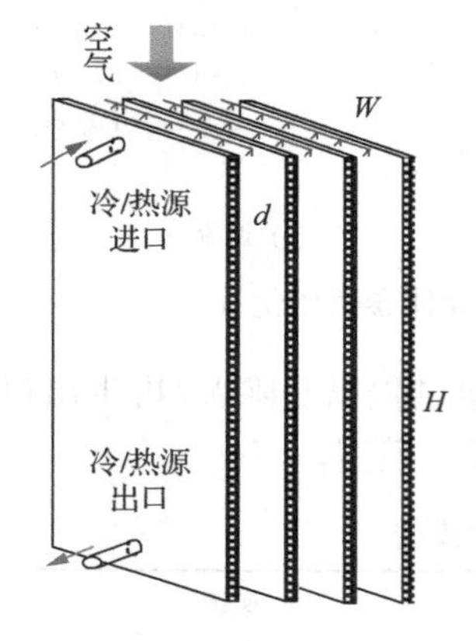

图 6-25 内冷/热源型除湿/再生器结构示意图

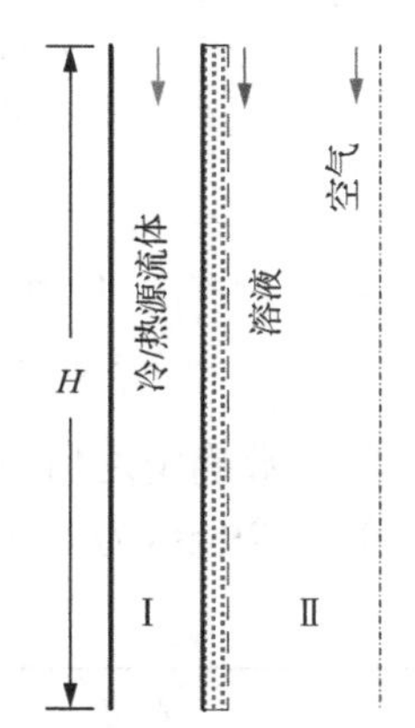

图 6-26 内冷/热源型降膜除湿/再生流体布置示意图

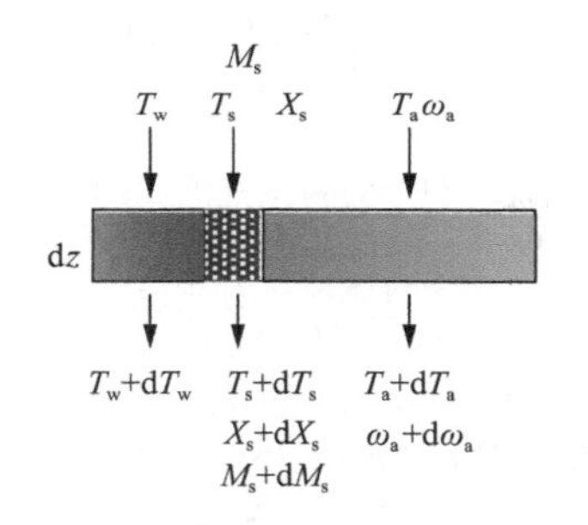

图 6-27 微元体参数变化建模分析

模型简化假设如下：溶液降膜过程充分发展，在平板上布液均匀；由于内热流体通道很小，忽略垂直于内热流体流动方向的温度梯度；微元体内溶液和空气参数均一。

(1) 空气侧的显热交换控制方程。

空气与溶液之间通过对流换热引起空气显热的变化，可表示为

$$\frac{1}{2}M_aC_{pm}\mathrm{d}T_a = h_C(T_s - T_a)W\beta\mathrm{d}z \tag{6-16}$$

即

$$\mathrm{d}T_a = \frac{2h_C(T_s - T_a)W\beta\mathrm{d}z}{M_aC_{pm}} \tag{6-17}$$

式中，M_a为空气在单元空气通道中的质量流量，kg/s；C_{pm}为湿空气比热，kJ/(kg·℃)；W 为内热再生器的宽度，m；h_C为空气与溶液的耦合传热系数，kW/(m^2·℃)；β 为板翅扩展面积系数；T_a、T_s分别为微元体中空气与溶液的温度，℃。

(2) 空气与溶液的质交换控制方程。

空气与溶液在含湿量差的驱动势下发生水分的迁移传递,可表示为

$$\frac{1}{2}M_{\mathrm{a}}\mathrm{d}\omega_{\mathrm{a}} = h_{\mathrm{D}}(\omega_{T_{\mathrm{s}},\mathrm{sat}} - \omega_{\mathrm{a}})W\beta\mathrm{d}z \tag{6-18}$$

即可以变化得到

$$\mathrm{d}\omega_{\mathrm{a}} = \frac{2h_{\mathrm{D}}(\omega_{T_{\mathrm{s}},\mathrm{sat}} - \omega_{\mathrm{a}})W\beta}{M_{\mathrm{a}}}\mathrm{d}z \tag{6-19}$$

式中,ω_{a}为微元体空气含湿量,kg/kg;h_{D} 为以空气含湿量差为传质势的传质系数,kg/(m^2 · s);$\omega_{T_{\mathrm{s}},\mathrm{sat}}$为微元体溶液温度、浓度对应表层饱和空气的含湿量,kg/kg。

(3) 空气总热交换量方程。

空气总热交换量包括显热交换量与潜热交换量,表现为空气焓值的变化,即

$$\mathrm{d}h_{\mathrm{a}} = C_{\mathrm{pm}}\mathrm{d}T_{\mathrm{a}} + (h_{\mathrm{v},0} + C_{p_{\mathrm{v}}}T_{\mathrm{a}})\mathrm{d}\omega_{\mathrm{a}} \tag{6-20}$$

将式(6-17)和式(6-19)代入式(6-20)可得

$$\mathrm{d}h_{\mathrm{a}} = \frac{2h_{\mathrm{C}}(T_{\mathrm{s}} - T_{\mathrm{a}})W\beta\mathrm{d}z}{M_{\mathrm{a}}} + (h_{\mathrm{v},0} + C_{p_{\mathrm{v}}}T_{\mathrm{a}})\frac{2h_{\mathrm{D}}(\omega_{T_{\mathrm{s}},\mathrm{sat}} - \omega_{\mathrm{a}})W\beta}{M_{\mathrm{a}}}\mathrm{d}z \tag{6-21}$$

由刘易斯因子与传质单元数得

$$Le_f = \frac{h_{\mathrm{C}}}{h_{\mathrm{D}}C_{\mathrm{pm}}} \tag{6-22}$$

$$\mathrm{NTU} = \frac{h_{\mathrm{D}}WH\beta}{M_{\mathrm{a}}/2} \tag{6-23}$$

将式(6-22)和式(6-23)代入式(6-21)可得

$$\mathrm{d}h_{\mathrm{a}} = \mathrm{NTU}\cdot Le_f\left[(h_{\mathrm{v,s}} - h_{\mathrm{a}}) + \left(1 - \frac{1}{Le_f}\right)(h_{\mathrm{v},0} + C_{p_{\mathrm{v}}}T_{\mathrm{a}})(\omega_{T_{\mathrm{s}},\mathrm{sat}} - \omega_{\mathrm{a}})\right]\frac{\mathrm{d}z}{H} \tag{6-24}$$

式中,$C_{p_{\mathrm{v}}}$ 为水蒸气比热容,kJ/(kg · ℃);h_{a}为空气焓值,kJ/kg;$h_{\mathrm{v},0}$为 0℃水的汽化潜热,kJ/kg;$h_{\mathrm{v,s}}$为溶液表层湿空气的焓值,kJ/kg;H 为降膜高度,m。

(4) 溶液侧能量平衡控制方程。

溶液与湿空气进行热质交换,与内热源测流体进行对流传热之后,引起溶液质量流量和温度的变化,由控制体能量守恒得

$$M_{\mathrm{w}}C_{p_{\mathrm{w}}}\mathrm{d}T_{\mathrm{w}} + \mathrm{d}(M_{\mathrm{s}}h_{\mathrm{s}}) + M_{\mathrm{a}}\mathrm{d}h_{\mathrm{a}} = 0 \tag{6-25}$$

其中，

$$d(M_s h_s) = M_s dh_s + h_s dM_s \tag{6-26}$$

$$dh_s = C_{p_s} dT_s \tag{6-27}$$

联合式(6-25)～式(6-27)可以得

$$dT_s = -\frac{1}{C_{p_s}}\left(\frac{M_a}{M_s}dh_a + \frac{M_w}{M_s}C_{p_w} dT_w + \frac{M_a}{M_s}C_{p_s} T_s d\omega_a\right) \tag{6-28}$$

式中，M_w为加热或者冷却流体质量流量，kg/s；M_a为空气质量流量，kg/s；M_s为溶液质量流量，kg/s；C_{p_w}为加热或者冷却流体比热容，kJ/(kg・℃)；C_{p_s}为溶液比热容，kJ/(kg・℃)；T_s为溶液温度，℃。

(5) 溶液侧质量平衡控制方程。

溶液微元体与空气微元体发生质传递，由质量守恒得

$$dM_s = -M_a d\omega_a \tag{6-29}$$

由溶液中溶质守恒得

$$dX_s = -\frac{dM_s}{M_s + dM_s}X_s \tag{6-30}$$

式中，X_s为溶液质量分数，kg/kg。

(6) 冷/热源流体能量控制方程。

冷/热源流体与溶液通过壁板进行对流换热，冷/热源流体微元体温度变化为

$$\frac{dT_w}{dz} = \frac{h_w(T_s - T_w)W}{M_w C_{p_w}} \tag{6-31}$$

式中，h_w为冷/热源流体通过壁板与溶液进行的对流换热系数，kW/(m^2・℃)。

6.2.4 基于 h_D-Le_f 分离测量法的传热传质系数计算

传热传质系数是上述模型进行理论计算时的重要参数。图 6-28(a)为某种除湿工况下沿程空气含湿量与溶液表层空气含湿量的变化曲线。假设该过程的传质系数为 h_D，该过程中溶液对空气的除湿量为 Δm_v，通过考虑沿程传质湿差的方法，该过程的传质系数可以表达为

$$h_D = \frac{\Delta m_v}{\int_o^L \Delta\omega(x)dx} \tag{6-32}$$

假设在图 6-28(b)所示的除湿过程中，溶液向空气传热引起的空气显热变化为 ΔQ_a，同理，通过考虑沿程温差变化情况，可以得到该过程的传热系数为

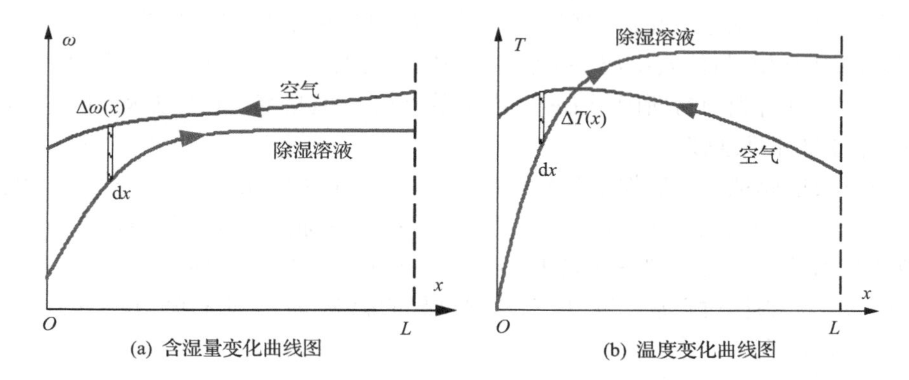

图 6-28　沿程空气与溶液表层空气含湿量和温度变化曲线示意图

$$h_{\mathrm{C}} = \frac{\Delta Q_{\mathrm{a}}}{\int_{o}^{L} \Delta T(x)\mathrm{d}x} \tag{6-33}$$

根据 NTU-Le_f模型，可知耦合传热系数和传质系数之间关系通过 Le_f联系为

$$h_{\mathrm{C}} = Le_f h_{\mathrm{D}} C_{p_{\mathrm{m}}} \tag{6-34}$$

上述溶液与空气热质交换过程的耦合传热传质系数考虑到沿程温度和含湿量的分布，而实际过程很难通过实验获取沿程温度和含湿量的分布。结合除湿过程的传热传质特性，提出了一种基于模型和实验数据的耦合传热传质系数评价计算方法，即 h_{D}-Le_f分离测量法。

对于一定结构尺寸的除湿器，除湿溶液的温度、浓度、流量，以及被处理湿空气的干球温度、含湿量、流量等参数对除湿器出口参数有决定性影响。基于 NTU-Le_f 模型、空气出口含湿量和温度以及溶液出口温度可以得到如下参数依赖关系：

$$\omega_{\mathrm{a,out}} = f_1(V_{\mathrm{t}}, M_{\mathrm{a}}, T_{\mathrm{a}}, \omega_{\mathrm{a}}, M_{\mathrm{s}}, X_{\mathrm{s}}, T_{\mathrm{s}}, h_{\mathrm{D}}, Le_f) \tag{6-35}$$

$$T_{\mathrm{a,out}} = f_2(V_{\mathrm{t}}, M_{\mathrm{a}}, T_{\mathrm{a}}, \omega_{\mathrm{a}}, M_{\mathrm{s}}, X_{\mathrm{s}}, T_{\mathrm{s}}, h_{\mathrm{D}}, Le_f) \tag{6-36}$$

$$T_{\mathrm{s,out}} = f_3(V_{\mathrm{t}}, M_{\mathrm{a}}, T_{\mathrm{a}}, \omega_{\mathrm{a}}, M_{\mathrm{s}}, X_{\mathrm{s}}, T_{\mathrm{s}}, h_{\mathrm{D}}, Le_f) \tag{6-37}$$

此时传质单元数为

$$\mathrm{NTU} = \frac{h_{\mathrm{D}} V_{\mathrm{t}} a_{\mathrm{w}}}{M_{\mathrm{a}}} \tag{6-38}$$

式中，V_{t}为叉流除湿器的总体积，$\mathrm{m^3}$；a_{w}为有效润湿面积，$\mathrm{m^2/m^3}$；h_{D}为以含湿量差为传质势的传质系数，$\mathrm{kg/(m^2 \cdot s)}$；$M_{\mathrm{a}}$为流经除湿器的空气质量流量，kg/s。

由 NTU-Le_f模型可以看出，Le_f与传质系数 h_{D}对除湿过程有着决定性的影响，一定状态下的溶液和空气经过除湿器之后，出口参数主要由刘易斯因子 Le_f与传质系数h_D决定。相反，如果已知除湿器的进出口实验数据，就应该可以获取相应的刘易斯因子Le_f与传质系数h_D，也就是只需要方程(6-35)～方程(6-37)中的任意两个方程即可得到刘易斯因子Le_f与传质系数h_D。但是鉴于这些方程相互耦合在一起，计算量和难度较大。

通过数值模拟的方法揭示刘易斯因子Le_f、传质系数h_D对除湿过程的影响关系，探讨计算数Le_f与h_D的方法。为了解绝热型溶液除湿过程的除湿特性，首先采用数值模拟的方法研究刘易斯因子Le_f与传质单元数NTU对除湿过程出口参数的影响关系。为探讨Le_f与NTU对除湿过程的影响，本节对表6-6所列的运行工况进行数值研究。

表6-6　模拟计算参数

除湿器尺寸				LiCl水溶液			空气		
H/m	L/m	W/m	a_w/(m²/m³)	M_s/(kg/s)	T_s/℃	X_s	M_a/(kg/s)	T_a/℃	ω_a/(g/kg)
0.8	0.8	0.8	360	0.09	25	0.4	0.1～0.5	27	11.5

图6-29(a)、(b)与图6-30(a)、(b)显示了不同传质单元数NTU和不同刘易斯因子Le_f对除湿空气出口含湿量的影响。结果表明，在小传质单元数NTU的情况下，Le_f在0.8～1.8变化时湿空气的出口含湿量基本无影响，特别是NTU在不超过0.5时，刘易斯因子Le_f对湿空气出口含湿量几乎无影响。据此，可认为在小NTU的工况下，可以忽略Le_f对出口含湿量的影响，式(6-35)可以简化为

$$\omega_{a,out}=f_1(V_t,M_a,T_a,\omega_a,M_s,X_s,T_s,h_D) \tag{6-39}$$

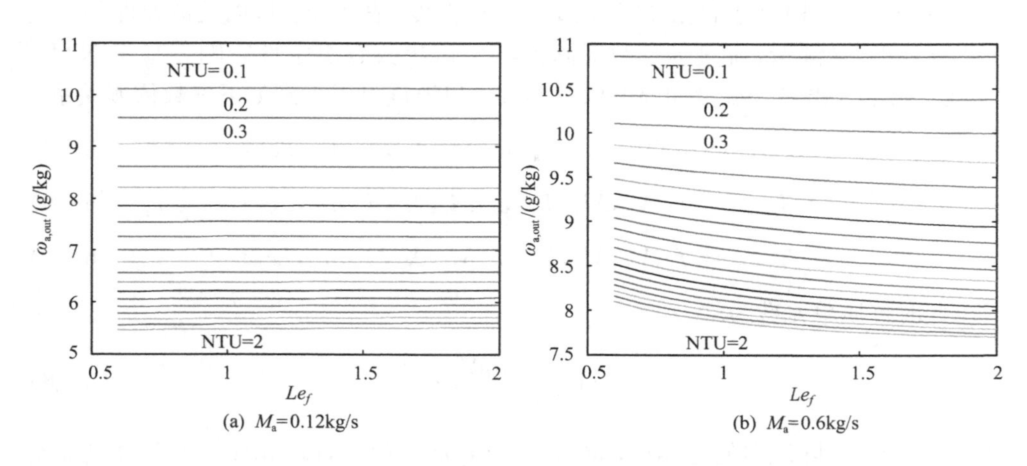

(a) M_a=0.12kg/s　　(b) M_a=0.6kg/s

图6-29　Le_f对除湿空气出口含湿量的影响

因此，可以首先在合理范围内假定刘易斯因子Le_f，根据式(6-39)并结合实验数据确定传质系数h_D，然后根据传质系数h_D和式(6-37)或者式(6-38)确定实际刘

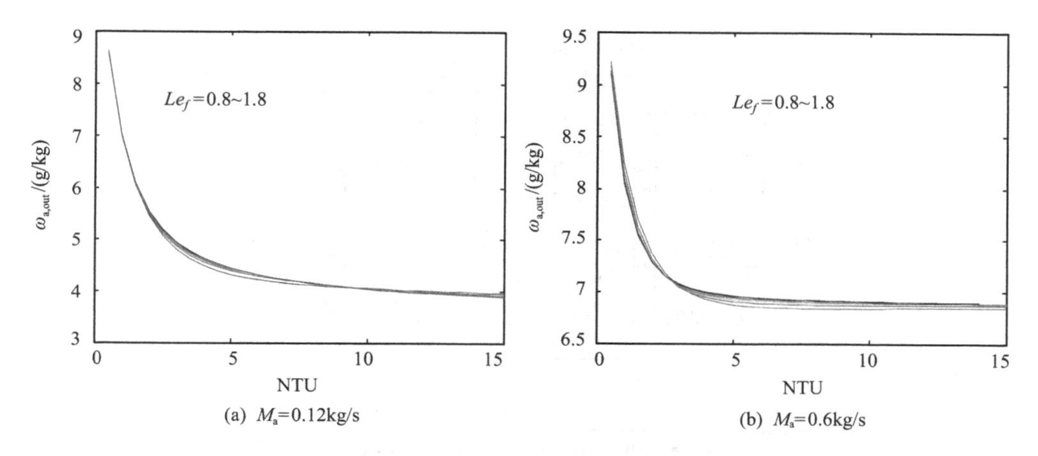

(a) M_a=0.12kg/s　　(b) M_a=0.6kg/s

图 6-30　传质单元数 NTU 对空气出口含湿量的影响

易斯因子 Le_f。这样就可以通过绝热型除湿器的稳态数据方便简易地得到该除湿器的实际刘易斯因子 Le_f 和除湿器除湿过程的传质系数。

根据计算得到的耦合对流传质系数 h_D 以及实际刘易斯因子 Le_f，容易得到耦合对流传热系数 h_C，称此方法为 h_D-Le_f 分离测量法。

$$h_C = Le_f h_D C_{pm} \tag{6-40}$$

式中，C_{pm} 为湿空气比热，kJ/(kg・℃)。

6.3　溶液除湿技术应用

6.3.1　热泵驱动的溶液调湿空调机组

清华大学的江亿院士团队等提出热泵驱动的溶液除湿空调系统以及具有全热回收模块的双级和三级溶液除湿新风机组，如图 6-31 所示。并建立了热泵驱动的溶液除湿空调系统数学模型，通过实验和模拟结果的比较验证了数学模型的准确性和可靠性，并分析了再生器和溶液除湿新风机组的性能影响因素。

此外，清华大学刘栓强等设计了新型热泵驱动的双级溶液除湿调湿新风机组，分析了该机组主要部件性能的实验数据。结果表明，双级溶液全热回收单元的潜热回收效率和全热回收效率均为 55%，而新风机组 COP 可达 5.0 左右，部分负荷下超过 5.9，溶液全热回收效率可达 80%以上。同时，该新型溶液除湿空调系统与传统蒸汽压缩制冷空调系统相比，系统中热泵的性能提高 30%左右，节能效果明显。陈晓阳等结合实际工程介绍了一个以溶液处理新风实现湿度独立控制的空调系统，并对系统的运行情况进行了测试，根据测试结果提出了一种送风含湿量的控制策略。

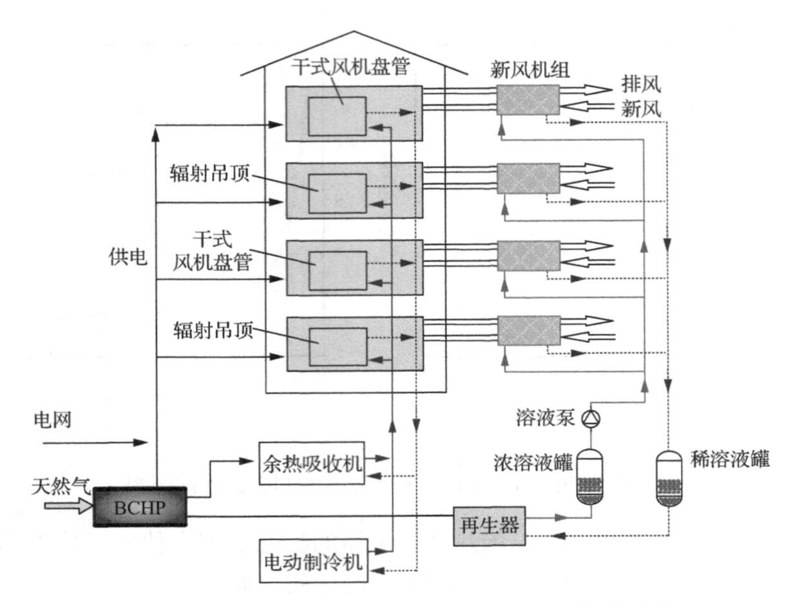

图 6-31　热泵驱动的溶液调湿空调机组工作原理图

6.3.2　太阳能驱动的溶液除湿制冷/空调系统

溶液除湿空调系统可以采用太阳能等低品位热源作为驱动能源，并可以避免氟利昂泄漏造成环境破坏等，故其具有节能、环保、健康等特点，对缓解能源危机、减少温室气体排放、保护臭氧层以及提高人们生活水平等都具有重大意义，在未来空调领域具有较好的应用前景。目前，国内外对溶液除湿的研究方向主要集中在不同类型除湿溶液热物理特性、不同类型溶液除湿/再生器的除湿/再生性能及传热传质特性的大量理论和实验研究上，而对空调系统的性能特性研究以及太阳能技术应用的溶液除湿空调系统的实验研究较少。

在直接利用太阳能等低品位热能驱动溶液除湿空调系统方面，Gommed 和 Grossman 在以色列的一个港口城市——海法搭建了一种太阳能驱动的溶液除湿系统，如图 6-32 所示。太阳能集热热水温度为 60～100℃，系统除湿能力达 16kW，系统 COP 大约为 0.8。该系统主要目的是对空气进行除湿处理，然后将处理后的空气与来自房间的空气进行显热交换，达到送风温度。

东南大学钱俊飞构建了太阳能溶液除湿通风与辐射供冷空调系统实验装置平台，并对系统性能进行实验研究。该空调系统是一种基于溶液除湿的直接蒸发冷却＋辐射供冷＋置换通风的温湿度独立控制空调系统，并利用太阳能作为溶液再生过程的驱动热源，图 6-33 为其原理流程图。

图 6-32 一种太阳能驱动的溶液除湿空调系统

1-除湿器；2-再生器；3-风道；4-风机；5-空气换热器；6-电器控制柜；7-太阳能集热器；8-热水罐

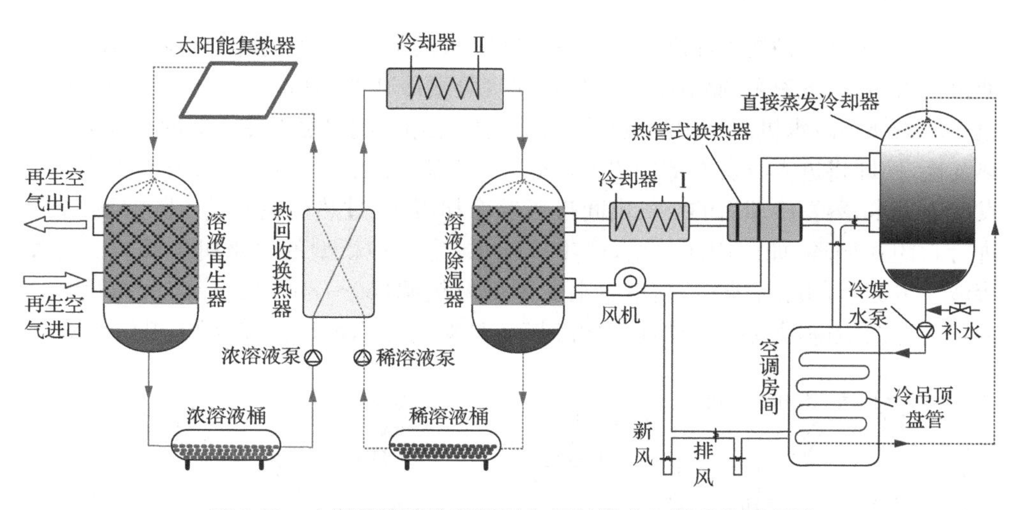

图 6-33 太阳能溶液除湿通风与辐射供冷空调系统原理图

室外新风或者空调房间回风与直接蒸发冷却器出口空气混合，混合后的空气送到除湿器，在除湿器中，混合空气与浓溶液发生热质传递对空气进行除湿。除湿后的空气先经过冷却器的降温处理，然后进入热管式换热器，与蒸发冷却器出口空气进行显热交换，进一步降温。经过两次降温处理后的除湿器出口空气分成两部分：一部分直接送到空调房间，与室内空气混合，降低房间湿度，承担室内的潜热负荷；另一部分送到蒸发冷却器，蒸发冷却器的这部分干空气与水发生热质交换，产生 14～18℃的高温冷媒水，同时其自身温度降低，把制备的高温冷媒水送到顶板辐射末端或者地板辐射盘管，以降低房间温度，承担房间显热负荷。除湿器进口浓溶液经过除湿过程后，浓度逐渐降低，除湿性能下降，为保证除湿过程的持续进行，需要对稀溶液进行再生处理。除湿后的稀溶液先经过一个热回收换热器与再生后的浓溶液进行换热，起到回收余热的目的，然后经过 60～80℃低品位热源（如该系统中的太阳能），加热后送到再生器进行再生处理，再生后的浓溶液最后要经过冷却器的冷却处理，以满足除湿过程对进口溶液温度的要求。

该空调系统是一种新型利用太阳能的节能、环保、舒适性空调系统，与一般意义上的独立除湿和辐射供冷空调系统的不同在于：此空调系统实现了除湿、供冷、空调一体化，不需要其他的冷源，例如，一般的热湿独立处理空调系统需要压缩制冷系统或者吸收式制冷系统提供冷源。与传统送风系统相比，该系统通过蒸发冷却技术得到 14～18℃的冷媒水用于提供辐射供冷的冷媒介质，使得空调房间具有更好的舒适性。除湿后的空气直接进入空调房间，可以较好地控制室内湿度，使得空调房间具有很好的温湿度。

6.3.3 溶液深度除湿蒸发冷冻冷水机组

图 6-34 是一种溶液深度除湿蒸发冷冻冷水机组装置，由内冷型溶液除湿器、溶液再生器、防腐溶液泵、储液槽、换热器、间接蒸发冷却器、风管、溶液管路、调节阀等组成。该新型冷水机组利用溶液除湿后的空气先与出间接蒸发冷却器的空气进行显热交换，使即将进入蒸发冷却器的干燥空气先降温，然后进入间接蒸发冷却器直接蒸发产生冷水，蒸发冷却后的空气出间接蒸发冷却器，经过热交换器进入除湿器，空气进行封闭式循环，如此周而复始，产生冷冻水，是一种新型的冷水机组装置。为使溶液恢复原有的除湿能力，利用太阳能等低温热源（60～80℃）完成溶液再生。该装置通过溶液除湿、蒸发冷却技术得到 5～12℃的冷冻水，为空调系统提供冷源。

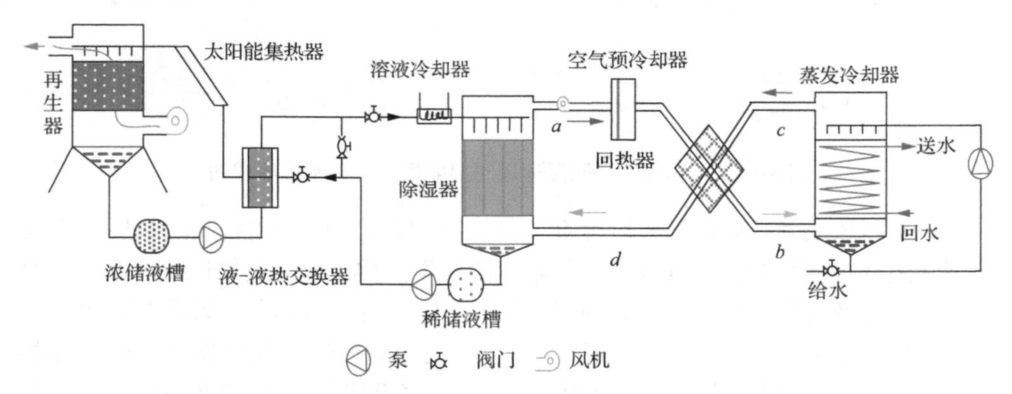

图 6-34 太阳能驱动的溶液除湿蒸发冷冻冷水机组

由系统流程图 6-34 可以看出，该系统的制冷剂为自然工质——水，避免使用常规压缩式制冷系统中的氟利昂制冷工质。在蒸发冷却器中，水蒸发至封闭的循环空气中，然后带入除湿器。该部分作为制冷剂的水分经过空气除湿过程进入溶液中，该溶液进入再生器进行再生，将这部分制冷剂水排放到大气环境中。

6.3.4　溶液深度除湿制取流态冰蓄能系统

东南大学李秀伟等提出了基于溶液深度除湿制取流态冰的蓄能系统，系统原理图如图 6-35 所示。一方面，温度在 0℃之上的水被水泵从水箱抽出，并送入蒸发过冷制冰室内雾化喷淋；另一方面，低含湿量的空气也同时被送入蒸发过冷制冰室中，空气的干球温度与含湿量被控制在适当的数值，这使得空气的湿球温度保持在 0℃以下。在蒸发过冷制冰室内，水滴在表面边界层与环境空气的水蒸气分压力差

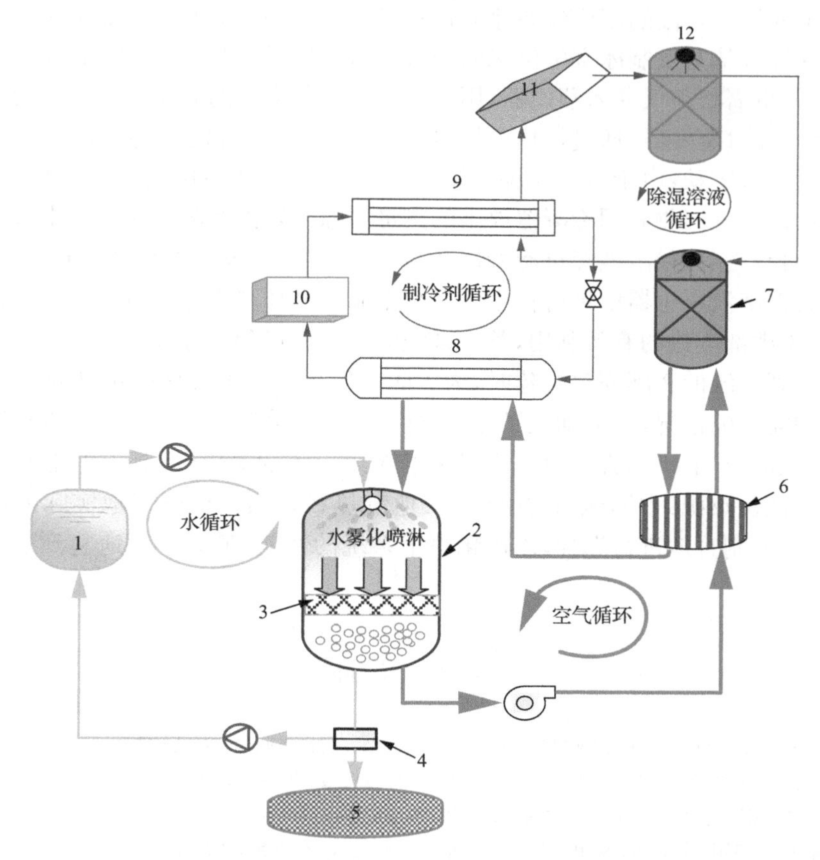

图 6-35　基于深度除湿制取流态冰蓄能系统原理图

1-水箱；2-蒸发过冷制冰室；3-解冷器；4-冰水分离器；5-制流态冰部分；6-换热器；7-溶液除湿器；8-蒸发器；9-冷凝器；10-能量输入部分；11-能量补充部分；12-溶液再生器

的推动下不断蒸发:在蒸发的初始阶段,水温可能高于空气的温度(因为水未进行降温处理,而空气为了保证较低的湿球温度,所以也不会有较高的干球温度),在潜热显热的作用下,水滴温度将迅速下降;当水滴温度低于空气温度时,会出现空气向水的传热,这将使水温有升高的趋势,而潜热造成的水温下降的趋势仍然保持着,当两种趋势达到平衡时,水温应该达到(接近)湿球温度。此时的湿球温度被保持在0℃以下,所以水滴将被冷却到过冷状态。考虑到现有过冷水制流态冰的方法所需的过冷温度是−2℃左右,因此,如果使湿球温度低于−2℃,被过冷的水滴就可以用当前过冷水方法中的解冷器进行处理了。水滴解除过冷状态后成为冰晶,生成的冰晶可以与未结冰的部分水混在一起进一步制为流态冰,也可以对冰水进行分离,将冰晶用于制取流态冰,而将多余的水回收利用。

对出蒸发过冷制冰室的空气而言,含湿量会有所提高,同时温度可能略有增加。为了使第一阶段的制取流态冰的过程循环进行下去,必须对该部分空气进行除湿与降温。从蒸发制冰室中出来的空气将被送入溶液除湿器,用于对空气进行除湿;另外也需将空气通入蒸发器,用于降低该部分空气的温度。空气将会首先被除湿,之后经过蒸发器,通过显热交换进行降温。而对溶液循环而言,溶液再生器需要有能量来驱动,由于溶液除湿可以用60~80℃的低品位热源来进行再生,因此完全可以考虑回收利用冷凝器放出的热量。除湿溶液在溶液除湿器中吸收了水分变得稀释,之后,稀溶液经过冷凝器并与冷凝器换热,吸收了热量并升高了温度,接下来就在溶液再生器中进行再生。系统中制冷循环产生的冷量与热量都得到了利用,由于内部废热的有效利用,整个系统的性能都得到了提高。

考虑到系统的实际完整构建时,为了防止发生从冷凝器吸收的热量不满足溶液再生的需要的情况,又另加入了一个“能量补充部分”。与“能量输入部分”一样,“能量补充部分”的表示方法也是为了赋予系统更大的灵活性,补充的能量可以来自于各种低位热源:太阳能、地热能或其他废热和余热。根据当地实际的能源情况,可以因地制宜地进行选择,以优化整个系统的性能,最大限度地起到节能减排的效果。

参考文献

陈晓阳,江亿,李震. 2004. 湿度独立控制空调系统的工程实践. 暖通空调,34(11):103-109.

陈晓阳,李震,张寅平,等. 2005. 一种适用于空气调节的除湿溶液:ZL 03146202.2.

江亿,李震,陈晓阳,等. 2004. 溶液式空调及其应用. 暖通空调,34(11):88-97.

江亿,刘晓华,陈晓阳,等. 2005. 利用吸湿溶液为循环工质的热回收型新风处理系统:ZL 200510011826.9.

李瑞忠,郗凤云,杨宁,等. 2011. 2010年世界能源供需分析——BP世界能源统计2011解读. 当代石油石化,(07):30-37.

李震,江亿,陈晓阳,等. 2003. 溶液除湿空调及热湿独立处理空调系统. 暖通空调,33(6):26-33.

刘拴强,江亿,刘晓华. 2008. 热泵驱动的双级溶液调湿新风机组原理及性能测试. 暖通空调,1(38):54-63.

刘拴强,刘晓华,江亿. 2006. 热泵驱动的溶液除湿空调系统模拟方法及应用. 中国勘察设计,5:49-52.

刘晓华,江亿. 2006. 温湿度独立控制空调系统. 北京:中国建筑工业出版社.

钱俊飞. 2014. 一种太阳能溶液除湿空调系统模型验证及实验研究. 南京:东南大学.

谢晓云,江亿,刘拴强,等. 2006. 新型高效热驱动溶液除湿空调原理及应用. 暖通空调,(36):96-100.

薛殿华. 2004. 空气调节. 北京:清华大学出版社.

殷勇高. 2009. 溶液除湿系统除湿/再生过程及其热质耦合机理研究. 南京:东南大学.

殷勇高,郑宝军,高龙飞,等. 2014. 一种新的Z型填料及其溶液再生性能. 化工学报,65(S2):280-285.

张景群,徐钊,吴宽让. 1999. 40种木本植物水分蒸发所需热能估算与燃烧性分类. 西南林学院学报,19(3):170-175.

张小松,殷勇高. 2005. 太阳能蓄能型冷水机组装置及其蒸发冷冻制冷方法:ZL 200510095385.5.

Ali A,Vafai K,Khaled A R A. 2003. Comparative study between parallel and counter flow configurations between air and falling film desiccant in the presence of nanoparticle suspensions. International Journal of Energy Research,27(8):725-745.

BP中国官方网站. 2011. BP世界能源统计年鉴2011. www.bp.com/statisticalreview. 2013-12-10.

Chung T W,Luo C M. 1999. Vapor pressures of the aqueous desiccants. Journal of Chemical and Engineering Data,44(5):1024-1027.

Chung T W,Wu H. 2000. Comparison between spray towers with and without fin coils for air dehumidification using triethylene glycol solutions and development of the mass-transfer correlations. Industrial & Engineering Chemistry Research,39(6):2076-2084.

Chung T W,Wu H. 2000. Mass transfer correlation for dehumidification of air in a packed absorber with an inverse U-Shaped tunnel. Separation Science and Technology,35(10):1503-1515.

Conde M R. 2004. Properties of aqueous solutions of lithium and calcium chlorides:formulations for use in air conditioning equipment design. International Journal of Thermal Sciences,43(4):367-382.

Elsarrag E. 2006. Performance study on a structured packed liquid desiccant regenerator. Solar Energy,80(12):1624-1631.

Ertas A,Anderson E E,Kiris K. 1992. Properties of a new liquid desiccant solution-lithium chloride and calcium chloride mixture. Solar Energy,49(3):205-212.

Factor H M,Grossman G. 1980. A packed bed dehumidifier/regenerator for solar air conditioning with liquid desiccants. Solar Energy,24:541-550.

Fan Y,Luo L,Souyri B. 2007. Review of solar sorption refrigeration technologies:development and applications. Renewable and Sustainable Energy Reviews,11(3):1758-1775.

Fumo N,Goswami D Y. 2002. Study of an aqueous lithium chloride desiccant system:air dehumidification and desiccant regeneration. Solar Energy,72(4):351-361.

Gandhidasan P,Al-Farayedhi A A,Antar M A. 2002. Investigation of heat and mass transfer in a gauze-type structured packing liquid desiccant dehumidifier. International Journal of Energy Research, 26(12):1035-1044.

Gommed K,Grossman G. 2004. A liquid desiccant system for solar cooling and dehumidification. Journal of Solar Energy Engineering-Transactions of the ASME,126(3):879-885.

Gommed K,Grossman G. 2007. Experimental investigation of a liquid desiccant system for solar cooling and dehumidification. Solar Energy,81(1):131-138.

Hueffed A K, Chamra L M, Mago P J. 2009. A simplified model of heat and mass transfer between air and falling-film desiccant in a parallel-plate dehumidifier. Journal of Heat Transfer-Transactions of the ASME, 131(5): 052001-1-7.

Khan A Y. 1994. Sensitivity analysis and component modeling of a packed-type liquid desiccant system at partial load operating conditions. International Journal of Energy Research, 18(7): 643-655.

Li X W, Zhang X S, Wang G, et al. 2008. Research on ratio selection of a mixed liquid desiccant: mixed LiCl-$CaCl_2$ solution. Solar Energy, (82): 1161-1171.

Li X W, Zhang X S. 2010. Liquid dehumidification-assisted evaporative super-cooling method for ice slurry production. Southeast University (English Edition), 26(2): 351-354.

Liu X H, Geng K C, Lin B R, et al. 2004. Combined cogeneration and liquid-desiccant system applied in a demonstration building. Energy and Buildings, 36(9): 945-953.

Liu X H, Jiang Y, Chang X M, et al. 2007. Experimental investigation of the heat and mass transfer between air and liquid desiccant in a cross-flow regenerator. Renewable Energy, 32(10): 1623-1636.

Longo G A, Gasparella A. 2009. Experimental analysis on desiccant regeneration in a packed column with structured and random packing. Solar Energy, 83(4): 511-521.

Martin V, Goswami D Y. 1999. Heat and mass transfer in packed bed liquid desiccant regenerators—an experimental investigation. Transactions of the ASME Journal of Solar Energy Engineering, 121: 162-170.

Nielsen C H E, Kiil S, Thomsen H W, et al. 1998. Mass transfer in wetted-wall columns: correlations at high reynolds numbers. Chemical Engineering Science, 53(3): 495-503.

Onda K, Takeuchi H, Kumoto Y. 1968. Mass transfer coefficients between gas and liquid phases in packed columns. Journal of Chemical Engineering of Japan, 1(1): 56-62.

Reker J R, Plank C A, Gerhard E R. 1966. Liquid surface area effects in wetted-wall column. Aiche Journal, 12(5): 1008-1010.

Sherwood T K, Pigford R L, Wilke C R. 1975. Mass Transfer. McGraw-Hill: 1st ed. USA.

Stevens D I, Braun J E, Klein S A. 1989. An effectiveness model of liquid-desiccant system heat/mass exchangers. Solar Energy, 42(6): 449-455.

Yin Y G, Zhang X S, Wang G, et al. 2008. Experimental study on a new internally cooled/heated dehumidifier/regenerator of liquid desiccant systems. International Journal of Refrigeration, 31: 857-866.

Yin Y G, Zhang X S. 2008. A new method for determining coupled heat and mass transfer coefficients between air and liquid desiccant. International Journal of Heat and Mass Transfer, 51(13-14): 3287-3297.

Zhang H Q, Liu X H, Jiang Y. 2010. Performance analysis of three-stage liquid desiccant deep dehumidification processor driven by heat pump. Journal of Southeast University(English Edition), 26(2): 217-221.

Zheng G S, Worek W M. 1995. Effect of additives on the regeneration of a dilute absorbent. Journal of Thermophysics and Heat Transfer, 9(4): 743-748.

第7章 固体吸附除湿技术

固体吸附除湿因其简单可行，也是一种常用的除湿方法。与液体除湿一样，当固体吸湿水分达到饱和之后，也需要通过再生才能恢复其除湿的功能。人们很早就知道某些物质具有吸附水蒸气的作用，经常在食品和贵重物质保存中使用吸湿固体物质如木炭来保持空气的干燥。随着除湿技术的进步，再生技术的采用使得固体除湿技术的使用日益广泛。

7.1 固体吸附除湿简介

7.1.1 固体吸附除湿的原理

与液体吸收除湿的原理相似，固体吸附除湿是利用固体吸附剂的化学吸附或物理吸附来降低空气的含湿量的。固体吸附除湿主要是物理吸附，这种吸附主要是分子间的范德瓦耳斯力引起的，物理吸附时不产生化学反应，而且是可逆的，它具有以下特征：①对所吸附的气体选择性不强，一般的固体表面都可以吸附气体分子；②吸附过程快，参与过程的各相之间瞬间能够达到平衡；③为低放热反应，放热量比相应气体的液化潜热稍大；④吸附力不强，在条件改变时可以脱附。以硅胶和水蒸气的物理吸附过程为例。

$$\text{硅胶} + \text{水蒸气} \longrightarrow \text{硅胶} \cdot n\mathrm{H_2O} + Q(\text{凝结热})$$

化学吸附是指吸附质与吸附剂之间存在化学反应，它们之间的作用力与化合物原子之间的化学键相似，在吸附时发生电子的转移或共有、原子重排以及化学键的断裂和形成现象，因此化学吸附具有强烈的选择性。

一般来说，固体吸附剂具有较大的比表面积，内部蓬松，在固体吸附过程中，气体先通过气膜到达颗粒表面，然后再向颗粒内扩散而被吸附，脱附时则逆向进行，扩散示意图如图7-1所示。固体吸附除湿可以看成等焓升温过程，一般为了获得较低的空气温度，还要通过升温的过程。

固体吸附除湿会放出吸附热，它相当于凝结热的热量，吸附热的最高值是凝结热的2倍。固体吸附剂对空气的吸附可分为静态吸附和动态吸附两种类型。静态

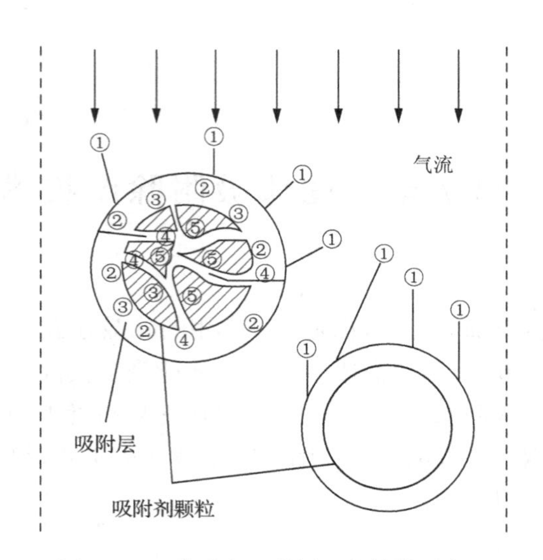

图 7-1　吸附质在吸附剂上的扩散示意图

①外扩散；②外表面吸附；③表面扩散；④孔扩散；⑤内表面吸附

吸附是指吸附剂与密闭空间内的静止空气接触时，吸附剂吸附空气中的水蒸气的一种现象。而动态吸附除湿是指让湿空气流经吸附剂，从而除湿的方法。本章固体吸附除湿都是动态吸附除湿，这种方法的吸附剂用量相对较少，设备占地面积小，花费较小的运转费就能进行大量空气的除湿。一个完整的干燥循环是由吸附过程（除湿过程）、脱附过程（再生过程）以及冷却过程构成的。吸附除湿过程和脱附再生过程分别如图 7-2 和图 7-3 所示，吸附除湿时，湿空气经过固体吸附材料，水蒸气被吸收，冷凝放热，湿空气转化成干空气。当吸附剂脱附再生时，空气先被预热，经过固体吸附材料时，吸附剂吸收热量，水分蒸发从而被空气带走，固体吸附除湿技术就是这种除湿再生不断循环的过程。

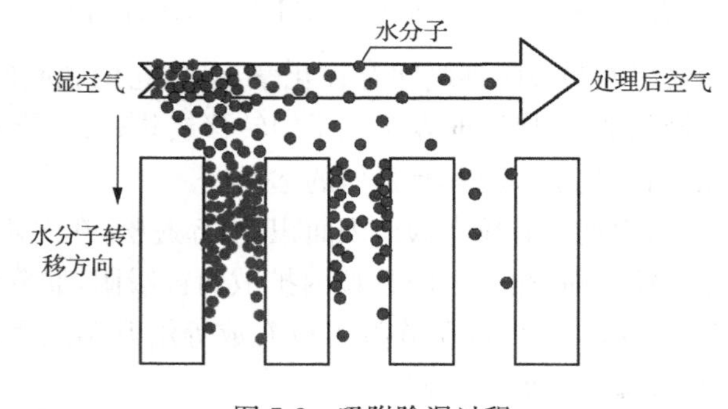

图 7-2　吸附除湿过程

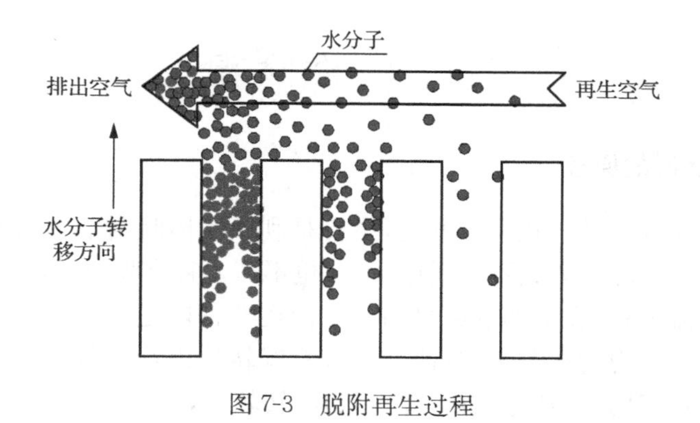

图 7-3　脱附再生过程

7.1.2　固体吸附除湿的类型和特点

目前固体吸附除湿大致可分为两类，即固定床除湿与转轮除湿。固定床除湿又分单塔型和双塔型两类。单塔型固定床除湿器结构比较简单，操作维护也比较方便，适合短时间内小范围空间的降湿处理。但是该类型的除湿器在运转过程中只有除湿部分，所以无法进行连续除湿，每隔一段时间就需要对吸附剂进行再生处理，因而目前这类除湿器的应用并不广泛。另外一种就是双塔型固定床除湿器，也是相对于单塔除湿器应用较好的类型，它较好地弥补了单塔型除湿器的不足之处，双塔中一塔用于除湿，同时另一塔进行再生，然后再定时将两塔转换，如此循环。固定床式除湿器设计简单，在低温低湿条件下除湿效率显著。但是运行过程床层阻力大、导热性能差、吸附剂再生温度高、再生时间长。此外，该除湿方式对固体吸附剂的损耗量大，同时存在对低品位热源的利用率低等问题。

综上所述，固定床除湿有其自身的优点，但缺点也很明显。为了满足工业上的需要，20 世纪 50 年代出现的转轮除湿机，给单一的固体吸附除湿领域注入了新的动力。转轮除湿机的设备体积小、操作灵活，与双塔型除湿器一样具有边吸附边再生的功能，可以进行长时间的连续除湿。随着转轮除湿机的发展，它也从工业环境转向了人们的居住环境，在不断地开发改进中取得了比较好的应用效果。此外，转轮除湿可以充分利用太阳能、工业余热及低品位热能，能快速有效地将空气的湿度降到非常低的水平。

以下将对转轮除湿和固定床除湿分别进行介绍，其中转轮除湿作为一种新型的并且应用相对广泛的除湿方式，将作为重点介绍。

7.2 转轮除湿

7.2.1 转轮除湿的原理

转轮除湿作为一种干式除湿方式，主要是利用固体吸附剂的亲水性来吸收空气中的水分。这种除湿方式不会腐蚀设备，也不需要补充吸湿剂，是一种具有很好应用前景的除湿方式，在空调领域热回收中使用非常广泛。转轮除湿是基于转轮两侧的水蒸气分压力的压差来实现除湿的，除湿转轮由均匀分布固体吸附剂基材组成，空气通过这种具有特定结构（蜂窝状）的转轮时，由于转轮的水蒸气分压力低于待处理空气的水蒸气分压力，转轮上的吸附剂能够吸收空气中的水分，完成吸附除湿过程。当处于高温时，转轮干燥剂内水蒸气分压力高于空气的水蒸气分压力，又可将吸收的水分释放出来，完成再生。两种过程不断地反复交替，不断循环，也就具备了连续除湿的特点。

转轮除湿的工作原理如图 7-4 所示，转轮通过风机以 8～15r/h 的速度低速缓慢旋转，待处理的湿空气先经过空气过滤器过滤，然后进入转轮 3/4 除湿区（吸附处理区），处理空气中的水分被吸附剂吸附，经过除湿后的干燥空气即被送入室内。在转轮除湿过程进行的同时，再生空气经沿相反的方向，先经过再生加热器进行加热，然后流向转轮 1/4 再生区，带走干燥剂上所吸附的水分，最后在再生风机作用下，这部分热湿空气便从另外一端排出室外。

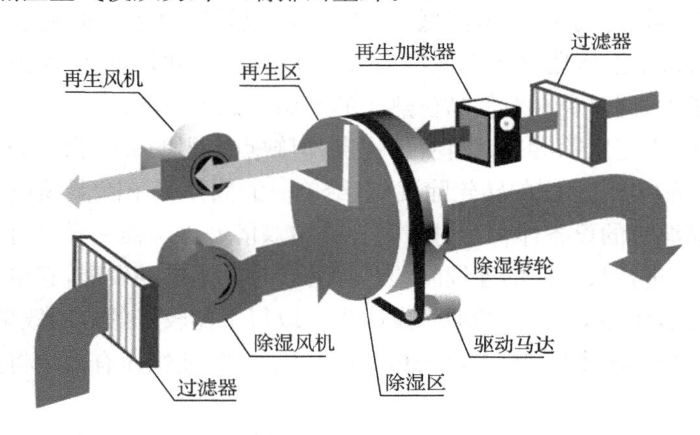

图 7-4 转轮除湿的工作原理

转轮除湿的主要部件为处理空气的除湿转轮，其实际构造形状如图 7-5 所示，除湿转轮内部结构多为蜂窝状，如图 7-6 所示，这种结构有利于空气和固体吸附材料的充分接触，并且对空气的阻力也比较小，提高了设备的除湿效率。

图 7-5　除湿转轮实际效果图

图 7-6　蜂窝状除湿转轮内部结构图

对于转轮除湿的再生，很多学者提出了不同的再生方法，但以加热再生最为普遍，上述原理即加热再生。但是为降低能耗，人们不断寻找新的再生技术，主要有超声波再生法、高压电场复合加热再生法、电渗再生法等。但是国内对新的再生技术研究较少，本章不另做介绍，而加热再生技术相对成熟，以下的再生技术指的是加热再生技术，将仔细探讨。

图 7-7 给出了在转轮除湿过程中，焓湿图上处理空气及再生空气的热湿关系。A：室内状态点；B：处理后空气状态点；C：再生前空气状态点；D：再生后空气状态点。AB 表示吸附除湿过程，待处理空气经过除湿转轮后温度升高，湿度降低，热湿状态由 A 到 B。而 AC 表示的是室内空气进入再生风道被加热器加热的过程。再生过程中，被加热的再生前空气经过转轮，吸附转轮中的水分，温度降低，湿度增加，即 CD 过程。

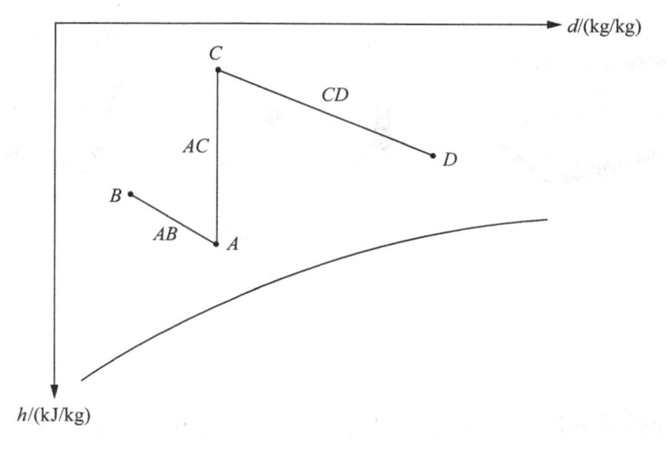

图 7-7　转轮除湿热湿处理过程

7.2.2 转轮除湿的类型

转轮除湿的应用范围比较广泛，如果仅仅是原理中介绍的单一形式，可以肯定在很多情况下是不适用的，因此要针对不同场合、不同温湿度等要求对其构造进行一定程度的改变，以适用不同的除湿场合的需要。目前市场中常见的几种类型有标准型、节能型、低再生温度型、高温处理型、低露点型，以下将逐一进行介绍。

1. 标准型

标准型的转轮除湿在原理中有介绍，该处不做重复叙述。图 7-8 为该类型的原理图和实体图，除湿区占转轮 3/4 部分，这也是转轮除湿最常见的分配比例，再生温度达到 140℃，相关参数如图 7-8(a)所示，其实体形状如图 7-8(b)所示。

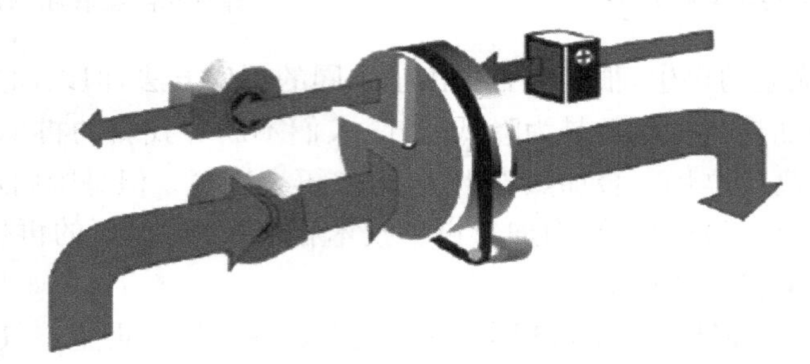

(a) 标准型转轮除湿原理图

除湿区：再生区=3：1；转轮厚度=200mm；除湿侧风速=2m/s；
再生温度=140℃；再生侧进风湿度=23g/kg；除湿侧进风温度=10℃、20℃、30℃

(b) 标准型转轮除湿机实体图

图 7-8　标准型转轮除湿机

2. 节能型

节能型的转轮除湿机在转轮上又分出 1/4 的冷却区，如图 7-9 所示。由于再生区的热空气对吸附材料的加热作用，会对除湿区的冷却除湿过程产生负面影响，所以，另加冷却区对吸附材料先行进行冷却，以提高除湿区吸附材料的吸湿效率。另外，冷却区流出的空气吸收了吸附材料的部分热量，然后进入再生区，这样可以减少再生前的加热耗能，这种热恢复流动系统比常规转轮除湿机能节省 20%的能量。

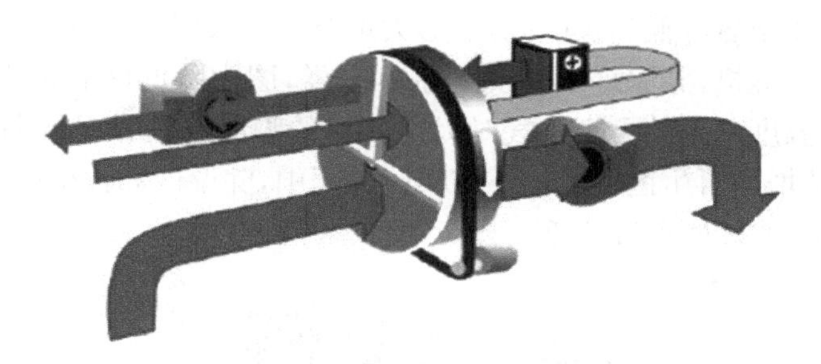

图 7-9　节能型转轮除湿原理图

除湿区：冷却区：再生区＝2：1：1；转轮厚度＝200mm；除湿侧风速＝2m/s；再生温度＝140℃；再生侧进风湿度＝23g/kg；除湿侧进风温度＝10℃、20℃、30℃

由于转轮除湿机的再生温度高达 140℃，尤其是分子筛型的温度更是高达 160℃，这样对于再生风量大于 1000m^3/h 的转轮除湿机来讲，有必要采用热能回收技术，因此，在图 7-10 的转轮除湿流程中，再生空气进口处加入了板式显热交换器，回收效率可达 65%以上，节能效果显著。

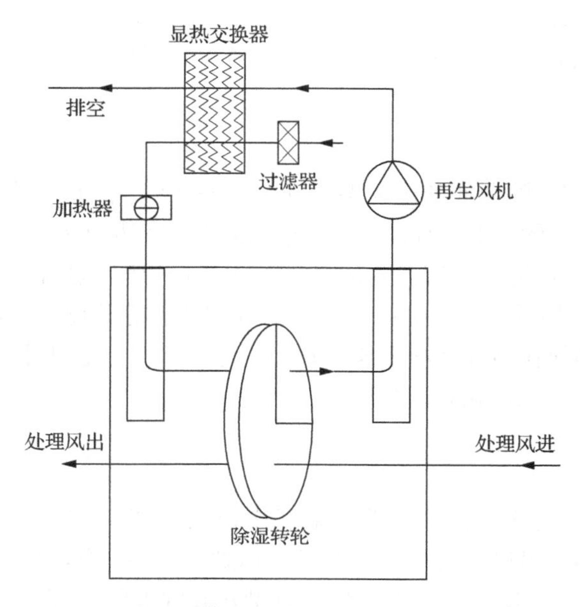

图 7-10　带热回收的转轮除湿流程图

3. 低再生温度型

这种类型的转轮除湿适用于再生温度较低的情况，如 70～100℃，特别是对除湿程度要求不是很高的情况下，对再生温度的控制还可以更低，这种情况就能利用太阳能或者工业余热等低品位能源，能够大量节省投入费用。图 7-11 为某种低再生温度型转轮除湿机，其原理跟标准型基本一样，图中除湿区和再生区各占 1/2。主要是低再生温度产生的再生空气对吸附材料的吸湿作用相对较弱，因此为保证除湿效率，必须增加再生区的份额。在实际运用中，除湿区和再生区的比例可以就情况而定，图 7-11 只是作为参考。

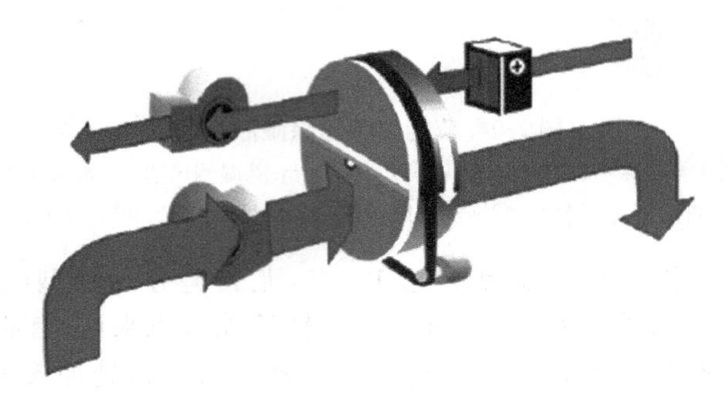

图 7-11　低再生温度型转轮除湿原理图

除湿区：再生区＝1：1；转轮厚度＝200mm；除湿侧风速＝2m/s；再生温度＝70～100℃；再生侧进风湿度＝23g/kg；除湿侧进风温度＝10℃、20℃、30℃

4. 高温处理型

以上三种类型中除湿侧的进风温度都在 10～30℃，但是有些情况可能会要对高温空气进行除湿，图 7-12 中待除湿空气的进风温度达 50～90℃，这种情况如果再生温度不够高就可能对吸附材料的恢复产生影响，所以这种类型的再生空气温度一般较高，可达 180℃，甚至更高。高温处理型的转轮除湿机对吸附材料的选择也有一定要求，必须在高温情况下能有较好的除湿效果。总体来说，这种类型的除湿机适用于处理高于常温的潮湿空气。

5. 低露点型

这种类型的转轮除湿机除湿进风温度比较低，一般在 10～20℃，露点温度可达到－80～－20℃，出口空气相对湿度必须达到 0.5%左右，这就对除湿机的除湿效果有比较严格的要求。图 7-13 为低露点型转轮除湿的原理图和实体图，其结构跟节能型有些类似，转轮分为三个区，比常规多出一个冷却区，用于提前冷却，以提

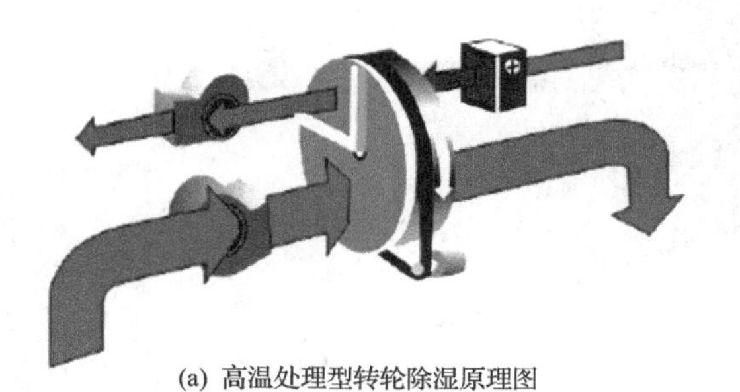

(a) 高温处理型转轮除湿原理图

除湿区：再生区=3：1；转轮厚度=200mm；除湿侧风速=2m/s（90℃）；
再生温度=180℃；再生侧进风湿度=除湿侧进风湿度；除湿侧进风温度=50℃、70℃、90℃

(b) 高温处理型转轮除湿机实体图

图 7-12　高温处理型转轮除湿机

高除湿区除湿效果，冷却区较热空气经过加热后进入再生区，能够节省能源。冷却区的进口空气取自除湿区进口空气，因为除湿区进口温度比较低，正好用于提前冷却。

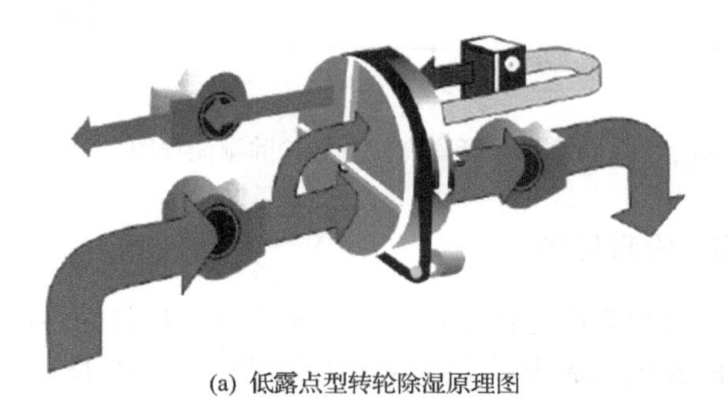

(a) 低露点型转轮除湿原理图

除湿区：冷却区：再生区=2：1：1；转轮厚度=400mm；除湿侧风速=2m/s；
再生温度=140℃；再生侧进风湿度=除湿侧进风湿度；除湿侧进风温度=10℃、20℃

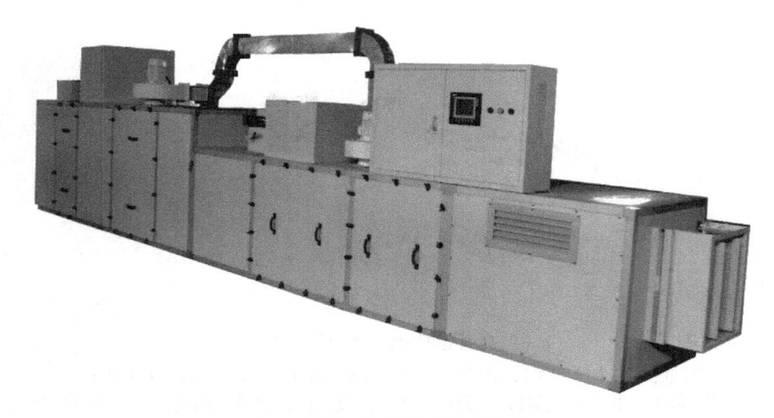

(b) 低露点型转轮除湿机实体图

图 7-13　低露点型转轮除湿机

但是,在有些情况下,一次转轮不足以达到湿度要求,可以进行双转轮串联方式除湿,如图 7-14 所示。无论是除湿还是再生都进行两次,但是冷却区只有第 2 个转轮有,在第一个转轮之前还有两个冷却步骤,所有的这些措施都是为了进一步加强除湿,降低露点温度,以达到最终理想的除湿效果。

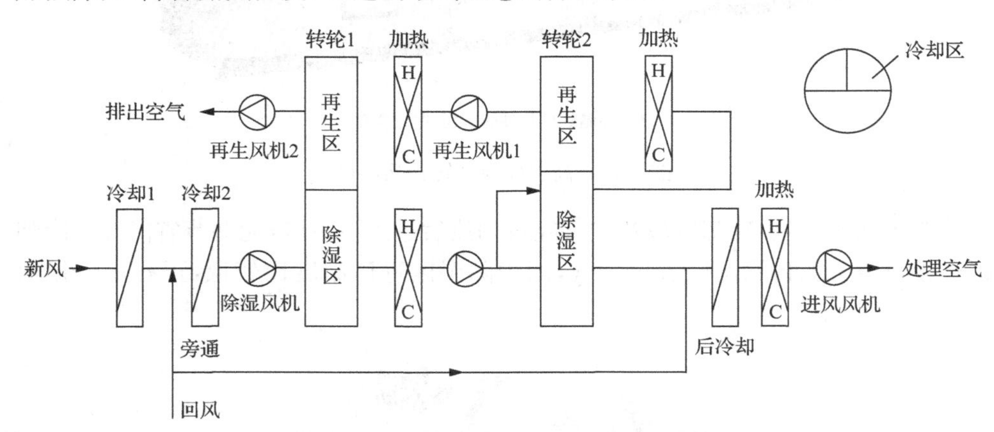

图 7-14　低露点双重转轮除湿流程图

7.2.3　转轮除湿的吸附材料

除湿转轮中能够起到决定性作用的就是转芯吸附材料的性能,所以不难看出,对其吸附材料的研究也就成为了除湿这个大领域内研究的技术重点,国外对于吸附材料普遍推广的是氯化锂。随着材料科学的进步,相继出现了硅胶、分子筛以及其他复合型吸附材料。目前在国内经常以三大吸附材料为主,即氯化锂、硅胶和分子筛。

1. 氯化锂

溴化锂、氯化镁、氯化锂和氯化钙这些都是碱金属或者碱土金属产生的卤化物，这类的卤化物属于有着较强吸湿能力的盐类。氯化锂是最早用来作为转轮除湿机的吸附材料的，外观如图 7-15 所示，它属于一种高含湿量的吸湿盐，易再生，具有很高的化学稳定性。与硅胶、分子筛等多孔吸附剂相比，氯化锂的吸湿能力比前者大 1 倍左右，且再生温度较低，仅为 120℃左右。在氯化锂吸附水蒸气的除湿过程中，既存在物理吸附也存在一定的化学吸附。氯化锂可以以无水盐或以水合物晶体固态吸附水，也可以在吸附水之后由固态变成盐水溶液而继续吸水。此外，氯化锂吸附剂具有强烈的杀菌能力，空气经氯化锂转轮除湿机处理后，空气中 90%以上的有害细菌都将被杀死，因此，氯化锂作为除湿剂被广泛应用于医药、食品等对空气洁净度和湿度要求较高的领域。

图 7-15　氯化锂外观图

尽管氯化锂作为吸附剂有以上优点，但也有其缺点，例如，在低湿度范围内除湿量小、除湿能力低，而且当氯化锂吸湿时易形成液体从基体中溢出，会对除湿设备周围的金属物体产生腐蚀，在很大程度上限制了转轮除湿机中氯化锂吸附剂的用量，即限制了转轮除湿机的除湿量。

针对氯化锂的缺点，国内学者对这种吸附材料进行了相关研究，并取得了一定的成果。采用氯化锂、氯化镁及精制棉纤维、交联剂等有机添加剂复合制得的氯化锂复合吸附材料，由于添加了黏度较大的有机物，不会发生氯化锂液体溢出除湿转轮基体而腐蚀周边设备的现象，这样可适当增加氯化锂的使用量，从而增大转轮除湿机的除湿量。而添加的有机添加剂本身也有数倍于自身质量的吸湿能力，使复合材料吸附剂的性能参数明显优于纯氯化锂的吸附性能。

贾春霞等以显热效率、潜热效率和除湿性能系数作为评价指标，通过对处理空气进口湿度和再生温度等的测量，对比了氯化锂转轮和硅胶转轮的除湿性能，结果发现，在实验给定的条件下，通过提高再生温度，在相同的实验参数下，氯化锂转轮的质量分数和除湿性能均高于硅胶转轮，而且在显热和潜能效率等方面，氯化锂也都高于硅胶；同时发现，氯化锂转轮的实验最优再生温度比硅胶转轮要低，氯化锂的最佳再生温度为 60℃，此时相对的硅胶转轮的再生温度已达 100℃，所以，氯化锂转轮更适合于在有低温的废热、太阳能等低品位能源的条件下使用。

丁静和杨晓西利用有机添加复合剂制的复合氯化锂吸附材料，使液态氯化锂的黏度得到提高，降低了氯化锂溢出的可能，也避免了氯化锂对周边设备的腐蚀，减少了氯化锂的损耗量，同时也提高了自身的吸湿能力。

2. 硅胶

硅胶是一种高活性吸附材料，不溶于水和任何溶剂，无毒无味，化学性质稳定，除强碱、氢氟酸外，不与任何物质发生反应。各种型号的硅胶因其制造方法不同而形成不同的微孔结构。硅胶特殊的化学组分和物理结构，决定了它具有许多其他同类材料难以取代的特点：吸附性能高、热稳定性好、化学性质稳定、有较高的机械强度等，家庭可用于干燥剂、湿度调节剂、除臭剂等；工业上可用于油烃脱色剂、催化剂载体、变压吸附剂等；精细化工可用于分离提纯剂、啤酒稳定剂、涂料增稠剂、牙膏摩擦剂、消光剂等。

硅胶的化学式为 $m\mathrm{SiO_2} \cdot n\mathrm{H_2O}$，硅胶的基本结构单元为硅氧四面体，该四面体以不同的方式连接，若连接规则则形成 SiO_2 晶体，若是不规则则堆积成类似玻璃态的 SiO_2 胶粒，胶粒构成硅凝胶的骨架。当硅胶与水接触时，硅胶表面硅原子会发生化学吸附形成硅羟基，然后硅羟基可以与水分子形成氢键，发生水的物理吸附。硅胶物理吸附的水大部分在 120℃ 干燥条件下脱附，毛细凝结的水一般在 180℃时脱除，而化学吸附的水一般认为在 200℃ 以上时方可除去。硅胶是继氯化锂除湿后研究应用较多的一种吸附剂，硅胶在吸附和解吸时始终保持为固态，因此具有良好的物理、化学稳定性，并且可以直接清洗表面，这些都是传统吸湿盐类吸附剂所不具备的特点，因此在除湿领域它得到了广泛应用。

制备硅胶有多种方式，最早采用混炼挤出成形法。由于在高温、压力条件下，多孔材料易产生压溃、黏合剂堵塞孔道和熔融等现象，后来又有纸浆造纸法制备吸附材料。Ichiura 等以硅胶的粉体为填料，在复合纤维浆中抄片，然后加工成蜂窝状。但是纸浆法制备的材料存在吸附剂易流失、机械强度低、与复合纤维结合力弱和难以成形等缺点。丁静等在陶瓷薄片上利用溶胶、凝胶法制备了多孔活性硅胶薄膜，制得的硅胶比颗粒硅胶吸附热低，该方法改变了固体吸附剂微孔界面的物化性质，分子扩散过程得到强化，但是这种产品存在反应条件复杂和稳定性差等缺点。通过长时间的摸索，目前制备硅胶转轮最有效、也最常用的方法是浸渍法。浸渍法就是在无机纤维基材上让水玻璃与酸就地反应，这样生成的硅胶能够较均匀地分布在纤维表面及其孔隙中，形成块状吸附剂，无须添加黏合剂，对环境没有污染，所以因其工艺简便、环保和性能稳定等优点，特别适用于制作除湿转轮的芯体材料。

单针对硅胶吸附材料本身而言，仍存在以下不足：①吸附性能有待提高；②硅胶的耐热性能较弱，当硅胶转芯长时间处于 80～150℃ 的再生环境中时，容易发生塌陷、堵塞孔道和熔融等现象，且降低了除湿效率；③机械强度较差，硅胶与纤维作用力较小，容易出现粉化现象，影响其使用寿命。

针对硅胶在转轮除湿应用中的不足，许多学者对硅胶材料进行了改性研究。硅胶的改性方式主要分为两种：一种是将卤素盐与传统硅胶吸附材料结合，制成复合型吸附材料；另一种是将金属元素掺杂在硅胶中，制成复合型吸附材料。

1）硅胶、卤素盐复合材料

硅胶与卤素盐复合很大程度上克服了硅胶吸附量小和卤素盐不稳定的缺点，但卤素盐进入硅胶孔道必然会降低孔隙容积和比表面积，同时也会影响孔道结构，因而卤素盐用量的控制便成为决定硅胶卤素盐复合材料除湿性能的关键。刘业凤等利用氯化钙和粗孔球型硅胶得到新型复合吸附剂 $SiO_2 \cdot xH_2O \cdot yCaCl_2$；张学军等把传统硅胶转轮材料与卤素盐复合得到硅胶、卤素盐复合干燥剂材料，实现了两者的有机结合，这种复合材料具有高除湿、易再生和高稳定性的优点。

2）金属掺杂硅胶吸附材料

金属掺杂硅胶吸附材料是在硅胶中引入少量的金属原子代替部分硅原子进入硅胶网络制得的，其主体结构不变，由于硅胶表面形成金属-氧-硅键，所以增加了多孔材料表面与水的亲和力，增强了硅胶的吸水能力。另外，金属原子的加入增大了硅胶的孔容和比表面积，也增强了硅胶的吸附能力。常见的金属掺杂主要为铝掺杂硅胶和钛掺杂硅胶两种。

Okada 等介绍了利用溶胶-凝胶法制备无定型 Al_2O_3-SiO_2 干凝胶，实验表明，吸湿能力随着 Al 原子进入硅胶网络而提高；同样的，方玉堂等通过浸泡、烘干和反应的实验方法得到硅酸铝吸附剂，并证明了由于 SiO_2 和 Al_2O_3 的生成，吸附性能较纯硅胶有所提高，同时提高了其热稳定性，机械强度也获得增强，克服了纯硅胶自身的不足。

钛掺杂硅胶吸附材料作为一种新型的吸附材料，有着吸附性能强、耐热性高和机械强度大的优点，该吸附材料最早是应用于转轮除湿系统中，钛掺杂硅胶改进与铝掺杂硅胶改进的原理相似，但是钛的金属性与氧化性都要比硅强，所以构成的氧键也更强，能吸收更多水分。钛原子在硅胶网络中发生变价，这样硅胶网络的晶格形成缺陷，增大了网格表面积，增强了吸附性能。Li 等、Enomoto 等及方玉堂等介绍了用硅胶-凝胶法制备钛掺杂硅胶吸附材料的过程，这些方法都是使用有机钛源和硅源等在有机溶剂中水解得到的，还有的使用模板剂，通常这些有机物都会被灼烧或蒸发，使得制作成本大为提高，因此难以得到推广。

3. 分子筛

1932 年，McBain 提出了“分子筛”的概念。分子筛是一种具有立方晶格的硅铝酸盐化合物。分子筛具有均匀的微孔结构，它的孔穴直径大小均匀，这些孔穴能把比其直径小的分子吸附到孔腔的内部，并对极性分子和不饱和分子具有优先吸附能力，因而能把极性程度不同、饱和程度不同、分子大小不同及沸点不同的分子分离开来，即具有“筛分”分子的作用，故称为分子筛。由于分子筛具有吸附能力高、热稳定性强等其他吸附剂所没有的特性，分子筛在除湿等许多领域获得了广泛应用。

分子筛根据化学组成和结构的不同分为很多的品种，根据来源可以分为天然分子筛和人工合成分子筛两种。其中，作为分子筛的天然沸石大部分由火山凝灰岩和凝灰质沉积岩在海相或湖相环境中发生反应而形成。已发现有 1000 多种沸石矿，较为重要的有 35 种，常见的有斜发沸石、丝光沸石、毛沸石和菱沸石等。这些物质主要分布于美、日、法等国，中国也发现有大量丝光沸石和斜发沸石矿床。日本是天然沸石开采量最大的国家。因天然沸石受资源限制，从 20 世纪 50 年代开始，大量采用合成沸石，经过研究，人工合成的分子筛现已有 150 多种。分子筛的骨架结构孔隙较大，而且通道孔径均匀，内表面排列整齐，分子筛的结构特点决定了其具有离子交换、选择吸附和催化的特点。分子筛在低湿度环境下仍能吸湿，这一特点使其在电子及精密仪器加工和使用等低湿度条件下需要除湿的领域有较广的应用。Navarrete-Casas 等针对锂离子改性 13X 和 5A 型分子筛进行了动力学和离子交换研究。研究表明，离子交换后，锂离子位于 13X 型分子筛孔道内，位于 5A 型的外表面，而且由于 13X 型分子筛的孔数和孔径都比 5A 型大，所以其离子交换也比 5A 型容易。赵忠林等在制备 13X 分子筛吸附剂时，分别采用凹凸棒土和高岭土体为黏结剂，结果表明，凹凸棒土体为黏结剂制备的 13X 分子筛比表面积和孔体积较大，因而吸附容量也较大。分子筛吸附也有其不足：首先，分子筛吸附是通过分子筛孔道实现的，相比其他的吸附材料，分子筛的吸附量要低；其次，分子筛孔道对水分子的作用力较强，所以给再生增加了难度，只能在高温再生热源的条件下才能使用，其再生温度一般在 250℃ 以上，所以其再生的能耗较高。Kuma 和 Okano 在分子筛粉末黏结的过程中使用水玻璃作为黏合剂，通过一系列反应得到硅胶-分子筛复合干燥材料，这样既保持了分子筛适用于深度除湿的优点，又增加了除湿量，在一定程度上克服了分子筛的部分缺点。

综上所述，各种吸附材料由于本身的原因和受使用环境的影响，在吸附性能和其他方面都有各自的优缺点，对各种材料进行了简单比较，详见表 7-1（该表增加两项，吸附能力和再生温度）。

表 7-1　各类吸附材料优缺点对比

吸附材料	优点	缺点
氯化锂	吸附量大，除湿效果好，再生能耗低	溶液易飘溢对周边设备腐蚀
硅胶	吸附过程中稳定性好，易于清洗	吸附性能和热稳定性差
金属掺杂硅胶	吸附性能和热稳定性得到改善	制造工艺较为复杂
分子筛	低湿度和高温条件下吸附性能好	常规条件下吸附量小，再生能耗高

在对吸附材料性能的改进方面，不少学者都进行了大量的思考和研究，得到了很多性能优越的材料，克服了材料自身的吸附缺陷，但是，由分子筛本身的物理化学性质所决定，要开发、研制出各方面性能都突出的吸附材料，还要做许多的工作。针对各类吸附材料的特点，把它们应用于固体除湿领域，特别是转轮式除湿机领域，为了改善其综合性能还必须在以下几个方面做进一步的工作。

(1) 对沸石分子筛材料进行改性以提高常规条件下的吸附性能或降低再生温度以节约能耗是以后转轮除湿机吸附材料的一个发展研究方向。

(2) 复合吸附材料能结合各种吸附材料的优点，同时也抑制甚至克服了单一材料的缺点和不足，使其在吸附性能、耐热性能和机械强度等方面都有改善。因此，降低吸附材料脱附再生的能耗、提高转轮材料的使用寿命、达到高效节能的目标都是未来研究的热点。

(3) 在材料的制备和转芯的成形过程中，如何尽量使用无机和绿色友好材料以代替有机材料，从而适应现代化工对环保和环境的要求也是研究的重点之一。

7.2.4　转轮除湿的特点

在固体吸附除湿的应用中，之所以转轮除湿是应用较为广泛的一种除湿设备，是因为转轮除湿具备不少明显的优点。

(1) 除湿量大，除湿效率高。蜂窝状的转轮结构密集而且规则，能增大空气与吸附材料的接触面积，并且阻力较小。单位体积除湿转芯的吸湿面积可达 3000m^2，所以吸湿速度快，除湿能力强。

(2) 除湿性能稳定。转轮独特的旋转特性使得除湿和再生能连续进行，因此保证了出口空气的露点稳定，能连续获得低露点、低温度的干燥空气。

(3) 床层阻力小，使用年限长。除湿转轮多为蜂窝状，其内部规整的蜂窝孔道能极大地降低流体的阻力。除湿过程以物理吸附为主，吸附剂吸水后加热脱附后能循环使用，无需频繁更换吸附剂，因此，可以极大地延长除湿转芯的使用时间。

(4) 对设备无腐蚀性，材料浪费小。转轮除湿使用的是固体吸附剂，不使用液体吸湿剂，因此避免了溶液除湿法液体飞沫损失和对周围环境污染的问题，且不会对设备产生腐蚀，也减少了吸附材料溢出的浪费。

(5) 环保、高效、节能。转轮除湿机对低品位热能的利用率很高，对一些露点温度要求相对较低、再生温度要求不高的转轮除湿机，可充分利用太阳能、工业废气废热等低品位能源作为再生热源。

(6) 设备体积小，运行和维护方便。相比于其他的机械制冷设备，转轮除湿机的设备尺寸较小，操作运行也相对简单灵活。

(7) 结构变化灵活。转轮除湿能够根据不同的需求，在结构上做出改变，如除湿区和再生区的分配比例、增加冷却区等，由此而产生了多样化的类型。

不过转轮除湿机也有较明显的不足，如转轮结构比较复杂、费用高、易跑湿、转轮旋转结构容易漏风等。特别是氯化锂转轮除湿机，还普遍存在吸附剂液化飘溢、腐蚀周边设备的问题。

7.2.5 转轮除湿的适用范围

转轮除湿起初应用于工业领域，后面逐渐拓展到其他领域，发展到现在，只要对空气湿度有要求的地方基本都可以应用转轮除湿，所以转轮除湿的应用范围非常广泛。

(1) 一般空调过程。对环境有湿度要求的空调系统最为合适。由于转轮除湿处理空气湿度较低、处理风量较大，所以特别适用于要求相对湿度小于50%和新风量较大的环境中，如机场候机大厅、电器工业厂房等。

(2) 对空气相对湿度有严格要求的民用、军用各类场合。相对湿度要求在20%～45%的生产厂房和各类仓库，如医药、糖果、印刷、电子元件和化工原料车间及库房，产湿量高的超市、健身房，控制中心、计算机房、程控交换机房、航天发射基地等精密设备存放场合，军事部门中通信设备、弹药武器、医疗器械的储存，大型武器如坦克、飞机、军舰重要部位的战略储备。

(3) 有低温、低湿要求的特种工艺和工程。与制冷系统配套使用可获得露点温度为－40℃的干燥空气。特别适用于锂电池、夹层玻璃、胶片生产及生物制药等有特殊要求的除湿工程。

(4) 干燥工艺。适用于温度要求低于50℃的干燥工艺，如化纤行业聚酯切片的干燥、热敏性材料的低湿脱水、感光材料的生产等。

(5) 有空气洁净度要求的场合。由于复合吸附剂具有高效杀菌作用，对制药、食品、手术室、无菌室、病房等有空气洁净度要求的场合尤为适用。

(6) 地下工程及其他。转轮除湿技术适用于地下工程及对仪表、电器、钢铁有防腐、防锈要求的生产厂房和仓库，如发电厂、大型桥梁钢箱、博物馆等。

7.2.6 转轮除湿机的安装技术要求

为了确保较好的除湿效果，除湿机正确得当的安装也很关键，图7-16给出了除湿机对于室内外的简要安装关系。一般原则如下：①除湿机放置在室内空气流动较好的地方为佳；②再生空气出口的管道安装应保持一定的倾斜角度，避免冷凝水倒流回机组；③再生空气出口必须远离再生风的进口，避免潮湿的空气再次进入循环。

对于除湿机的不同放置位置，管道的连接会有些不同，一般有以下几点要求。

(1) 除湿机置于室内时：再生风进口和再生空气出口管道必须要置于外界环境中。干空气必须散布在除湿房间内，处理风进口不需要连接管道。

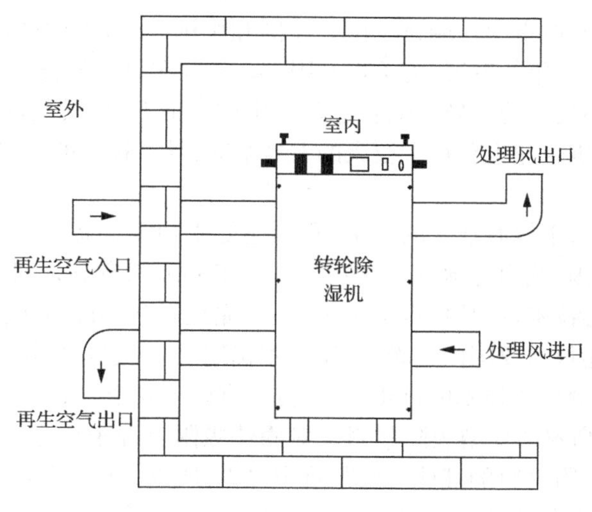

图 7-16　除湿机安装图

(2) 除湿机置于工厂时:干空气出口和处理空气进口连接到被除湿区域,如果工厂通风情况不好,再生风入口和再生空气出口可用管道连接到周围环境中,同时,核实通风机压头是否满足要求。

(3) 除湿机置于室外时:干空气出口和处理空气进口连接到除湿区域,再生风入口和湿空气出口不需要连接管道。

此外,为了保证转轮除湿机正常高效运转,安装中还要注意以下问题。

(1) 转轮除湿机如果连接管道,为了进行检查和维修,设备前面必须有足够的空间去打开检修门和取出转轮,检修门前要和机组有足够空间。

(2) 提起或者搬动转轮除湿机时,必须使用叉车或其他装卸设备,注意不能变形损坏。转轮除湿机不能置于易燃易爆环境,也不能处理易燃易爆气体。

(3) 为了避免处理空气再循环降低除湿效果,所有的管道安装必须确保湿空气的出口远离再生空气的入口,处理风进口远离干燥空气的出口。尽量减少转轮除湿机的管道,因为除湿量会随着管道长度和阻力的增加而降低。

(4) 转轮除湿机干空气出口可以安装调节阀,以控制除湿机的运作。如果不需要最大除湿量,可以在湿空气的出口处安装调节阀。

(5) 由于湿空气出口处温度较高时,管道内会出现冷凝水,建议湿空气出口的管道要做保温隔热处理,并成一定的向下角度安装管道,防止冷凝水倒流回除湿机,影响除湿机正常工作。

7.2.7　转轮除湿的发展前景

转轮除湿机属于空调领域的一个研究方向,是升温除湿的典型设备。目前全球转轮除湿机的产地集中在瑞典、日本、美国和中国等地，中国的碰焊机转轮除湿机也已经过了20多年的发展，为了提升国产转轮除湿设备的技术含量和核心竞争力，必须实现核心技术的突破。随着近些年中国产业升级，转轮除湿机需求猛增，中国的转轮除湿机企业也获得了很大的发展空间，随着技术的进步，将逐渐被中国的消费者认可。

转轮除湿机由于核心技术的壁垒，我国还处于初级状态。国内目前厂家集中在北京、上海、无锡、杭州等地，但大多以采购进口除湿转轮机芯进行设备组装为经营模式，缺乏核心技术，产品特点不突出，还不完全具备国际竞争力。所以转轮除湿技术要发展，还得需要国内学者、厂家的不懈努力，通过借鉴国外先进技术和自我创新来实现关键核心技术的进步，主要方向有以下几个方面。

(1) 研制更高效的新型吸附材料。对固体吸附除湿来说，无论是转轮除湿还是固定床除湿，吸附材料的性能无疑是重中之重，所以新型吸附材料的研制是突破转轮固有技术的首要任务。

(2) 降低再生热源温度，提高热源利用率，发展多级或分级的再生模式。例如，对于上海等高温高湿地区，当热源温度较低时，只有采用多级或者分级再生模式才能满足除湿需求。

(3) 优化转轮除湿空调系统的运行控制技术。转轮除湿空调系统一般用于热湿负荷独立控制的空调系统，那么对热湿负荷的分配将直接影响机组的热力和电力性能，需要对其进行优化控制。

(4) 实现结构设计紧凑化、小型化。目前转轮除湿主要还是用于处理风量较大的场合，将除湿机的结构紧凑化、小型化，减少制造成本，将会更加适合在民用建筑领域中应用，从而更加有利于转轮除湿的推广。

总而言之，面对冬冷夏热地区除湿的巨大需求，我国转轮除湿技术的革新和产品升级还需要同行的不断努力，对此，还需要出台相关标准来引导、促进和规范转轮除湿设备市场的发展。

7.3 固定吸附床除湿

固定吸附床除湿以吸附材料动态吸附除湿空气中的水分，其处理空气量大，并且可以得到低温、低湿条件下的低露点空气，并可利用水蒸气、太阳能、工业废热等低品位能源进行再生，从而可节约大量能源，其设备旋转部件少、结构和维护简单、噪声低、运行可靠，因而受到广泛重视。可根据其传热面的结构形状来划分，有管式、板式和伸展表面这三种类型，管式还可以分为管壳、套管、螺旋管式等几种；板式可分为平板式、螺旋板式、板壳式等；伸展表面可分为板翅式、翅片管式等。其中最常用的是管壳式、螺旋板式、板翅式三种。

7.3.1 固定床除湿的原理

固定床除湿原理与转轮除湿原理在本质上基本是一样的,都是利用固体吸附材料对空气水分的吸附来达到除湿的目的的。在固定床除湿中,含湿量大的空气,在通风机等强制作用下通过固体除湿床进行热湿交换,空气含湿量得到降低,同时释放出汽化潜热,所以它也是一种动态除湿过程。

在固定床除湿系统中,除湿和再生过程中都有气、液两相间水蒸气的迁移,迁移量的大小和迁移方向都受到热湿平衡的影响。在再生床和除湿床中,都是空气与固体吸附材料直接接触,但是在不同的床体中,水分的传递方向是截然相反的。如图7-17所示,在除湿床中,当被处理空气流过吸附材料时,水蒸气分压力高于孔隙壁面水蒸气分压力,空气中的水分被析出、凝结并渗入吸附材料,达到降低湿度的目的。水蒸气的冷凝将释放一定的潜热,该热量一部分被流动的空气带走,剩余部分被吸附材料吸收,温度升高。在再生床中,吸附材料孔隙壁面水蒸气分压力高于流动再生空气的水蒸气分压力,吸附材料中的水分蒸发,进入再生空气而被带走,吸附材料孔隙壁面水蒸气分压力降低,又能继续吸收水蒸气,而固体吸附除湿材料与空气之间的温差将是其热质交换的驱动力。

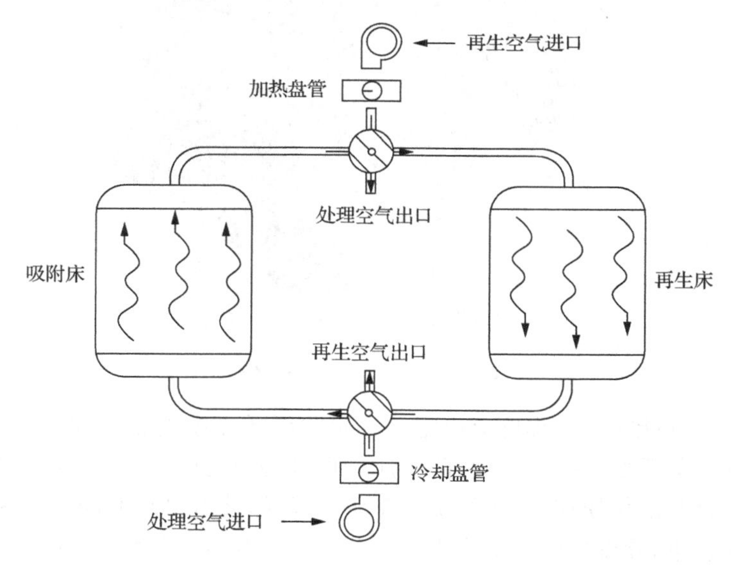

图7-17 固定床除湿原理图

对于有些吸附材料,当温度达到材料的熔点后将导致吸附材料液化,储存大量的热量,而液化的吸附材料将通过再生过程向再生空气放热,从而重新固化。这种固体吸附材料的相变反应将极大地减少流动空气因水蒸气析出的潜热而产生的温升。

固定床除湿与转轮除湿不同，固定床除湿的吸附床和再生床相互独立，没有处于一个整体结构中，吸附和再生过程是独立进行的，需要通过四通阀定时进行转换，转换后再生床成为吸附床，而吸附床则变为再生床，完成一个循环。可见转轮除湿的循环时时刻刻都在连续进行，而固定床的循环却是通过切换定时进行的。

固定除湿床一般分为单塔和双塔两种类型。对于单塔的固定除湿床，只有一个床体，属于除湿床和再生床共用，这种类型的除湿床在除湿过后必须得停止，然后对床体中的吸附材料进行再生，在应用上很不方便。所以在实际应用中，单塔床逐渐被淘汰，双塔固定床使用较多，上述原理中讲解的也是双塔型固定除湿床。

7.3.2　固定除湿床的构造

转轮除湿的核心部件是转轮，而固定床除湿的核心部件则是除湿床体，除湿床体的构造不同于转轮，在外形上它一般为固定的矩形，图 7-18 为方形除湿器结构图。

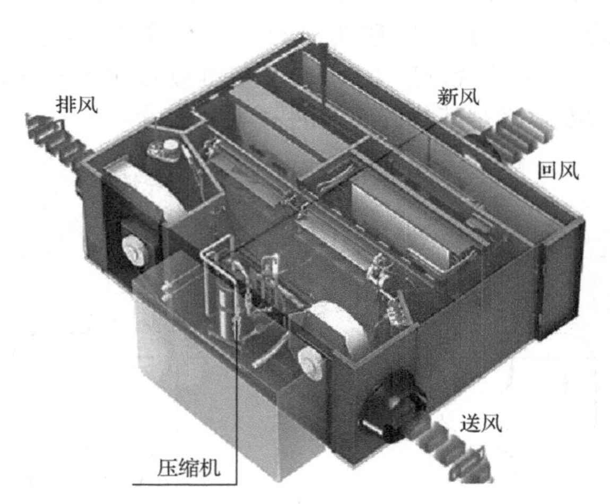

图 7-18　方形除湿器结构

除湿床的性能在很大程度上决定了固定除湿床系统的整体性能，所以它的内部结构设计至关重要。一般来说，除湿床的设计要求有以下两点。①高传质速率。只有提高了材料的传质速率，才能加快系统的运转，降低循环时间。在热质传递性能良好的前提下，除湿床的结构应设计得尽可能的紧凑，体积也要尽可能的小，以减少传质路径和系统的占地面积；②高导热系数。导热系数高，除湿床能够更有效解决温度场的不平衡问题，床体能快速与流经的空气进行热交换，保证了床体在除湿过程中能将汽化潜热及时传递出去，并在再生过程中将热量及时传递给除湿材料。除此之外，设计除湿床时，还需要考虑以下几个影响因素。

（1）除湿量。除湿量的大小主要与被处理空气量、相对湿度、含湿量、除湿材料、除湿床的尺寸以及除湿床的除湿面积等参数有关。

(2) 处理空气的温升。被处理空气经除湿床除湿后，水蒸气的凝结会释放出大量的汽化潜热，导致出口温度升高，其值与单位除湿量的大小有关。

(3) 设备阻力。除湿床的厚度越大，阻力也越大。改变除湿床的尺寸，会改变被处理空气流经床体内的气流组织形式，从而改变设备的阻力大小。

对于固定除湿床，其床体的矩形形态基本不会变化，但是填充固体吸附材料的床体内部结构却有很多变化。在床体中会有吸附材料层和空气通道，对于特定的吸附材料，不同的结构会有不一样的传热传质性能，也会影响整个系统设计的优劣，因此，很多学者就床体结构进行了研究。

李维等对某种特定结构固定床的吸附除湿性能进行了研究，结构如图 7-19 所示。研究表明，位于固定床后段的吸附过程最为明显，其次是前段，最后是中间段，再生过程中也是后段吸附床的再生程度最高，这些结论对除湿床的结构设计有很大的参考价值。

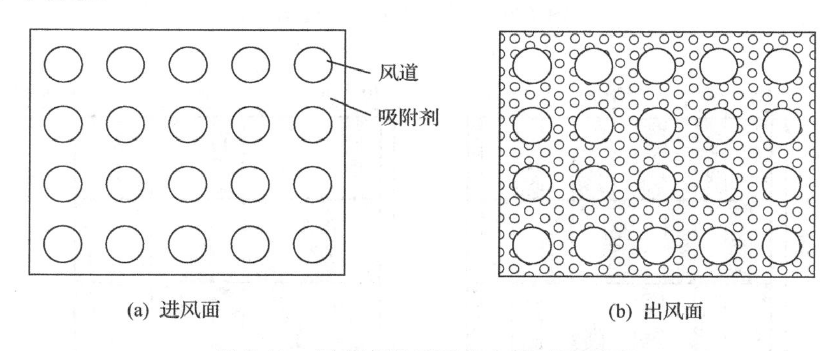

图 7-19　固定床进风面和出风面示意图

葛杨慧等介绍了两种吸附床结构：顺排(图 7-20)和叉排(图 7-21)。通过分析不同进口空气参数条件下两种吸附床结构的性能，得出了以下结论。①叉排结构的传质通道与流动通道交替排列，进口空气通过除湿床内部时，使吸附剂与进口空气接触时间加长，有利于传热传质。而顺排结构的吸附剂通道基本上只有叉排结构的 1/2，虽然减少了空气的渗透厚度，但由于顺排结构的流动通道为直通道，减少了进口空气与吸附剂的接触，从而影响了其传质效果；②由于叉排结构的吸附剂传质通道比顺排结构的大，吸附剂之间有较大的传热热阻和传质热阻，导致叉排结构在吸附过程中的进出口空气温差较大且床体压降大。为了减少温差及压降，应合理分配传质通道与流动通道，既可以保证吸附剂与空气充分接触，又可以使热量合理充分扩散，以提高吸附床的传热传质性能。

如果露点温度要求较低，一般除湿床的温度也就需要较低，在转轮除湿里的实现方法就是增加冷却区先行冷却，能够达到不错的效果。但是如果是固定除湿床，

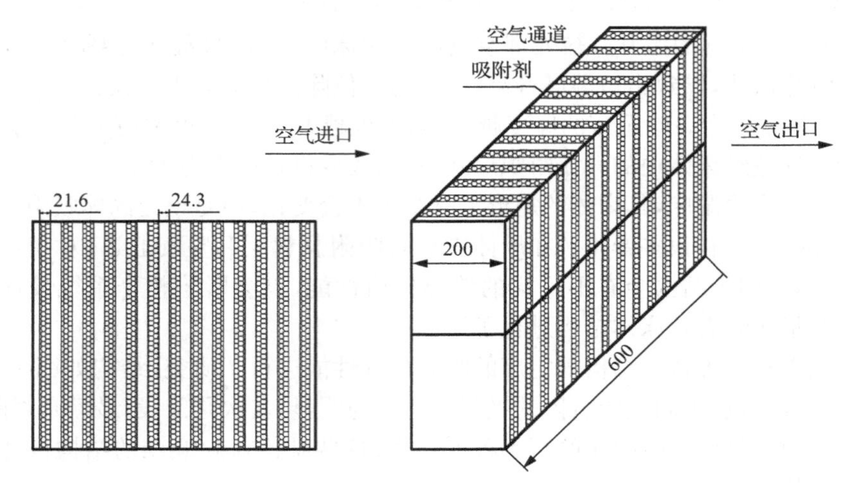

图 7-20 顺排吸附床结构图

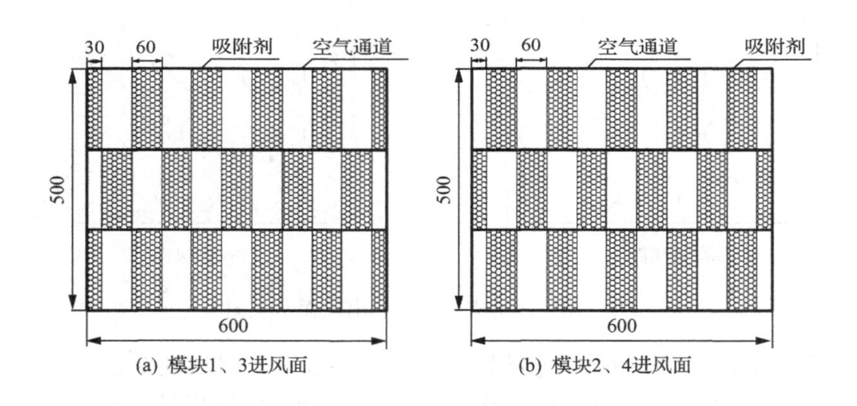

图 7-21 叉排吸附床结构图(单位:mm)

杨丽君等[43]介绍了一种在固定床内通入 DN20 水管的硅胶固定床结构,并在水管内通入不同温度的水,如图 7-22 所示,通过对比这种模块的再生和吸附情况,分析表明,在除湿时通入 28℃的冷水、再生时通入 55℃的热水,对除湿效果有一定的改善,可进一步研究完善。

在除湿床结构中,床体厚度对除湿性能的影响也比较大,宋文前等[44]以叉排结构为例,通过除湿床处理空气量评价了两种不同厚度形态的床体模块:1 个尺寸为 600mm×500mm×100mm 的模块和 2 个尺寸为 600mm×500mm×50mm 的模块顺排摆放,平行间距为 100mm,结构如图 7-23 所示。研究结果表明,2 个厚度为 50mm 的固定床模块的空气处理量比厚度为 100mm 的大,平均高出 16.8%,所以

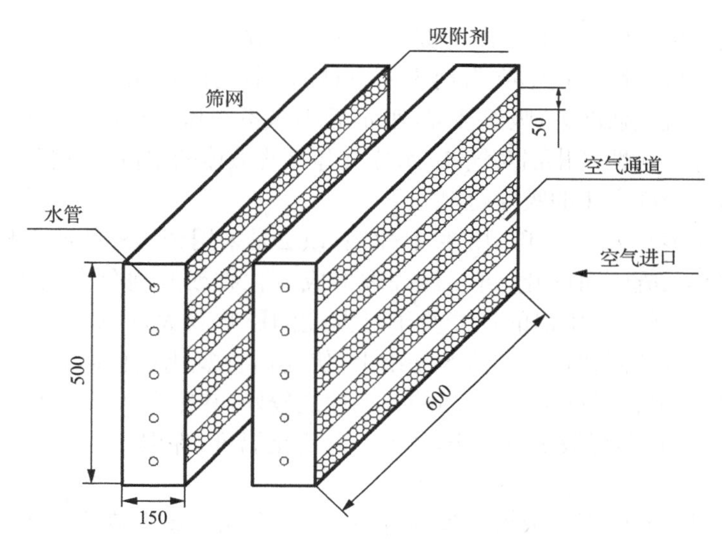

图 7-22　通入水管的除湿床结构图(单位:mm)

2 个厚度为 50mm 的固定床模块的除湿性能优于模块厚度为 100mm 的固定床。其原因是经过第 1 个模块的吸附后,各通道空气在两模块间进行混合,延长了第 2 个模块吸附停留的时间,所以中间留有空间的双排除湿床能够提升其除湿性能。

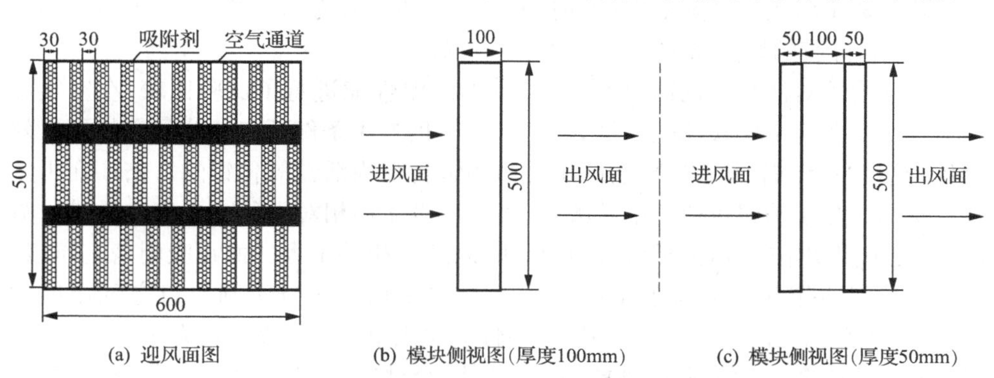

图 7-23　固定床结构图(单位: mm)

固体除湿床结构比较多,具体形式根据实际应用场合变化较多。由于有些结构应用不多。此处不再做详细介绍。

7.3.3　固定除湿床的吸附材料

固定除湿床中的吸附材料与转轮除湿吸附材料基本相同,但除了转轮除湿常用的除湿剂,还有一种应用比较多的是活性氧化铝,本节只对活性氧化铝和固定床吸附材料的相关研究进行简要的介绍。

活性氧化铝，又名活性矾土，它是一种多孔性、高分散度的固体材料，有很大的比表面积。球形活性氧化铝吸附剂为白色球状、多孔性颗粒，活性氧化铝粒度均匀，表面光滑，机械强度大，吸湿性强，吸水后不胀不裂保持原状，无毒、无嗅，且不溶于水和乙醇。活性氧化铝对气体、水蒸气和某些液体的水分有选择吸附的本领，所以它能够作为固定床的吸附材料。

李莹利用溶胶-凝胶法自制活性氧化铝，该法是采用金属醇盐或无机盐化合物经过溶液、溶胶、凝胶而固化，再经热处理形成氧化物或其他化合物固体的方法。在干燥过程中，活性氧化铝的性能受干燥温度的影响较大，因此着重考察干燥温度，得出最佳值，从而在现有实验的基础上，优化活性氧化铝粉体的制备过程。结果表明：60℃为最佳干燥温度，样品的各项性能较好，其比表面积可达 415m^2/g，孔径为 4.937nm；且湿凝胶陈化 48h，450℃为活化温度，保温 3h 后性能最好，为其最佳的制备条件。

李维等对硅胶的固定吸附床吸湿特性进行了研究。硅胶在空气进口含湿量恒定的工况下，吸附能力随着温度的上升而减弱。湿空气进口温度越低，固定吸附床的除湿能力越大。并且对硅胶来说，环境空气的湿度对其吸附效果有着较大的影响，高湿度工况下的除湿效果更佳。

石海娟测量了含湿率为 0%～75%硅胶的导热系数，随着含湿率的增大，硅胶的导热系数也增大。含湿率为 0%时，硅胶的导热系数为 0.21W/(m·K)，含湿率为 75%时，硅胶的导热系数为 0.66W/(m·K)。

蔡伟力等对活性氧化铝和 4A 分子筛的除湿性能进行了试验比较，在空气温度为 55℃、含湿量为 5g/kg、风量为 3638m^3/h 的再生条件下，4A 分子筛的再生效果优于活性氧化铝，其 1800s 后的单位时间解析量为活性氧化铝的 2 倍。在再生过程中，4A 分子筛解析速率不断增加，而活性氧化铝相对平稳。再生之后进行吸湿时，在吸附初始阶段，两类材料的吸附除湿效率相差不大。而在吸附稳定阶段，活性氧化铝的除湿效率高于 4A 分子筛。3500s 后，4A 分子筛出口空气温度为 27.6℃，活性氧化铝为 32.2℃。其中，活性氧化铝单位时间除湿量为 6.48g/kg，约是 4A 分子筛的 3.5 倍，除湿性能显著。所以经过比较，在该实验条件下，活性氧化铝表现出更高效的吸附除湿能力，更适合用于固定床吸附除湿。

尽管人们进行了许多的研究，普遍的固定床吸附材料的除湿性能还有些不尽人意，如上述活性氧化铝和 4A 分子筛，事实上除湿性能并不理想。所以，在提升吸附材料除湿性能的工作上还需进行更多的研究、开发新的材料、优化改性方法、多材料复合进行优缺互补等。

7.3.4 固定吸附床除湿的能效评价指标

固定床除湿系统中常用的吸附剂有硅胶、分子筛和活性氧化铝，就吸附剂本身而言，受自身结构和性质的影响，不同材料所表现的吸附性能也不尽相同，如何选择高效节能型的除湿材料是当前面临的首要问题。吸附自由能和脱附活化能直接反映了吸附剂与吸附质分子之间的作用力大小，它们与材料孔表面结构有着密切关系，是评价吸附剂性能的重要指标。吸附自由能和脱附活化能越大，表明吸附质从吸附剂上吸附和脱附所需要的能量就越大。另外，再生能耗是影响吸附除湿运行成本的主要因素，传统的吸附剂脱附再生所需能耗较高，所以选择吸附容量较大且吸附自由能和脱附活化能较小的吸附剂更有利于降低系统的能耗。

对系统的除湿性能评价主要是对空气中水蒸气的除湿量能力的评价，还可以与再生消耗能结合，对系统整体进行综合评价，可以通过评价指标对材料或系统的除湿能力进行比较。常规的包括：①除湿量 D，即处理空气的含湿量变化，$D=d_{in}-d_{out}$；②除湿率 ε_d，即空气经过固体除湿后的绝对含湿量变化率，$\varepsilon_d=(d_{in}-d_{out})/d_{in}$。其中，$d_{in}$、$d_{out}$表示处理空气进、出口含湿量，kg/kg。这两个指标只是单方面地对除湿性能做出评价，但固体除湿还有再生过程，除湿和再生相结合的评价才能更加综合地反映整个系统的性能，所以有学者提出了以下评价指标。

1. 比能耗

比能耗是指一个循环周期内，再生空气的消耗量与除湿总量的比值，其中再生空气指加热再生和冷却两部分所消耗的空气总量，比能耗的定义为

$$\mathrm{CEC}=\frac{q_r t_z}{W_{tot}} \tag{7-1}$$

式中，CEC 为比能耗，kg/kg；q_r为循环一个周期所需的再生空气流量，kg/s；t_z为再生时间，s；W_{tot}为吸附床一个周期内水蒸气的吸附量，kg。

式(7-1)在固体床吸附方式中对能耗的评价具有一定的普遍性，反映了一个循环周期内所消耗能量与除湿量的关系，但未体现空气的进口参数对吸附性能的影响，只停留在能量消耗量的分析层面上。由于吸附床的除湿量在很大程度上受到进口空气湿度和温度的影响，这一评价指标并不能真实地反映吸附材料在此工况下的吸附能力，在更准确地评价能量有效利用的程度上具有一定的缺陷。因此，有人提出了除湿性能系数指标。

2. 除湿性能系数

除湿性能系数用 DCOP 表示，其定义为

$$\mathrm{DCOP}=\frac{q_p L(d_{pi}-d_{po})}{q_r(h_{ri}-h_{ro})} \tag{7-2}$$

式中，q_p为处理空气质量流量，kg/s；q_r为再生空气质量流量，kg/s；L 为水蒸气的

蒸发潜热，J/kg；d_{pi}、d_{po}为处理空气进口和出口含湿量，kg/kg；h_{ri}、h_{ro}为再生空气的进口和出口比焓，J/kg。

除湿性能系数是系统除湿性能和再生利用效率的综合评价指标，反映了除湿收益和再生消耗之比，不同固体吸附剂的系统在不同温度下的除湿性能系数是不同的。牛永红等在自制固体除湿空调系统实验台中测得以下数据：温度在50～60℃时，以活性氧化铝为除湿剂的系统DCOP值较高，在0.8以上；在60～70℃时，以沸石分子筛为除湿剂的系统DCOP值较高，在0.5以上；而4A分子筛的DCOP值在70.6℃时达到较高值，为0.3。

由于除湿的推动力并非再生空气的焓差，当再生空气的温度越高、湿度越低时，其再生效果越好；而当再生空气的温度降低、湿度增加后，其再生空气比焓可能不变，但是再生效果已经减弱，所以式(7-2)并不能很好地反映除湿的物理规律。另外，式(7-2)中存在h_{ro}，即经除湿后的再生空气比焓，这一参数不容易确定，不易用于工程计算。因此，这个定义在物理意义和应用计算上都不是很完善。

3. 除湿㶲效率η

还有些学者对固定床干燥剂除湿系统进行了㶲分析，提出了除湿㶲效率η的定义：

$$\eta=\frac{EX_{chad,o}-EX_{chad,i}}{EX_{thre,o}-EX_{thre,i}} \tag{7-3}$$

式中，$EX_{chad,o}$、$EX_{chad,i}$为处理空气的出口和进口扩散㶲，kJ/kg；$EX_{thre,o}$、$EX_{thre,i}$为再生空气的出口和进口扩散㶲，kJ/kg。

这种定义方法原本是用于转轮除湿的，但也可用于固定床除湿，可以根据再生空气参数和固定床效率来计算处理空气出口参数，但需要计算湿空气的㶲，其计算公式较为烦琐，且效率随再生空气入口参数的变化较大。因此，需要了解㶲效率的变化规律，才能用来计算除湿性能。

上述3个除湿性能的综合评价指标各自具有一定的局限性，其共有的不足即在于均未从吸附剂的角度考虑性能评价，未体现出吸附剂对除湿性能的影响本质。如果说吸附床是构成除湿系统的骨架，那么吸附材料便是整个装置合理运行的灵魂。胡姗姗和李维在实验研究的基础上，利用已有成果提出了两种新的评价指标：吸附能效和脱附能效。这两个评价指标可将吸附剂本身的物性与吸附除湿过程结合起来，不但可以对吸附材料的选择提供指导依据，同时可以对整个系统耗能做出更有力的评价，下面予以介绍。

4. 吸附能效

如前面所述，除湿量在很大程度上受到进口空气湿度的影响，并不能真实地反映吸附材料在此工况下的吸附能力，在相同温度下，处理空气进口含湿量越高，吸附剂对空气中水分的除湿量就越多。在相同除湿量的情况下，吸附剂吸附自由能耗费得越少，则吸附床整体的节能效果就越明显。

吸附自由能反映吸附强弱，但不便于计算，所以需要找出与吸附自由能密切相关的参数。受吸附热的影响，吸附速率呈现先增大后减小，最终趋于平缓的趋势，在相同空气进口温度下，吸附剂达到单位时间吸附量（即吸附速度）最大值时的温度越高，吸附剂的吸附自由能越大，定义吸附能效 η_p 为

$$\eta_p = \frac{\dfrac{d_{pi} - d_{po}}{d_{pi}}}{\dfrac{t_{pe}}{t_{pi}}} \tag{7-4}$$

式中，d_{pi}、d_{po} 为处理空气进口和出口含湿量，g/kg；t_{pi} 为处理空气进口温度，℃；t_{pe} 为单位时间吸附量达到峰值时的温度，℃。

5．脱附能效

在相同温度下，再生空气进口含湿量越小，吸附剂中水蒸气的脱附量越大，除湿量越多。在相同除湿量的情况下，吸附剂耗费的脱附活化能越小，对吸附床整体的节能效果越显著。

通常情况下，吸附剂的脱附活化能需要利用程序升温脱附（TPD）技术计算并测得[57]，过程较为烦琐，为了简化计算，有研究学者提出主要从再生温度和再生时间的角度来考察脱附活化能的强弱。在相同的再生温度和再生时间下，再生空气的吸湿量越大，对应吸附质与吸附剂之间的作用力越强，吸附剂的脱附活化能越大。因此定义脱附能效 η_r 为

$$\eta_r = \frac{\dfrac{d_{ro} - d_{ri}}{d_{ro}}}{\dfrac{t_{re}}{t_{ro}}} \tag{7-5}$$

式中，d_{ri}、d_{ro} 为处理空气进口和出口含湿量，g/kg；t_{ro} 为再生空气的出口温度，℃；t_{re} 为再生温度，℃。

胡姗姗和李维[56]就吸附能效和脱附能效进行了相关固定床除湿实验，实验采用4A分子筛和活性氧化铝作为固定吸附剂。在吸附除湿过程中，处理空气进口温度为13℃，吸附进行100s后进行数据测量；在脱附再生过程中，再生温度为37℃，再生1300s后进行数据测量。最终通过计算得到4A分子筛和活性氧化铝固定床除湿系统的吸附能效和脱附能效，可知活性氧化铝的各项指标优于4A分子筛，见表7-2。

表 7-2 固定床除湿系统吸附能效和脱附能效

吸附材料	吸附能效 η_p 及温度	脱附能效 η_r 及温度
4A 分子筛	22℃	38.2℃
	$\eta_p=0.28$	$\eta_r=0.74$
活性氧化铝	20.6℃	42.8℃
	$\eta_p=0.43$	$\eta_r=1.13$

对于每一种固体吸附材料，它所在除湿系统的评价指标一般都不同，这些评价指标的决定因素有很多，包括吸附材料种类、系统结构、除湿和再生空气的温度、含湿量、流量等。甚至在吸附材料的选择中，产地不同、加工处理不同，材料的性能也会有很大的差别。因此，固定床除湿系统的性能优劣不能由某个因素单独决定，而要考虑多个因素综合评判。前人的研究也只是探索更好的除湿系统的参考，研究新型高性能的系统还需相关学者的不懈努力。

参考文献

蔡伟力，李维，陈欢. 2011 固定床除湿材料性能分析. 暖通空调，41(7)：138-140.

崔群，陈海军. 2001. 固体吸附除湿剂的制备及性能研究. 化工时刊，15(11)：21-24.

丁静，方玉堂，杨晓西，等. 2003. 高吸附性能硅酸钦吸附剂的制备方法与应用：ZL02114731-0.

丁静，杨晓西. 高吸附性能复合氯化锂吸附剂的制备方法：ZL99124660-8[P].

丁静，杨晓西，李国权，等. 1998. 多微孔活性硅胶吸附特性及其对吸附式除湿轮性能的影响. 化学工程，26(6)：11-13.

丁云飞，丁静，杨晓西. 2008. 除湿转轮除湿性能及效率分析. 广州大学学报，7(1)：37-41.

方玉堂，丁静，范娟，等. 2004. 新型 Al^{3+} 掺杂硅胶吸附材料的制备与性能. 华南理工大学学报：自然科学版，32(3)：5-9.

方玉堂，蒋赣. 2005. 转轮除湿机吸附材料的研究进展. 化工进展，10：1131-1135.

方玉堂，梁向晖，范娟，等. 2004. Al～(3＋)掺杂对硅胶吸附材料性能的影响. 材料研究学报，18(6)：641-646.

方玉堂，梁向晖，范娟，等. 2004. 陶瓷基 Al^{3+} 掺杂硅胶吸附剂材料的制备与性能. 硅酸盐学报，32(11)：1341-1345.

冯圣洪，陈在康，汤广发. 2001. 蜂窝通道硅胶除湿器的试验研究. 洁净与空调技术，(1)：21-24.

葛杨慧，李维，陈立楠，等. 2012. 固定吸附床固体吸附除湿的床结构实验研究. 建筑科学，12：80-84.

顾平道，邱燃，刁永发，等. 2008. 高压电场脱水分技术在转轮除湿机再生系统的应用. 食品与机械，24(5)：70-72.

关德明. 1996. 仓库利用吸湿剂控湿原理与工艺设计. 四川粮油科技，(4)，44-49.

郭黄欢. 2013. 太阳能直接再生固体除湿床的性能研究. 广州：广东工业大学.

胡姗姗，李维. 2011. 固定床固体吸附除湿能效评价指标的分析与优化. 建筑科学，08：45-47.

贾春霞，吴静怡，代彦军. 2006. 干燥剂转轮除湿性能实验研究. 化学工程，34(6)：4-7.

李明，王如竹，许煌雄. 2000. 一种新型的固体吸附式制冷循环吸附床设计. 上海交通大学学报，34(4)：470-472.

李维，蔡伟力，陈泽民，等. 2012. 特定结构固定床吸附除湿实验研究. 建筑科学，04：57-60.

李维，陈欢，陈泽民，等. 2011. 固定床固体吸附除湿系统的性能分析与评价. 西安建筑科技大学学报：自然科学版，05：649-653.

李维，于雷，陈立楠，等. 2012. 湿空气进口温度、含湿量对固定床固体吸附除湿性能的影响. 建筑科学，12：76-79.

李湘，李忠，罗灵爱. 2006. 程序升温脱附活化能估算新模型. 化工学报，57(2)：258-262.

李鑫，李忠，韦利飞，等. 2004. 除湿材料研究进展. 化工进展，23(8)：811-815.

李鑫，李忠，夏启斌. 2006. $CaCl_2$/LiCl 改性中孔硅胶的吸附/脱附性能. 华南理工大学学报，34(8)：13-17.

李莹. 2014. 多孔介质除湿与再生特性研究. 包头：内蒙古科技大学.

刘业凤，范宏武，王如竹. 2003. 新型复合吸附剂 $SiO_2 \cdot xH_2O \cdot yCaCl_2$ 与常用吸附剂空气取水性能的对比实验研究. 太阳能学报，24(2)：141-144.

牛永红，李莹，顾洁，等. 2015. 自制沸石及活性 Al_2O_3 除湿及再生实验研究. 工业安全与环保，05：64-66.

任书霞，杨丹. 2006. 溶胶-凝胶法在纳米粉体制备中的应用. 中国粉体技术，(1)：48-49.

石海娟. 2014. 新型固体除湿床材料特性及除湿再生性能研究. 广州：广东工业大学.

宋文前，李维，葛杨慧，等. 2014. 固体吸附除湿固定床结构实验研究. 建筑节能，08：21-24.

杨丽君，李维，陈立楠，等. 2015. 固定吸附床结构对再生和除湿效果的影响. 制冷学报，02：101-105.

于蓉. 2013. 干燥剂转轮除湿性能研究. 天津：天津商业大学.

张桂英，邵双全，楼向明，等. 2014. 常用固体除湿剂吸附机理与电渗再生效果研究. 制冷学报，01：8-13.

张立志. 2005. 除湿技术. 北京：化学工业出版社.

张新画. 2005. 固体除湿空调系统研究. 天津：天津大学.

张学军，代彦军，王如竹. 2005. 新型复合干燥剂转轮的优化设计和实施. 程热物理学报，26(1)：320-322.

赵忠林，李鹏飞，马静红，等. 2008. 凹凸棒土黏结剂对 13X 分子筛吸附性能的促进作用. 离子交换与吸附，24(1)：25-32.

Cacciola G，Cammarata G，Fichera A，et al. 1992. Advances on innovative heat exchangers inadsorption heat pumps. Proceedings of the Symposium on Solid Sorption Refrigeration：221-226.

Cui Q，Chen H J，Tao G，et al. 2005. Environmentally benign working pairs for adsorption refrigeration. Energy，30(1)：273-279.

Dai Y J，Wang R Z，Zhang H F. 2001. Use of liquid desiccant cooling to improve the performance of vapor compression air conditioning. Applied Thermal Engineering，21(12)：1185-1202.

Demir H，Mobedi M，Ulku S. 2008. A review on adsorption heat pump：problems and solutions. Renewable and Sustainable Energy Reviews，12(9)：2381-2403.

Enomoto N，Kawasaki K，Yashida M，et al. 2002. Synthesis of mesoporous silica modified with titania and application to gas adsorbent. Solid State Ionics，151(2)：171-175.

Howell J R，Peterson J L. 1986. Preliminary Performance Evaluation of a Hybrid VaporCompression/Liquid Desiccant Air Conditioning System. ASME Paper 86-WA/Sol. 9，Anaheim，Calif.

Ichiura H，Okamura N，Kitaoka T. 2001. Preparation of zeolite sheet using a paper making technique Part II The strength of zeolite sheet and its hygroscopic characteristics. Journal of Materials Science，36：4921-4926.

Khedari J，Rawangkul R，Chimchavee W，et al. 2003. Feasibility study of using agriculture waste as desiccant for air conditioning system. Renewable Energy，28(10)：1617-1628.

Ku Y，Yao Y，Liu S Q. 2012. Effect of applying ultrasoniconthe regeneration of silica gel under different air conditions. International Journal of Thermal Sciences, 61: 67-78.

Kuma T, Okano H. 1989. Active Gas Adsorbing Element and Method of Manufacturing: US4886769.

Li W, Yue L, Cai W L. 2012. Influences of fixed adsorption bed structure on heat transfer effect. Building Science, 28(2): 29-31.

Li X Y, Uehara M, Enomoto N, et al. 2001. Synthesis of Titania — Doped Mesoporous Silica and Its Gas Adsorbability. Journal of the Society of Japan, 109(10): 818-822.

Navarrete-Casas R, Navarrete-Guijosa A, Ualenzuela-Calahorro C, et al. 2007. Study of lithium ion exchange by two synthetic zeolites: Kinetics and equilibrium. Journal of Colloid and Interface Science, 306: 345-353.

Neti S, Wolfe E I. 2000. Measurements of effectiveness in a silica gel rotary exchanger Applied Thermal Engineering, 20: 309-322.

Okada K, Tomita T, Kameshima Y. 1999. Surface acidity and hydrophilicity of coprecipitated Al_2O_3-SiO_2 xerogels prepared from aluminium nitrate nonahydrate and tetraethylorthosilicate. Journal of Colloid Interface Science, 219(1): 195-200.

Okada K, Tomita T, Kameshima Y. 2002. Effect of preparation conditions on the porous properties of coprecipitated Al_2O_3-SiO_2 xerogels synthesized from aluminium nitrate nonahydrate and tetraethylorthosilicate. Micropours and Mesopours Materials, 37(3): 355-364.

Tian R, Wu Z H, Yue L, et al. 2012. Review on gas drying technologies and equipments. Drying Technology&Equipment, 28(12): 45-50.

Zhang W J, Yao Y, He B X, et al. 2011. The energy-savingcharacteristic of silica gel regeneration with high-intensity ultrasound. Applied Energy, 88 (6): 2146-2156.

Zhang X J, Dai Y J, Wang R Z. 2003. A simulation study of heat and mass transfer in a honeycombed rotary desiccant dehumidifier. Applied Thermal Engineering, 23(8): 989-1003.

第 8 章　膜法除湿技术

传统的除湿技术虽然在现阶段仍然应用广泛，但是随着人们的节能与环保意识不断增强，以及传统除湿方法弊端的日益显现，膜除湿技术等新型除湿技术的优越性正逐渐受到关注。

8.1　膜法除湿技术概述

前面几章介绍了各种常用的空气除湿方法，如冷冻除湿、溶液除湿和固体除湿等，其中，冷冻法不能达到非常低的露点，只适用于将高湿度的空气除湿到中等湿度状态；溶液除湿存在吸湿剂的腐蚀问题；固体除湿虽然能将空气处理到更低的温度状态，但是能耗较高等缺点，促使人们不断探索新的除湿方法。膜法除湿的出现使除湿工艺取得了重大的进步，常用气体除湿方法的性能分析见表 8-1。

表 8-1　常用气体除湿方法的比较

除湿方法	膜法	冷却法	吸收法	吸附法	转轮法
分离与原理	渗透	冷凝	吸收	吸附	吸附
除湿后露点温度/℃	−40～−20	−20～0	−30～0	−50～−30	−50～−30
设备占地面积	小	中	大	大	小
操作维修	易	中	难	中	难
生产规模	小～大型	小～大型	大型	中～大型	小～大型
主要设备	膜分离器	冷冻机	吸收塔	吸附塔	转轮除湿机

膜法除湿主要基于溶解扩散机理，首先水蒸气与膜接触，水蒸气在膜两侧由温度差或压力差形成的浓度差的作用下被膜表面吸收，在膜表面产生浓度梯度，使水分子向膜内扩散，到达膜的另一侧被解吸出来，从而达到除湿目的工艺。

8.1.1　膜简介及膜除湿工艺

1. 膜分离技术简介

膜分离技术虽然在 100 年前就已出现，但近 30 年才在工业上大规模地应用，是近年来正在发展并具有巨大发展潜力的分离方法。膜分离技术已在石化、电子、食品、生物工程、医疗、环保等领域得到广泛应用。在能源紧张、资源短缺、生态环境恶化的21世纪，产业界和科技界把膜过程视为工业技术改造中的一项极为重要的高新技术。气体膜分离作为一种“绿色”技术，在与传统分离技术(吸附、吸收、深冷分离等)的竞争中显示出独特优势，已广泛应用于石油、天然气、化工、冶炼、医药等领域。

膜分离的工作原理主要包括两个方面：一是根据混合物质量、体积和几何形态的不同，用过筛的方法将其分离；二是根据混合物不同的化学性质。物质通过分离膜的速度(溶解速度)取决于进入膜内的速度和由膜的一个表面扩散到另一个表面的速度(扩散速度)。通过分离膜的速度越大，透过膜所需的时间越短，同时，混合物中各组分透过膜的速度相差越大，则分离效率越高。膜的处理方法主要分为微滤(MF)、超滤(UF)、纳滤(NF)、反渗透(RO)、渗析(D)、电渗析(ED)、气体分离(GS)、渗透汽化(PV)和液膜(L)等。膜分离技术经历了多年的发展，已应用于工业上气体分离、水溶液分离、化学产品和生化产品等分离与纯化的过程中，经济效益和社会效益非常大，发挥着极其重要的作用。

膜处理技术中与膜法除湿紧密相关的主要是微滤和超滤膜技术，微滤是以静压差为推动力，利用筛网状过滤介质膜的“筛分”作用进行分离的膜过程，主要用于从气相和液相悬浮液中截留微粒、细菌与其他污染物，以达到净化、分离和浓缩等目的的膜分离技术。

目前我国的超滤膜材料有10多个品种，组件的形式有板式、管式、卷式、中空纤维式等，广泛应用于工业生产和人们生活中，中空纤维式膜分离技术是我国发展最早、应用最广泛的膜技术之一，同时它也是膜法除湿工艺中常用的膜组件之一。

2. 除湿膜简介

对于膜分离过程，是否具有特性优良的膜及结构合理、性能稳定的膜分离装置，直接决定着分离效果的优劣。膜分离技术的核心是分离膜，理想的除湿膜材料应同时具有高的透湿性和抗腐蚀性、良好的选择性、高的机械强度、优良的热力学和化学稳定性以及良好的成膜加工性能。但是在实际的工业应用中，往往难以找到同时满足上述要求的膜材料，因此寻找具有优异性能的膜材料一直是膜法除湿技术的热点研究领域。

除湿膜一般采用亲水性膜，膜的种类可以是有机膜、无机膜和液膜；膜的形态可以是平板式也可以是具有很高装填密度的中空纤维式。现阶段用于膜法除湿的膜材料主要有3种，分别是高分子聚合物膜、无机膜和液膜。虽然具体的除湿机理不同，但是除湿效率都是由水蒸气和其他气体的分离系数与水蒸气的渗透系数决定的，在分离要求比较高的条件下，可以利用一级或多级膜进行水蒸气分离，甚至可以和其他除湿方式联合使用。

1）高分子聚合物膜

该类中的均质膜、非对称膜和复合膜都曾应用于空气除湿。

均质膜为致密膜，通过均质膜的推动力为压力梯度、浓度梯度或电势梯度。这种膜的分离作用是由于各种化学物质在膜中的传递速率和溶解度不同而产生的，主要受扩散率的影响。因此，一般渗透率较低，制备时应使膜尽可能薄，可制成平板式和中空纤维式。均质的高分子膜多用于气体分离或渗透汽化，如硅橡胶膜就是用于气体分离（氮氧分离）中的渗透率很高的均质膜。

非对称膜具有物质分离最基本的两种性质，即高传质速率和良好的机械度。它有很薄的表层（0.1～1μm）和多孔支撑层（100～200μm），非常薄的表层为活性膜，其孔径和表层的性质决定了分离特性，而厚度主要决定传递速度。多孔支撑层只起支撑作用，对分离特性和传递速度影响很小，甚至几乎没有影响。连续性的非对称膜在同样的压力差推动下，其渗透速率为相似性能对称膜的10～100倍。现在醋酸纤维素和多种高分子材料都可以用相似的方法制成非对称膜。

复合膜是将选择性膜层（或称活性膜层）沉积于具有微孔的支撑层（底膜）表面上，就像非对称性膜的连续性表皮，只是表层与底层的材料不同。复合膜的分离性能主要是由表层决定的，但也要受到微孔支撑层的结构、孔径 、孔分布和孔隙率的影响。多孔膜结构的孔隙率越高越好，可使膜表层与支撑层的接触部分最小，从而有利于物质传递。然而，孔径应越小越好，可使高分子层不起支撑作用的点间距离减小。此外，交联和未反应的高分子渗透入支撑层的情况，也是决定复合膜总体传递特性的重要因素。

现阶段，多种亲水性高分子聚合物膜已经广泛应用于除湿研究，如聚二甲硅氧烷、聚酰亚胺、聚乙烯醇、壳聚糖、聚乙二醇延胡索酸酯、全氟磺酸、聚醚砜等聚合物，它们的共同特点是本身可以通过自带的羟基和活性亲水性基团与水分子形成氢键，而气流中其他的气体成分无法在膜表面进行有效的大量吸附，进而实现分离水蒸气的作用。由于单纯的亲水性聚合物作为活性层存在渗透通量较低、分离系数较小、机械强度不足和抗污染性较弱等缺点，对选用的亲水性高分子聚合物进行改性是目前除湿研究的趋势，经常使用简单混合法和化学改性法，通过交联、接枝等增强高分子聚合物的亲水性。

高分子聚合物致密膜除了可以作为活性层在除湿研究中应用，其多孔质膜虽然对混合气中水蒸气的分离效果不太理想，但是由于其本身较高的机械强度和渗透速率而能起到良好的支撑作用，常用作支撑层，如聚醚砜、聚砜、聚丙烯等。

2）无机膜

与目前工业化广泛应用的有机膜相比，无机膜具有许多优点。①耐高温，热稳定性好。无机膜在高温下使用时，仍能保持其性能不变，这使得采用膜分离技术进行高温气体的净化有了实用性;②强度高。无机膜是在高温烧成的支撑体上镀膜,再经过热处理而成,能在很大的压力梯度下操作,不会被压缩或产生蠕变,力学性能好;③化学性质稳定。能耐强酸强碱溶液、有机溶剂和氯化物腐蚀,并且不被微生物降解;④可反复使用,易清洁。无机膜被堵塞后,可采用高压反复冲洗、蒸汽灭菌等方法再生,不会产生老化现象。因而无机膜日益受到科学界的广泛重视。

无机膜的基本分类如下:按表层孔结构,可以分为致密膜和多孔膜两大类,其中多孔陶瓷膜应用较为成熟和广泛;按照制膜材料,可以分为陶瓷膜、金属膜、合金膜、高分子金属络合物膜、分子筛复合膜、沸石膜和玻璃膜等;按照结构中有无担体的特点,可以分为非担载膜和担载膜;按膜孔径和应用场合,可分为微滤膜和超滤膜等。无机膜的应用研究始于 20 世纪 40 年代 U235 的富集。至 80 年代,已开发出应用于工业分离过程的微滤膜、超滤膜及相应的膜组件。80 年代后期,微孔无机膜吸引了众多的研究者,因为孔径的减小有助于提高分离选择性。90 年代,无机膜的开发和应用不仅着眼于液体的分离,而且随着纳滤膜研究的深入,无机膜的研究进入了气体分离领域,并推动以高温膜反应为代表的高新膜技术的迅速发展。目前实际使用的无机膜孔径多在 0.1～1μm,由于陶瓷膜多孔,其渗透选择性较差。沸石具有规则孔道,孔径(0.3～1.2nm)可调,其表面吸附性能、酸碱性能及催化性能可因此而发生显著变化,已广泛用于吸附制冷、催化、气体分离和净化。如果将分子筛以膜的形式加以利用,将其用来调整多孔材料的孔道结构和尺寸,使之能获得孔径小于 1nm 的无机膜,并能用于高温气体分离、空气除湿、渗透蒸发等分子水平的分离过程,可以实现气相分离的连续进行。因此,分子筛膜成为近年来研究的热点。

分子筛膜作为微孔无机膜中的一种,倍受人们的重视。因分子筛的孔径接近于分子大小,孔径分布又窄,因而在择型催化、离子交换和气体分离上有着重要的应用。分子筛膜因其良好的整体性,具有比分子筛粉末更好的吸附、渗透和分离性能,扩大了它的应用前景。此外,分子筛膜还可作为纳米级材料的基体进行原子簇和超分子化合物的组装,从而得到新的光学、光电子和电化学性质的材料,因而在光电子、电化学仪器上有着许多潜在的应用。

分子筛膜的渗透性能取决于渗透温度压力和处理介质的性质,当然膜厚也是一个重要因素。由于分子筛对某些组分具有强烈的吸附性,所以分子筛膜的渗透过程既要考虑其分子选择性,又要考虑其吸附性能对渗透性能的影响。

分子筛膜的传湿机理如下所述。

分子筛膜上的孔径分为大孔(>25nm)、中孔(2～25nm)和微孔(<2nm)。由于膜孔径的不同,气体通过孔的扩散机理也是不同的,可以分为黏性流、克努森扩散、表面扩散、多层吸附、毛细凝聚和微孔扩散(活化扩散),图 8-1 为各种扩散机理的示意图。

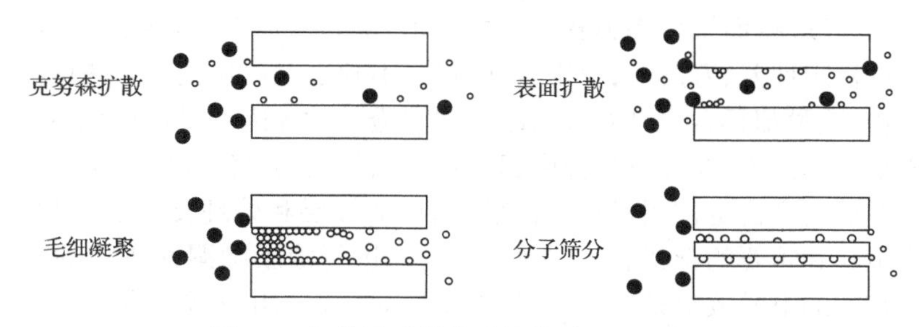

图 8-1　气体通过微孔膜的传质机理示意图

当气体分子的平均动力自由程远小于孔径时，其扩散机理主要是黏性流，它基本上没有选择性；当分子平均自由程远大于孔径且气体分子被介质弱吸附时，主要是克努森扩散，其扩散速率与分子量的平方根成反比，由于常见气体的分子量相当接近(通常在 10～100)，所以克努森扩散的选择性不高。

气体分子在孔壁上的吸附会导致表面扩散，表面扩散的单位推动力是吸附质的浓度梯度，在高压、低温的条件下，表面扩散占主导作用。强吸附的分子比弱的分子渗透快(即具有较大的分子量)。当孔径与分子直径相当时，表面扩散将十分显著，在多层气体吸附中，若强吸附分子的相对压力足够高，该组分会凝聚并充满膜中的孔道，发生毛细凝聚现象，通常易凝聚的气体分子在 2～10mm 的孔中，并会发生多层吸附和毛细凝聚现象。

对分子筛膜分离气体机理的研究已有许多报道，其中，Asaeda 等认为多孔固体膜分离气体的历程一般分为 4 种类型。①克努森扩散。当在有压差条件下膜孔径为 5～10nm，无压差条件下膜孔径为 5～50nm 时，克努森扩散起主导作用，其分离系数为被分离气体相对分子质量之比的平方根；②表面扩散。膜孔壁上吸附分子通过吸附分子的浓度梯度在表面上进行扩散，这一历程中被吸附状态对膜分离性能有一定影响。被吸附组分比不被吸附组分扩散快，从而引起渗透率的差异，达到分离的目的。当膜孔径为 1～10nm 时，表面扩散起主导作用。对于气体分离，表面扩散比克努森扩散更为有用；③毛细管冷凝。在温度较低的情况下(如接近 0℃时)，每一孔道都有可能被冷凝物组分堵塞，从而阻止了非冷凝物组分的渗透，当孔道内的冷凝物组分流出孔道后又蒸发时，就实现了分离；④分子筛效应。这是一个比较理想的分离历程，分子大小不同的气体混合物与膜接触后，大分子被截留，而小分子则通过孔道，从而实现了分离。

3）液膜

膜除湿领域中的另一个研究重点是液膜，液膜有两种形式：一种是乳状液膜，以表面活性剂稳定薄膜；另一种是带支撑层的液膜，即将液膜充于微孔高分子结构中，后者比前者稳定。液膜与高分子聚合物膜和无机膜较明显的不同之处在于：液体的活性膜为液体，而聚合物膜和无机膜的活性层为固体。液膜自身的性质造成了液膜自身稳定性差、寿命短、使用条件苛刻、不利于工业化生产等缺点，但是与固体膜相比较，液膜却具有较高的分离系数和渗透通量等优点，目前用于除湿研究的液膜主要是支撑液膜，在分离过程中起高效分离作用的是液体活性层，支撑层主要是液体活性层起到稳定作用，但是有效地选择活性层和处理支撑层有时会对液体活性层除湿起到重要的促进作用。例如，Li 在进行液膜除湿性研究的时候，对支撑层进行有效的电晕放电处理，进而使电晕层表面显示出了亲水化的性质。

总体说来，除湿膜还存在着透湿率低、强度差、成本高的缺点，今后随着膜材料和制膜工艺的研究发展，膜空气除湿必将在空调和其他领域取得更大的发展。

3. 除湿膜材料改性

现有气体分离膜普遍存在着渗透通量低、分离因子小、机械强度差等缺点。因此要对膜材料做进一步的改进，常见的改性方法主要有共混法、接枝法和填充法等。

1）共混法

共混法是高分子改性中简便有效的方法之一。共混改性法可分为熔融共混、溶液共混、乳液共混等。Hilmioglu 等通过 PVA 和 PAA 共混，并加入酯基共价交联 PVA 中的—OH 和 PAA 中的—COOH 制成共混膜，用于异丙醇/水的渗透汽化分离，研究了原料液组成对异丙醇/水物系选择吸附性和渗透汽化性能的影响。Yin 等在 PAN 中混入少量聚偏氟乙烯制备中空纤维膜，结果表明制得的膜水通量和截留率均有所提高 。

2）接枝法

接枝改性即把具有特定性能的基团或聚合物支链接到膜材料上，以使膜具有某种性能 。这种方法主要包括表面光接枝、辐照接枝、等离子体接枝、表面化学改性等。Khayet 等分别采用含氟的低聚物与氨基甲酸酯聚合以及对端基进行氟化的方法得到了表面改性高分子，发现随着铸膜液中氟化改性高分子浓度的提高，膜的渗透汽化分离性能增强。

3）填充法

填充法是将对优先透过组分有强吸附作用的物质填入聚合物中，从而对膜的分离选择性及渗透量产生一定的影响。Uragami 等采用季铵化壳聚糖和 TEOS 制备的杂化膜进行乙醇/水分离，当 $x_{(TEOS)}<45\%$时，渗透通量为 $70kg/(m^2\cdot h)$。

4. 膜法除湿工艺

在传统的除湿技术中，固体或液体除湿剂的再生过程会使除湿间断，并且有很多运动部件，而且耗能大，膜法除湿就没有这个过程，除湿过程可以连续进行，提高了除湿过程的效率和系统的可靠性，而且耗能少；对于溶液除湿剂，可能存在对设备的腐蚀问题，膜法除湿则可以完全避免；相比于冷却或液体除湿设备来说，膜法除湿设备占地面积更小，没有运动部件，更利于维修、系统稳定等这些优势使得膜法除湿的应用前景十分广阔，是一类十分有潜力的除湿工艺。

膜法除湿的另外一个优势是，对很多膜来说，水的渗透通量都较高，使水/气（如空气、甲烷）的选择性在两个数量级以上。但是由于水蒸气是微量气体，膜分离过程常被操作条件所限制，即被进气侧压力和渗透侧压力比所限制。假设待分离混合气体的进气侧压力为 p_f，渗透侧压力为 p_p，水蒸气进口浓度（物质的量分数）为 x_f，渗透侧水蒸气出口浓度（物质的量分数）为 x_p。只有在 $x_p p_p < x_f p_f$ 时，才能使水蒸气由进气侧渗透到渗透侧 。因此不管膜的选择性有多大，渗透侧水蒸气的提浓倍数都将受压力比 p_f/p_p 的限制。另外，即使原料气压力很高，使得压力比较大，但是膜法气体脱湿的水蒸气是微量气体，渗透速度快，容易在渗透侧富集，浓差极化使得水蒸气的解吸效率降低。所以膜法脱湿必须采取一定的手段，如吹扫气、抽真空、吸收等增大水蒸气的浓缩倍数，减小浓差极化[①]的影响。

1）传统的除湿工艺

（1）压缩法。

这种系统靠压缩气流造成传质势差，外界新鲜空气经压缩机加压后进入膜组件，空气中水蒸气的分压提高，在进出气侧压差的作用下优先散发到环境中去，干燥的空气进入室内，如图 8-2 所示。为了保证除湿过程连续高效运行，需要对透过侧的水蒸气分子进行及时处理，保证较大的推动力，常见的处理方式有抽真空和吹扫气。因此真空法和吹扫气法都是在压缩法的基础上所做的改进。

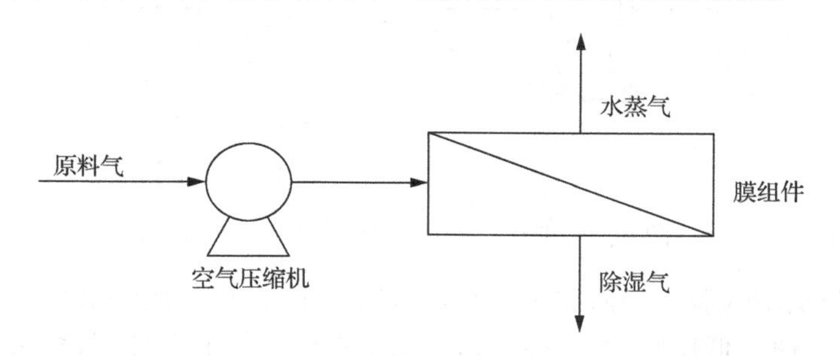

图 8-2　原料气加压空气除湿系统

① 浓差极化：膜分离过程中的一种现象，会降低透水率，是一个可逆过程。是指在超滤过程中，水透过膜而使膜表面的溶质浓度增加，在浓度梯度作用下，溶质与水以相反方向向本体溶液扩散，在达到平衡状态时，膜表面形成一溶质浓度分布边界层，它对水的透过起着阻碍作用；在溶液膜法除湿中，水分子在空气侧膜表面凝结形成极薄水膜，阻碍除湿过程高压侧的吸附过程。

(2) 真空法。

此方法是靠降低渗透侧压力来传递水蒸气,靠一个真空泵降低渗透侧的压力,产生传湿驱动势,该种方式的优点是产品气没有损耗,缺点是增加了额外的动力设备,同时对膜的性能也提出了很高的要求,系统如图 8-3 所示。

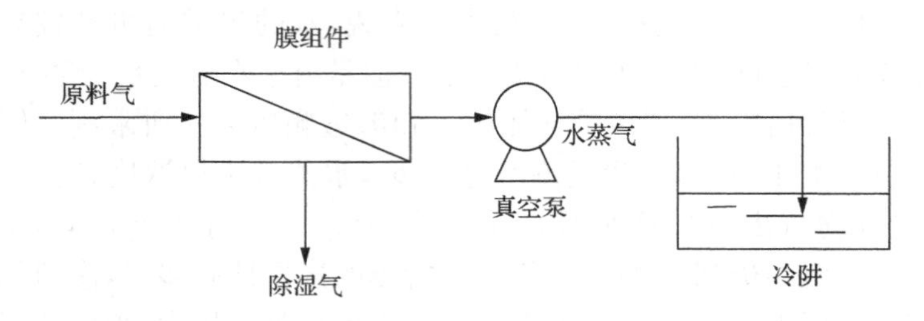

图 8-3 渗透侧抽真空的空气除湿系统

(3) 吹扫气法。

在膜的透过侧采用气体吹扫,利用吹扫气带走渗透的水蒸气,根据吹扫气的不同,吹扫方式又可以分为控制吹扫方式和外吹扫方式:控制吹扫方式是利用产品气的一部分作为吹扫气,这样会造成部分产品气的损耗;外吹扫方式是采用外加干燥器吹扫膜的透过侧带走渗透的水蒸气,这种操作方式不损耗产品气,但需要另外的干燥器源,如图 8-4 所示。

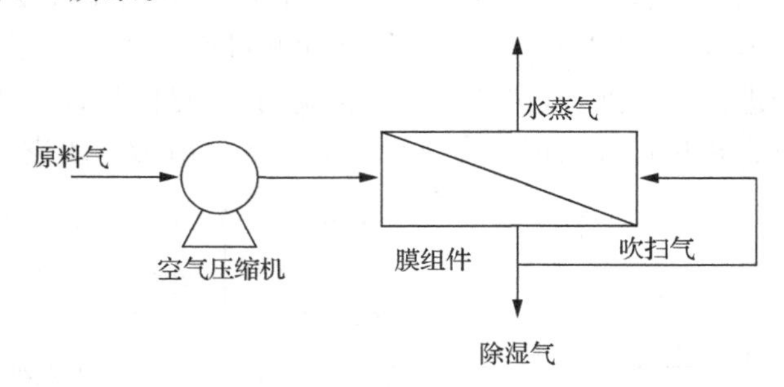

图 8-4 引入吹扫气的加压空气除湿系统

目前,膜法空气脱湿的研究主要是针对压缩空气,而对膜法低压空气除湿工艺的研究较少。研究低压膜法空气除湿,是为了在低能耗的条件下,探索满足普通住房、船舶舱室、工业生产车间、仓库、博物馆等场合除湿要求的膜法除湿工艺,因此,上述的膜法除湿工艺现阶段还在广泛使用。如图 8-5 所示,从除湿效果上讲,采用渗透侧抽真空的工艺要好于采用吹扫气的工艺,而以产品气的 20%作为吹扫气要好于以 10% 作为吹扫气。总体来说,采用渗透侧抽真空工艺的除湿效果要优于采用吹扫气工艺的除湿效果,但是抽真空工艺的气体损失量较大,会加重除湿设备的运行负担;在其他操作条件一定的情况下,提高进气压力是提高除湿效率的有效途径；升高吹扫气的温度有助于提高除湿效率，但会增加设备能耗，除湿效率随着进气流量的增加而减小。

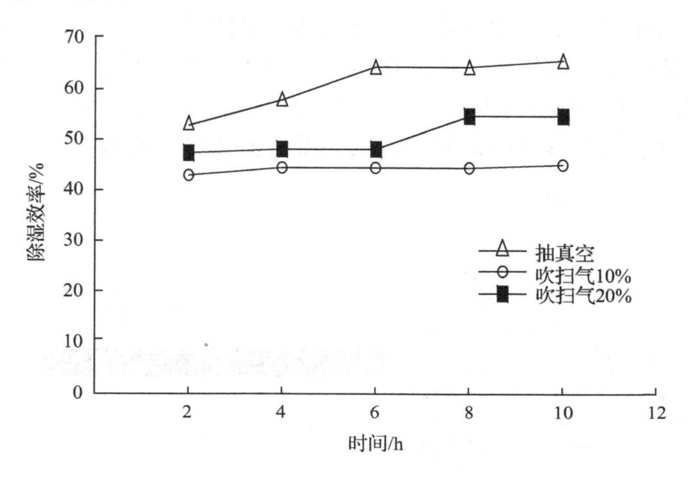

图 8-5　吹扫气与抽真空的比较

2）现阶段常用的除湿工艺

（1）膜/吸收剂法。

该方法主要是将膜空气除湿与固（液）体吸湿剂结合起来，如图 8-6 所示，新鲜空气首先经过膜进行预处理，然后流经固体吸湿剂，这样充分利用膜在高湿段的除湿能力和固（液）体吸湿剂在低湿段的吸湿能力，能将空气处理到很干燥的状态。当空气中的水蒸气含量较高时，水蒸气透过膜的速率高，膜除湿的效率较高；当空气中的水蒸气含量较少时，水蒸气透过膜的速率急剧下降，导致膜面积急剧增长，此时采用固（液）体除湿剂除湿效率最高。

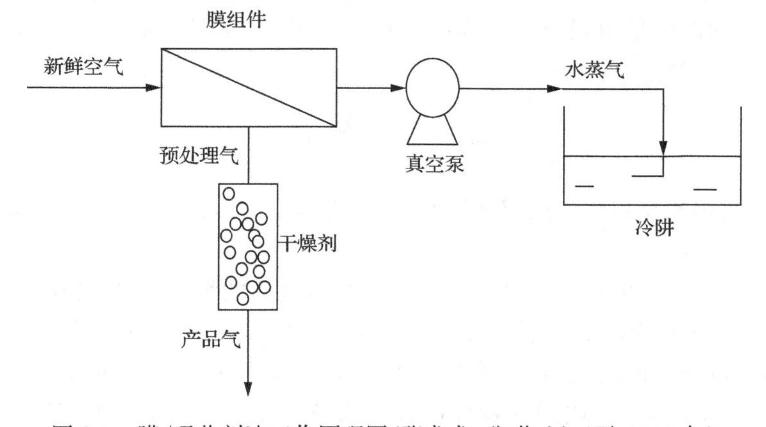

图 8-6　膜/吸收剂法工作原理图（张龙龙，张琪，汤卫平，2010 年）

(2) 膜湿泵法。

上述的膜法脱湿过程都是以压力差作为推动力的,但是化学位差也可以是由温差产生的,从而提出了利用温差推动分离的湿泵的概念,湿泵是指由于膜中热势的推动,湿度从较干燥的气体传递到湿气中的除湿工艺。例如,在实际工程中,有时需要实现湿空气从低湿气流向高湿气流的传递,即“湿泵”。膜湿泵是靠膜两侧的温度差来实现的,水蒸气由低湿气流向高湿气流传递。原理图如图 8-7 所示。

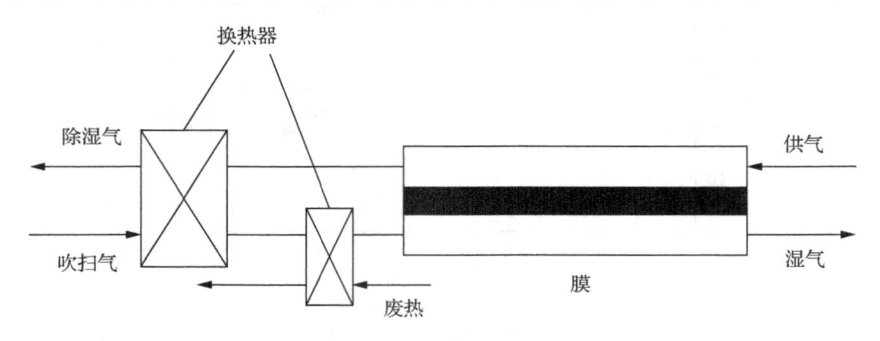

图 8-7　膜湿泵的工作原理图

在该装置中,新风被分为两股,一股作为供气,另一股作为吹扫气,以逆流的方式通过膜分离器,吹扫气首先经过换热器回收一部分热量,升温后进一步流经一个余热加热器,温度进一步升高到设定值,这两股气流的温差造成膜的两个表面上水的浓度差,这个浓度差就是水蒸气反向渗透的推动力。由于温度越高,膜对水的吸附量越小,导致驱动气流侧膜表面的水分浓度小于供气侧膜表面的水分浓度,从而引起膜内水分从供气侧向吹扫气表面的扩散,这样一来供气中的水蒸气就不断地被吸附到吹扫气流侧表面,并向吹扫气流侧扩散,然后在吹扫气流侧表面向驱动气流解吸出来,这个过程不断进行,使被处理供气的湿度不断降低,从而达到除湿的目的。湿泵的性能是由膜材料的物性参数决定的,为了评价膜材料对湿泵性能的影响,定义了参数湿泵因子 ϕ:

$$\phi = \omega^{0.2}\left(\frac{D_{wm}}{\lambda_m}\right)^{\frac{1}{3}} \tag{8-1}$$

式中,ω 为膜吸水率;D_{wm}为水在膜中的扩散系数,m^2/s;λ_m为膜材料的导热系数,$kW/(m \cdot K)$。

当 ϕ 小于 $0.012m^3 \cdot K/kJ$ 时,湿泵性能随着 ϕ 的增大而得到较快改善,当 ϕ 大于 $0.015m^3 \cdot K/kJ$ 时,改善得幅度趋缓,此后再增大湿泵因子对湿泵性能的改善并无多大帮助。同时发现,只有当 ϕ 大于 $0.02m^3 \cdot K/kJ$ 时,即水的透过率大于 $10^5 kg/(m^2 \cdot s)$时,才能达到商业化的使用要求,该方式可以实现连续除湿,驱动热源可以是低品位余热。

(3) 再循环接触器系统法。

该系统由两个膜接触器即膜吸收器和膜解吸器组成，膜吸收器用来吸收空气中的水蒸气，而渗透侧由液体干燥剂对水分进行吸收，从而使得膜两侧的水蒸气始终存在浓度差，液体干燥剂在两个膜接触器中循环流动，并通过解吸膜组件进行再生。该系统能保持低的气相压力降，能在室温下操作，并且可以通过对膜的有效面积、液体流速、膜吸收器与解吸器之间温差等的调节而使操作达到最优化，同时这一系统兼有膜分离和液体吸收的优点，除湿过程不需要抽真空，也不需要对空气进行压缩，所以用于空气除湿耗能低、效率高，是一种新型的除湿模式，如图 8-8 所示。

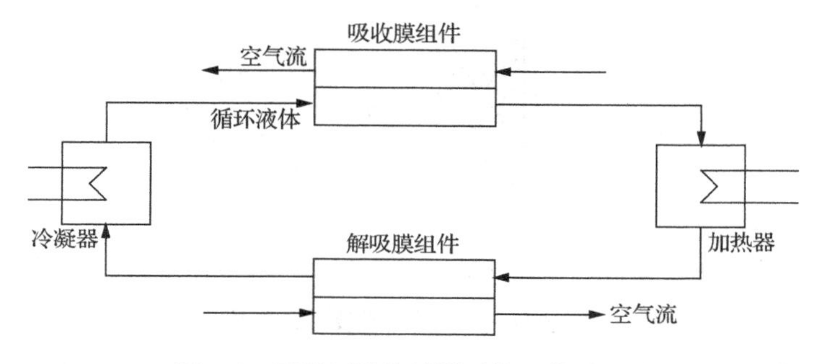

图 8-8　再循环膜接触器系统工作原理图

(4) 吹扫气与抽真空联合法。

Cecile 等对吹扫气和抽真空联合法进行了研究，并通过实验与模拟发现这一方法比单独使用抽真空和吹扫气法消耗的能量更多，并且增加了成本投入，但是有的学者认为：吹扫气和抽真空都能有效地提高膜组件的除湿效率，与吹扫法相比，该方法可以使产气露点温度降低 5～6℃，在保证不增加新的能耗的前提下，吹扫气与抽真空联合使用是消除浓差极化、提高膜组件效率最有效的方法。因此该方法还存在争议，建议谨慎使用。

(5) 集成技术。

任何一种分离技术都有其技术边界和经济边界，在某些特定的分离对象和工况条件下优势最为明显，膜法脱湿分离技术也是同样的。采用膜法脱湿分离技术与其他技术集成，实现最优的工艺组合和最低的经济投资是膜法气体脱湿技术发展的方向，同时也扩大了膜法气体脱湿技术应用的领域和适用范围。下面举例说明几个集成过程。

① 膜分离/吸附集成。这种工艺如图 8-9 所示，由膜分离和传统吸附工艺集成。膜分离过程实际上还是利用真空或吹扫的方法来提高分离效果，吸附过程可以是变压吸附或变温吸附，如工业气体深度脱水过程，露点要求低于－60℃。单纯采用分子筛脱水，分子筛再生十分频繁，容易失效，结块堵塞。利用膜分离技术除去气体中的大部分水分，残留水蒸气采用吸附法脱除，延长了分子筛的使用寿命，

提高了气体回收率，再生频率大大降低，装置规模缩小。Air Products and Chemicals公司将这种工艺用于低温空气分离制备高纯氮气的预处理过程，采用乙酸纤维素、聚砜、聚酰亚胺等作为膜材料，除去部分水蒸气后，用分子筛进一步除湿，可以得到很低的露点。

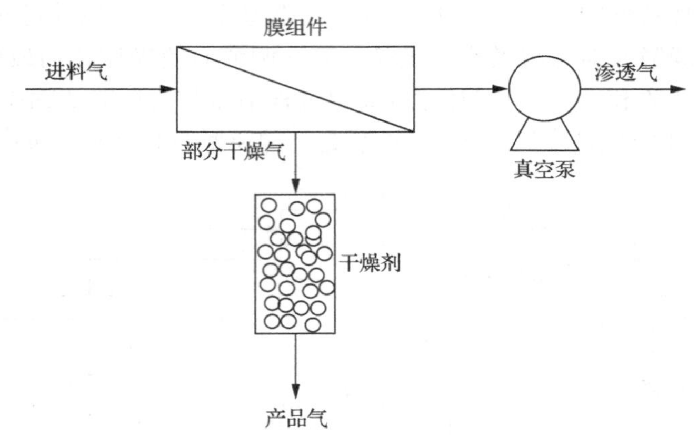

图 8-9　膜分离/吸附集成技术工作原理图

② 膜分离集成。采用多种膜分离过程的合理组合构成集成膜过程来解决复杂的分离问题，是目前膜分离技术重要的发展方向之一。吴庸烈等利用两个膜分离过程组合进行乙醇气相脱湿。第一个膜分离为压缩空气脱湿过程，采用30%的产品气作为第一个膜分离的吹扫气，得到产品气的露点大约为−30℃，剩余的产品气作为第二个膜分离过程(乙醇脱湿)的吹扫气，由于吹扫气流的气体十分干燥，所以提高了脱水效率。Permea公司设计两级膜分离过程来提高气体的回收率。第一级膜分离过程产生的渗透气(含较多水蒸气)经过压缩，除去大部分水后，进入第二级膜分离器，渗余气一部分作为第一级膜分离器的吹扫气，另一部分作为第二级膜分离器的吹扫气，使气体的回收率大于98%。

8.1.2　膜组件

近年来，随着膜技术研究的发展，膜组件广泛用于空气湿度调节方面。膜组件是利用膜两侧流体之间的浓度差为推动力的，使一侧流体中的水蒸气透过选择性渗透膜渗透到另一侧流体，从而实现湿度调节效果的装置。在膜组件中，膜两侧流体的热量和水蒸气可以通过半透膜进行交换。膜组件按照膜的形态和流道结构，可以分为平行板式膜组件、板翅式膜组件、交叉三角形板式膜组件和中空纤维式膜组件。

1）平行板式膜组件

平行板式膜组件类似于板式换热器，是由一系列平板式膜组件按照一定间距逐层叠放在外框架中制备而成的，上、下两层膜之间需要有支撑机构，形成平行板流道，如图 8-10 所示，其主要的结构参数有流道宽度 W 与流道高度 H。膜两侧流体通常以错流形式流动，层尖角通常取 90°，流道的当量直径以 4 倍的流通截面积除以湿润周长进行计算。平行板式膜组件具有结构简单、流动阻力小和制作方便等优点，缺点是膜填充密度小、传热传质系数小。

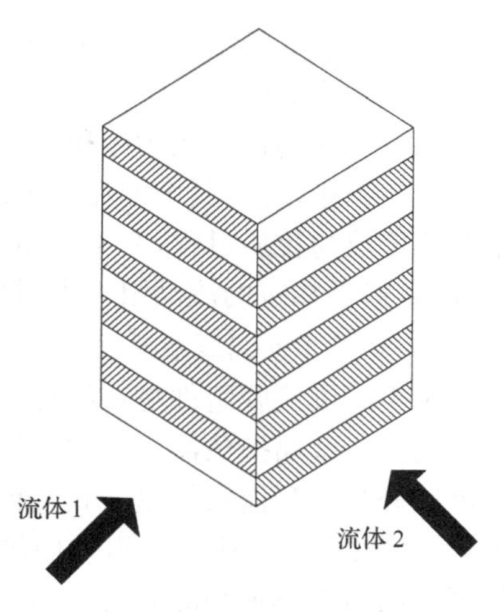

图 8-10　平行板式膜组件结构示意图

平行板式膜组件是最常用、也是最早商业化的膜组件类型，早在 1991 年，丹麦的 DDS 公司就已经生产出这种类型的商业化组件，由于平行板式膜组件在工业化应用中显示出较低的堆积密度与较高的生产成本的缺点，现已逐步被更加优能的组件代替，但是简易平行板式膜组件的制备工艺比较简单、维修方便，仍非常适用于实验室进行理论上的研究。

2）板翅式膜组件

板翅式膜组件与平行板式膜组件结构类似，不同的是相邻板之间由波纹板式翅片起到支撑作用，而不需要额外的支撑物。板和翅片可以采用相同的膜材料，也可以一者用膜材料，另一者用其他材料。板翅式膜组件中的流道形状通常为三角形流道或正弦型流道，如图 8-11 所示，其主要的结构参数有顶角 θ、层间角 γ、流道宽度 W 与流道高度 H 等。流道的当量直径同样以 4 倍的流通截面积除以湿润周长计算。为制作方便，层间角 γ 通常取 90°，其制作难度比平行板式膜组件大，传热传质系数也不如平行板式膜组件高，但是其流动阻力要小。

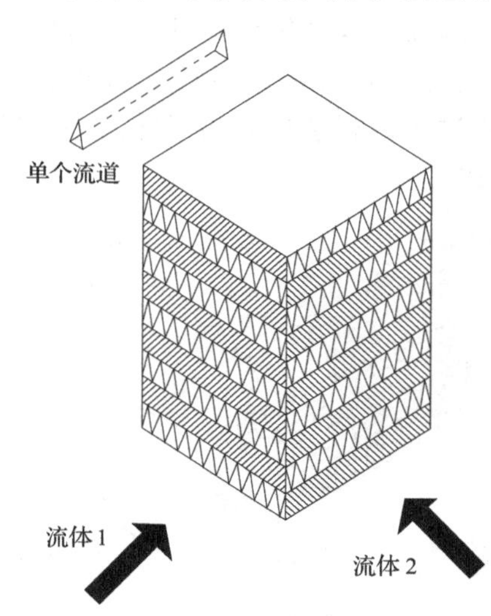

图 8-11　板翅式膜组件结构示意图

3）交叉三角形板式膜组件

交叉三角形板式膜组件结构类似于人字形流道板式换热器。由两层三角形波纹板式膜以一定角度叠合构成一层流道，每层流道的形状即为交叉三角形波纹板流道，交叉三角形波纹板流道是常用的强化传热方法，其结构类似于交叉正弦型波纹流道。其主要的结构参数有顶角 θ、层间角 γ、流道宽度 W 与流道高度 H 等。与前面两种流道的当量直径计算方法不同，交叉三角形波纹板流道的当量直径通常采用一个周期性单元的体积与膜表面积比乘以 4 计算获得。流道中存在周期性的收缩与扩张，使得其中的流动可以在较低的雷诺数下达到湍流状态，有效地强化了对流传热与传质过程，交叉三角形波纹板式膜组件的填充密度大，对流传热传质系数高，但是相应的流动阻力大，且制作费时。

4）中空纤维式膜组件

中空纤维式膜组件是在组件内填充大量的中空纤维膜管束。其结构类似于传统的壳程式金属换热器。按照管程流体与壳程流体的流动方向，中空纤维式膜组件可以分为平行流式与错流式两种，平行流式与错流式中空纤维膜组件的结构如图 8-12 和图 8-13 所示。组件中填充的中空纤维管束可以分为规则排列（三角形排列或四边形排列）和随机排列。管束的排列方式与填充率（或填充密度）是中空纤维式膜组件的重要结构参数。不同学者研究中空纤维膜管束时采用的当量直径计算方法不同，有的直接以中空纤维膜管径为当量直径，有的以流道 4 倍的流通截面积除以湿润周长计算，有的以管束的填充率变换计算得到。中空纤维式膜组件由于可以有非常高的填充密度，所以有很好的传热传质性能。前面提到的 3 种膜组件由于膜本身机械强度的限制，通常用于气-气流体热质交换。而采用高分子聚合物制备的中空纤维膜的机械强度相对较高，因而中空纤维膜组件不仅可以用于气-气热质交换，也可以用于气-液热质交换，应用范围比前 3 种膜组件更为广泛。缺点是中空纤维膜的成形与装封复杂，管程进出口封装处容易泄露。中空纤维式膜组件是目前工业中应用较多的膜组件形式。

图 8-12　平行流式中空纤维式膜组件

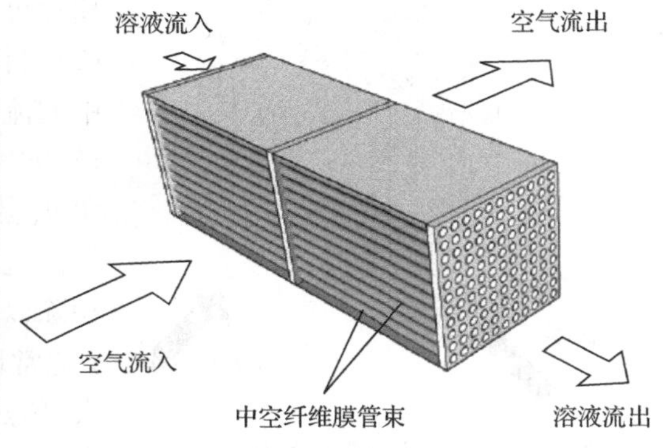

图 8-13　错流式中空纤维式膜组件

总之，除湿方法的选择要考虑实际应用，同时要综合多方面的因素，原则是尽量使能耗少、成本低、同时保证好的除湿效果。

8.2　膜法除湿的应用

1. 膜除湿器

液体除湿系统的两个关键部件——除湿器和再生器通常是选用填料塔的，通过空气与除湿溶液在填料塔内直接接触，完成除湿过程。虽然在除湿器空气流出口处会安装除沫隔层，但是腐蚀性液滴夹带的问题仍然存在。随着膜技术的发展，选择性透过膜被用来实现液体除湿，空气和除湿溶液被选择透过性膜隔离，该膜只允许水蒸气透过，而严格阻止其他气体或者液体的渗透，因此膜除湿技术能彻底克服传统液体除湿技术中液滴夹带的弊端。

膜组件液体除湿系统中膜除湿器的流体流动与传热传质准则数对膜组件的设计和整个系统的优化有重要的指导意义，平行板式膜组件和中空纤维管式膜组件是最具有代表性的两种膜组件，很多学者都对它们进行了研究。

黄斯珉等对膜组件液体除湿过程共轭传热传质特性进行了研究，空气与溶液两个流体之间通过膜的热湿交换机理如图 8-14 所示。由图可知，除湿过程中，空气侧水蒸气分压大于溶液侧表面平衡水蒸气分压，在水蒸气分压差的推动作用下，水蒸气从空气侧透过膜向溶液侧传递。当水蒸气接触液体除湿剂时，被溶液吸收，产生相变热，释放在溶液和膜的接触面上。这直接导致膜两侧表面的热流密度不同，溶液侧膜表面热流密度为空气侧膜表面热流密度和吸收热流密度之和。

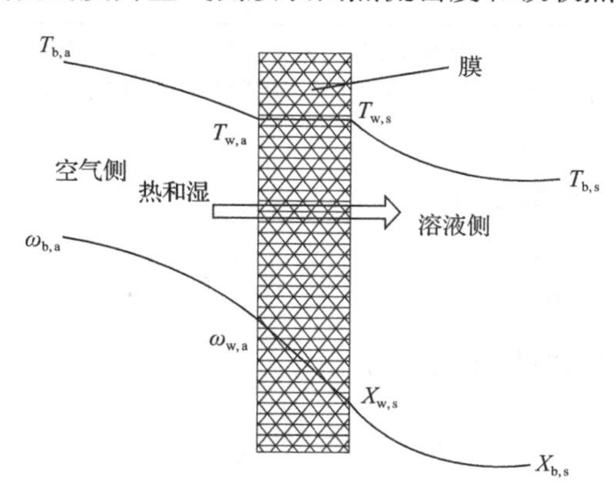

图 8-14　空气和溶液流通过膜的热湿传递机理

假设膜的厚度为 $2a$，由于膜的厚度很小，除湿过程中空气与溶液流体之间的显热交换通常小于 300W/m²。膜两侧的最大温差低于 0.2℃（$T_{w,a} \approx T_{w,s}$），因此，膜厚度方向的温度差可以忽略不计，当水蒸气被液体除湿剂吸收时，吸收热释放在溶液侧膜表面上。基于以上分析，空气流与温度流在膜表面的热量平衡控制方

程为

$$\lambda_a \frac{\partial T_a}{\partial y}\Big|_{y=0} + \rho_a D_{va} h_{abs} \frac{\partial \omega_a}{\partial y}\Big|_{y=0} = \lambda_s \frac{\partial T_s}{\partial y'}\Big|_{y'=2a} \tag{8-2}$$

机理模型的深入探讨应排除量纲的影响，因此选择使用无量纲量来描述。无量纲量定义见表 8-2。

表 8-2　无量纲定义

无量纲速度	$u^* = -\frac{\mu u}{D_h^2 \frac{dp}{dz}}$
无量纲温度	$\theta = \frac{T - T_{ai}}{T_{si} - T_{ai}}$
无量纲湿度	$\xi = \frac{\omega - \omega_{ai}}{\omega_{si} - \omega_{ai}}$
无量纲质量百分数	$\Theta = \frac{X - X_{ei}}{X_{si} - X_{ei}}$
无量纲吸收热	$h_{abs}^* = \frac{\rho_a D_{va} h_{abs}}{\lambda_s}\left(\frac{\omega_{si} - \omega_{ai}}{T_{si} - T_{ai}}\right)$
无量纲导热系数	$\lambda^* = \frac{\lambda_a}{\lambda_s}$
无量纲坐标	$y^* = \frac{y}{2a}$

注：D_h为水利直径；T_{ai}为空气入口温度，K；T_{si}为溶液入口温度，K；ω_{ai}为空气入口湿度，kg/kg；ω_{ai}为溶液入口湿度，kg/kg；ω_{si}为溶液表面与溶液入口温度（T_{si}）和质量百分比（X_{si}）相平衡的空气湿度，h_{abs}为吸收热，kJ/kg。

则公式(8-2)可无量纲化为

$$\lambda^* \frac{\partial \theta_a}{\partial y^*}\Big|_{y^*=0} + h_{abs}^* \frac{\partial \xi_a}{\partial y^*}\Big|_{y^*=0} = \frac{\partial \theta_s}{\partial y'^*}\Big|_{y'^*=1} \tag{8-3}$$

空气侧和溶液侧表面热流密度为

$$q_h = -\lambda \frac{\partial T}{\partial y}\Big|_{y=0,2a} \tag{8-4}$$

由于空气流与溶液流之间温度和湿度通过膜强烈地共轭在一起，相互影响，所以膜表面上各处温度不是固定值，而是不断变化的。溶液侧热流密度等于空气侧热流密度与潜热密度之和，即

$$q_{h,s} = q_{h,a} + q_{Lat} \tag{8-5}$$

式中，q_{Lat}为潜热流密度，是由溶液侧潜热或者吸收热产生的。

2. 膜全热换热器

膜法除湿目前主要应用于空气除湿和有机气体除湿。在空气除湿领域，尤其在室内空气除湿领域，现在提出了一种新的热湿回收设备，即膜全热换热器，这种换热器可以用于空调系统中的除湿，有较好的节能前景。

1）膜法除湿在空调领域的应用与进展

在空调领域中，对空气除湿的要求并不像其他领域那样高，即并不要求将空气中的相对湿度降到很低，因此采用膜法除湿比较合适，同时还可以克服湿空气与液体干燥剂直接接触而导致夹带吸收剂和减少吸收面积的缺点。

空调系统在现阶段的日常生活中不可或缺，在空调系统新风热回收领域，常用的热回收装置有金属壁换热器、热管换热器、转轮全热回收器和膜全热换热器(MHME)。其中，金属壁换热器和热管换热器只能回收显热，转轮全热回收器和膜全热换热器不仅能回收显热，还能回收潜热，因此效率较高，但是转轮回收器存在新风和排风混合的问题，膜全热换热器不但没有污染问题，且没有运动部件，系统可靠性比较高。但是在南方高湿的条件下，不能将新风中的含湿量处理到设定的室内含湿量的值，因此开发一种适宜在南方地区使用的高效节能的独立新风除湿系统，对全社会的能源与环境有重要的意义。张立志等通过结合膜法除湿和制冷除湿的优点，提出了膜法全热回收制冷除湿系统，该系统由全热换热器和制冷系统构成，如图 8-15 所示。膜全热换热器的芯体材料是一种高效的透湿膜，该膜的透湿效率很高，潜热效率高达 75%，显热效率也很高，可达 85%，同时，这种膜能防止污染物的渗透，制冷除湿系统是直接膨胀式制冷系统，它由压缩机、蒸发器、膨胀阀以及两个平行布置的冷凝器组成，新风和排风分别交叉流过膜全热换热器，在全热换热器中，在两侧含湿量的驱动力下，新风和排风同时交换湿和热，使排风的全热(湿和热)得到回收，新风的温度和含湿量都降低之后的新风(B 点)经过蒸发器，蒸发器的翅片表面温度很低，低于 B 点的露点温度，因此 B 点空气中水分被凝结

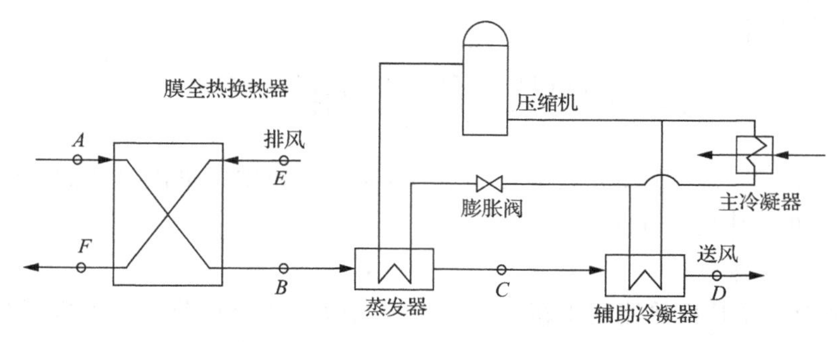

图 8-15　膜法全热回收制冷除湿系统示意图

析出，温度和含湿量进一步降低，蒸发器出口的空气（C点）温度很低，不能直接将它输送到室内，需要将它再热到20℃后才能输送到室内，否则就会引起室内人员的吹冷风感，影响人体的舒适性，同时也会造成墙壁表面结露，影响墙体的寿命，从图8-15可以看出，利用辅助冷凝器释放的冷凝热可以将C点的空气再热到20℃，而无需额外的能源再热，提高了系统的效率。膜法全热回收制冷除湿系统结构紧凑、占地面积小、效率较高、可靠性高、能耗较低，是一种能够进行全热回收的高效节能新风除湿系统，十分适合高温高湿、人口密度较大的南方城市使用。

用透湿膜做成全热换热器，这是一种被动除湿技术，也称为膜焓回收器，它是利用透湿膜做换热面的空空换热器，空调新风和排风分别流过膜的两侧，同时交换热湿，使房间的焓得到回收，降低新风空调负荷，也在新风处理单元中有应用。该除湿方法的突出优点如下：由于膜两侧都处于大气压附近，对膜的强度没有特殊的要求，所以它是膜除湿的发展方向。夏季，新风往往热而且湿，回风相对冷且干，新风和回风同时通过透湿膜两侧，它们交换热和湿后就可以带走新风中的显热和部分潜热，降低新风负荷，这种全热回收的方法可以减少夏季空调能耗的20%左右；冬季，新风往往冷且干，而回风却热且湿，此时利用膜的全热换热器可以把排气中的热和湿回收，实现节能的目的。

2）膜全热换热器性能评价指标

通常用显热交换效率、潜热交换效率和焓交换效率来评价膜全热换热器的性能，显热效率可用式(8-6)表示：

$$\varepsilon_s = \frac{m_s(T_{si} - T_{so}) + m_e(T_{eo} - T_{ei})}{2m_{min}(T_{si} - T_{ei})} \tag{8-6}$$

潜热交换效率：

$$\varepsilon_L = \frac{m_s(\omega_{si} - \omega_{so}) + m_e(\omega_{eo} - \omega_{ei})}{2m_{min}(\omega_{si} - \omega_{ei})} \tag{8-7}$$

焓交换效率：

$$\varepsilon_{tot} = \frac{m_s(H_{si} - H_{so}) + m_e(H_{eo} - H_{ei})}{2m_{min}(H_{si} - H_{ei})} \tag{8-8}$$

式中，T_{si}、ω_{si}、T_{ei}、ω_{ei}、T_{so}、ω_{so}、T_{eo}、ω_{eo}分别为新风和排风进出口的温度和湿度；m_{min}为m_s和m_e中的较小者。

3）新风全年负荷

本节对膜全热换热器用于新风系统热湿回收时的全年节能效果进行分析，处理新风所需的能量由室外空气状态和室内温湿度设定值所决定，它包括两个部分：显热负荷和潜热负荷。显热负荷和潜热负荷表达式如下：

$$q_s = (c_{pa} + \omega_s c_{pw})(T_{si} - T_{ei}) \tag{8-9}$$

$$q_L = 2501(\omega_{si} - \omega_{ei}) \tag{8-10}$$

式中，(T_{si}, ω_{si})为新风进口状态；(T_{ei}, ω_{si})为排风进口状态。如果使用新风全热换热器，显热和潜热负荷的一部分可以由排风回收的能量来承担，这部分能量称为回收的能量，回收的显热为

$$q_{sr} = q_s \varepsilon_s \tag{8-11}$$

回收的潜热为

$$q_{Lr} = q_L \varepsilon_L \tag{8-12}$$

新风的进口状态就是室外大气环境的状态，排风的进口状态随季节的不同而不同，在供热季节，排风的温度变成冬天供热工况下室内的设定温度 T_h，在大多数情况下，冬季供热时，并不刻意去控制湿度，即不需要对新风湿度进行调节，所以潜热负荷认为是零，在夏季制冷时，同时需要控制温度和湿度，此时排风的温度和湿度就是室内温湿度的设定值(T_c, ω_c)。制冷和供热时温湿度的设定值是不同的。

新风的处理过程在温-湿图上表示更为直观，它可以直观显示空气状态变化过程中温湿度的变化，如图 8-16 所示的温湿图，新风状态点用 O 点表示，室内设定状态点用 I 表示，新风的处理过程用箭头线 OI 来表示。随室外大气环境的不同，按照新风状态点 $O(T_{si}, \omega_{si})$所处的不同位置可以将温-湿图划分为 6 个不同的区域。大气环境处于不同的区域代表不同的新风处理过程。

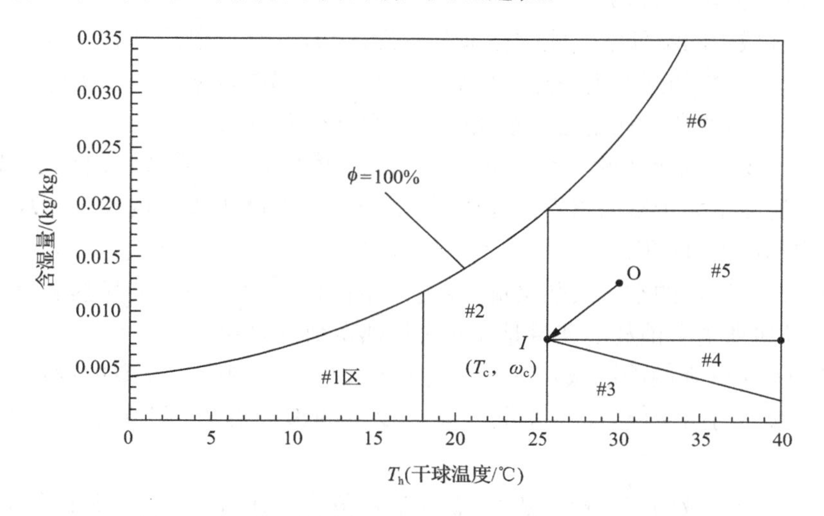

图 8-16　用温-湿图表示新风处理过程(张立志，2001)

(1) 区域1(供暖区域),室外干球温度低于供热工况下室内设定温度,即$T_{si}<T_{h}$。

这是典型的冬天工况,在此状况下需要对新风进行加热,但不需要对湿度进行控制,新风的潜热负荷为零,供给新风的只有显热负荷,采用回收器后从排风中回收的能量也只计入显热部分,如果使用膜全热回收器也能改善室内湿度环境。

(2) 区域2(自然通风区域),室外干球温度大于供热设定温度但是小于供冷设定温度,即$T_{h}<T_{si}<T_{c}$。

在这种情况下,室外新风既不需要被加热,也不需要被冷却。它代表了春天和秋天典型的天气状况,在这些季节,气候温和,室内既不需要供暖也不需要制冷。此时,新风的显热负荷和潜热负荷都为零,回收的显热和潜热也记为零,即也不需要对排风进行热回收。

(3) 区域3(蒸发冷却区域),室外干球温度大于制冷工况下室内设定温度,但是室外湿球温度小于室内设定状态下的湿球温度,即$T_{si}>T_{c}$,$T_{si-wb}<T_{c-wb}$。

这一区域对应干、热季节。在这种情况下,可以使用蒸发冷却技术首先对新风降温,然后再送往室内,使送入新风的干球温度达到室内设定温度值。在这一区域,对新风进行冷却处理时不需要外部能量,如果新风湿度大于室内设定值的情况也能被室内人员接受,则整个新风处理就不消耗能量。

(4) 区域4(部分蒸发冷却区域),处于这一区域的室外空气的干球温度和湿球温度都大于室内设定温值,但是室外空气露点温度却小于室内露点温度设定值,即$T_{si}>T_{c}$,$T_{si-wb}>T_{c-wb}$,$T_{si-dew}<T_{c-dew}$。

这一区域中的室外空气能够被部分蒸发冷却,一直可以冷却到室内设定值的露点状态,蒸发冷却到室内露点温度后必须使用外部能量来进一步去除新风中剩余的显热,所需要的能耗是处理新风的显热和潜热的净和。

(5) 区域5(制冷区域),室外空气的干球温度大于制冷季节室内设定温度值,室外露点温度也大于室内露点温度值,但室外露点温度小于室内设定干球温度下的空气饱和温度,即$T_{si}>T_{c}$,$T_{si-wb}>T_{c-wb}$,$T_{c-dew}<T_{si-dew}<T_{c-satu}$。

处于这一区域的空气又热又湿,在送入室内前必须将空气的显热和潜热都去掉,处理新风所需要消耗的能量是显热和潜热负荷的总和。

(6) 区域6(强制冷区域),室外空气干球温度大于制冷工况室内设定温度,室外露点温度大于室内空气在设定干球温度下的饱和温度,即$T_{si}>T_{c}$,$T_{si-wb}>T_{c-wb}$,$T_{si-dew}>T_{c-satu}$。

处在这一区域的空气极为热湿,新风潜热负荷占到新风处理能耗的绝大部分。总负荷是显热和潜热负荷之和。

以全年衡量,单位质量新风加热负荷为

$$q_{tot} = q_{s1}$$

单位质量新风冷却负荷为

$$q_{tot} = (q_{s4} + q_{L4}) + (q_{s5} + q_{L5}) + (q_{s6} + q_{L6})$$

式中,下标“1,4,5,6”代表温-湿图中的区域;“s”和“L”分别代表显热和潜热。

4) 膜全热换热器的节能分析

丰燕和梁才航等以东莞某电子厂厂房的空调设计为例,对膜全热换热器的运行性能进行分析,该厂房空调总面积为 5000m^2,新排风量都很大,新风量达到了 16811m^3/h。排风量为 10000m^3/h。如果不利用排风的显热和潜热,那么新风处理的负荷将很大。电子厂房设计参数见表 8-3。

表 8-3　空调设计室内外参数

净化房间		干球温度/℃	湿球温度/℃	焓/(kJ/kg)	大气压力/kPa	相对湿度/%	含湿量/(kg/kg)
夏季	室外参数	34.2	27.8	89.08	100.3	62.00	0.02133
	室内参数	23	17.73	50.18	100.3	60.00	0.01064
冬季	室外参数	5.3	3.44	15.47	102.1	74.00	0.00404
	室内参数	23	17.76	49.7	102.1	60.00	0.01044

当采用膜全热换热器组合式空调净化机组(排风热回收装置)后,夏季主机总装机容量可减少 77.8kW,冬季主机总装机容量可减少 68.5kW,冬季末端设备内加湿器的加湿量可减少 46.6kg/h。

该项目设计为连续不断的生产,则东莞地区夏季空调时间取为 280d,冬季运行取为 85d,每天按运行 24h 计算,则主机房设备年耗电量可减少 17.9 万千瓦时,假定电价为 0.7 元/千瓦时,则主机房全年运行费用可减少 12.5 万元。

总之,在空调设备领域,膜法除湿的应用潜力非常大,但是膜法除湿技术还具有除湿应用面较窄、规模不大、压力比大和一次性投资较大等不足,随着膜材料和制膜工艺的研究进展和新型膜技术的开发,膜法除湿将得到更大的发展。

参考文献

董军涛,张立志. 2008. 膜法空调除湿的原理与研究进展. 暖通空调,35(8):22-28.

丰燕, 梁才航. 2010. 膜全热交换器在空调设计系统中的应用[J]. 应用能源技术,(5):41-42.

冯冬晖,张立志,宋耀祖. 2009. 薄膜的传湿性能研究. 工程热物理学报,30(3):501-504.

高金强,隋国哲,李金龙. 2014. 膜法气体除湿的研究进展. 化工时刊,28(3):39-43.

何明,尹国强,王品. 2009. 微滤膜分离技术的应用进展. 广州化工,37(6):35-37.

黄斯珉. 2012. 膜式液体除湿流道共轭传热传质特性研究. 广州:华南理工大学.

李振兴. 2014. 面向湿度调节的膜组件热质传递特性研究. 广州:华南理工大学.

王桂香,韩恩山,许寒. 2008. 膜技术在应用领域的进展. 山西化工,28(1):25-27.

夏学鹰,张旭. 2010. 差流膜法除湿器空气处理过程的火用分析. 流体机械,38(10):74-78.

肖建平. 2004. 中空纤维超滤膜的有机污染及清洗方法研究. 重庆:重庆大学.

张广信,郑邦婷,于京鑫,等. 2010. 膜分离技术用于气体脱湿的研究现状. 化工科技,18(5):73-76.

张立志. 2004. 除湿技术. 北京:化学工业出版社.

张立志,江亿. 1999. 膜法空气除湿的研究与进展. 暖通空调,26(6):28-32.

张龙龙,张琪,汤卫华. 2010. 膜法低压空气除湿工艺研究. 舰船科学技术,32(12):88-91.

张延风,卢冠忠,许中强,等. 2000. 分子筛膜的性能和制备研究进展. 化学反应工程与工艺,16(1):60-66.

赵素英,王良恩,郑辉东. 2005. 膜法气体脱湿的工艺及应用研究进展. 化工进展,24(10):1113-1117.

钟文锋,杨敏林,左远志,等. 2013. 膜式液体除湿器研究进展. 化工进展,(05):971-977.

Liang C H,Zhang L Z,Pei L X. 2010. Independent air dehumidification with membrane-based total heat recovery:modeling and experimental validation[J]. International Journal of Refrigeration,33(2):398-408.

Zhang L Z. 2006. Evaluation of moisture diffusivity in hydrophilic polymer membranes: a new approach. Journal of Membrane Science,269(1-2):75-83.

Zhang L Z. 2007. Heat and mass transfer in a cross-flow membrane-based enthalpy exchanger under naturally formed boundary conditions. International Journal of Heat & Mass Transfer,50(1-2):156-162.

Zhang L Z,Jiang Y,Zhang Y P. 2000. Membrane-based humidity pump:performance and limitations. Journal of Membrane Science,171(2):207-216.

Zhang L Z,Niu J L. 2001. Energy requirements for conditioning fresh air and the long-term savings with a membrane-based energy recovery ventilator in Hong Kong[J]. Energy,26(2):119-135.

第 9 章　调温调湿系统

9.1　热泵除湿机

9.1.1　热泵除湿机的优点

空气湿度与人们生活、生产紧密相关，尤其在机械、光学仪器、电子、食品、化学、医药及近几年发展起来的设施农业等领域，其生产过程对空气湿度都有着较高的要求。目前，除湿技术有热泵、吸收、膜除湿等方法。热泵除湿机用蒸发器给空气降温除湿，并回收热泵系统的冷凝热，弥补空气中因为冷却除湿散失的热量，是一种高效节能的除湿方式，已经广泛应用于粮食、木材等的除湿干燥和很多高湿空间的除湿与温度控制。

国内的除湿技术虽落后于国外，但近十几年在热泵除湿技术理论研究方面的进展却非常迅速，尤其在木材的除湿技术上。热泵除湿的送风温度较低，而且热泵循环多为闭式循环，受外界影响较小，所以热泵除湿适用于食品的干燥，如蔬菜、水果和粮食等，是一种经济性较高的干燥除湿方式。在热带和岛屿等全年室外空气湿度较高地区，热泵除湿能够达到很好的除湿干燥效果，而且热泵除湿具有较高的脱水效率，能够较好地保留食物的色泽、维生素 C 含量以及其他易挥发成分。

热泵干燥机所需的干空气温度一般被加热到 30～57℃，随着空气温度的增加，空气与被干燥产品之间的传热系数增大，同时，被干燥产品的温度上升，水分扩散速率增大。最后，相对湿度较低的干空气将需要干燥的产品水分带走。这个过程主要包括两步：热的未饱和干空气吹扫过被干燥产品表面，带走水分；吸湿后的空气进入热泵蒸发器排热去湿，空气温湿度降低，最后在热泵冷凝器再热达到所需送风温度，再次送入干燥室。

与传统加热除湿方式（电加热或者燃烧化石燃料）相比，热泵除湿是一种高效节能的除湿方式，已经广泛应用于粮食、木材等的除湿干燥和很多高湿空间的除湿与温度控制。热泵除湿干燥与真空干燥及热风干燥的对比见表 9-1。

表 9-1　热泵除湿干燥与真空干燥及热风干燥的对比

干燥方式	热风干燥	真空干燥	热泵除湿干燥
单位能耗除湿量/[kg_{H_2O}/(kW·h)]	0.12～1.28	0.72～1.2	1.0～4.0
干燥效率/%	35～40	≤70	95
干燥温度范围/℃	40～90	30～60	10～65
一次性投资	低	高	中
运行费用	高	很高	低

9.1.2　热泵除湿循环

热泵除湿最基本的循环如图 9-1 所示，该循环包含一个热泵循环和一个空气循环。从干燥室内出来的湿空气在热泵蒸发器内降温去湿后，空气的含湿量下降，再经过热泵冷凝器加热，空气温度升高，然后由风机送入干燥室内，对室内进行除湿，循环过程中空气的状态变化如图 9-2 所示。热泵循环中制冷剂在蒸发器内吸

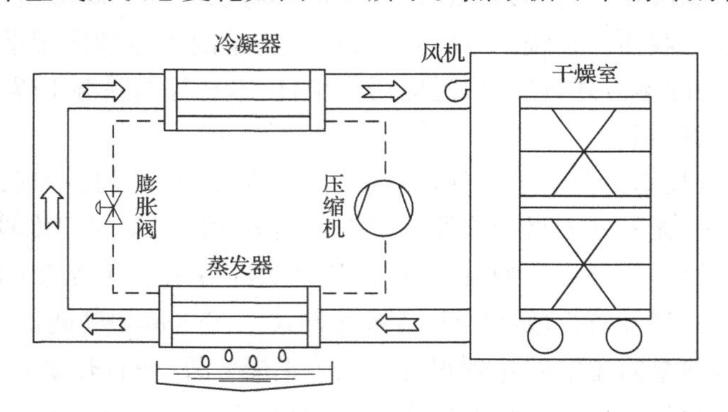

图 9-1　热泵除湿系统图

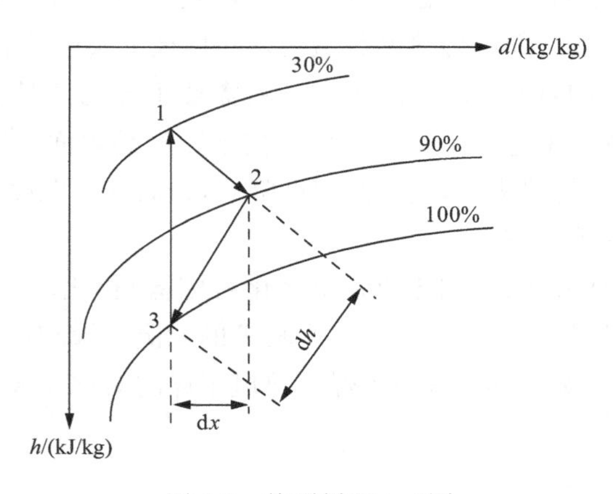

图 9-2　热泵循环 h-d 图

收从干燥室排出湿空气的显热和潜热，然后经压缩机压缩后温度升高，在冷凝器中将热量传递给降温除湿后的空气，使空气温度升高，并达到干燥室内要求的送风温度，对干燥室内产品进行干燥除湿。热泵除湿机用蒸发器给空气降温除湿，并回收热泵系统的冷凝热，弥补空气中因为冷却除湿散失的热量。

图 9-1 为热泵除湿系统最基本和最原始的方式。干燥室内的湿空气经过蒸发器去湿降温后，再经过冷凝器加热，然后送回干燥室。热泵除湿的速率不仅与需要干燥的产品种类、数量、温度以及含湿量有关，而且随着蒸发器进风迎面风速的降低，热泵蒸发器进出口空气的含湿量差增大。

热泵除湿主要靠蒸发器中制冷剂的蒸发达到对湿空气除湿的目的，热泵蒸发器提供湿空气冷凝去湿的冷量，因此热泵的实际制冷系数如式(9-1)所示：

$$\varepsilon_c = \frac{Q_e}{W_c + W_f} = \frac{Q_c - W_c - W_f}{W_c + W_f} = \frac{Q_c}{W_c + W_f} - 1 \tag{9-1}$$

式中，Q_e 为热泵蒸发器的吸热量，kW；W_c 为压缩机的耗电量，kW；W_f 是风机的耗电量，kW；Q_c 是热泵冷凝器的放热量，kW。

热泵除湿也可以认为是一个加热装置，此时热泵的热力系数如式(9-2)所示：

$$\zeta_h = \frac{Q_c}{W_c + W_f} = \frac{Q_e + W_c + W_f}{W_c + W_f} = \frac{Q_e}{W_c + W_f} + 1 \tag{9-2}$$

除了制冷系数和热力系数评价热泵的热力性能，常用单位能耗除湿量来表示热泵除湿的性能，如式(9-3)所示，其定义为除湿系统消耗单位电能的除湿量，单位 $kg_{H_2O}/(kW \cdot h)$。单位能耗除湿量直接反映了热泵除湿的效率，一般热泵除湿的单位能耗除湿量在 $1 \sim 4 kg_{H_2O}/(kW \cdot h)$，而传统的热风干燥机的单位能耗除湿量则在 $0.5 \sim 1.0 kg_{H_2O}/(kW \cdot h)$。随着干燥室内空气相对湿度的降低，单位能耗的除湿量下降，反之，单位能耗除湿量上升。

$$\text{单位能耗除湿量}\ \theta = \frac{\text{除湿量}\ m}{\text{耗电量}\ w} \tag{9-3}$$

在式(9-1)中，热泵蒸发器的冷负荷主要由两部分构成，即空气的显热和水蒸气的汽化潜热，其中汽化潜热大约占总的冷负荷的 70%，如果不计空气的显热变化，热泵的单位能耗除湿量与热泵制冷系数和热力系数之间存在如下关系：

$$\theta = \frac{\varepsilon_c}{h_g} = \frac{\zeta_h - 1}{h_g} \tag{9-4}$$

式中，h_g 为水的汽化潜热，kJ/kg。

9.1.3 热泵除湿机的改进

1. 双蒸发器热泵除湿机

双蒸发器单冷凝器系统是在单蒸发器系统的基础上发展而来的，既具有除湿的功能，又具有从大气环境中采热而供给干燥室高温热风的功能。该系统具有两个蒸发器，如图 9-3 所示。一个为除湿蒸发器 E2(放在室内)，另一个为热泵蒸发器 E1(设置在室外)。干燥室内的湿空气经过除湿蒸发器 E2 去湿降温后，再经过冷凝器 C 加热，然后送回干燥室。在需要除湿运行时，关闭蒸发器 E1，需要热泵运行时，关闭蒸发器 E2，除湿和热泵系统共用一套压缩机和冷凝器。由于除湿式干燥机主要靠电加热器来供热，其能耗明显高于热泵供热，所以两者相比，热泵式除湿机能耗明显低于采用电加热的普通除湿干燥机，后者的能耗比前者大约高 1/3。这种形式的热泵除湿机是以除湿和供热进行设计的，因此也适用于同时需要除湿和冷却要求的场合。

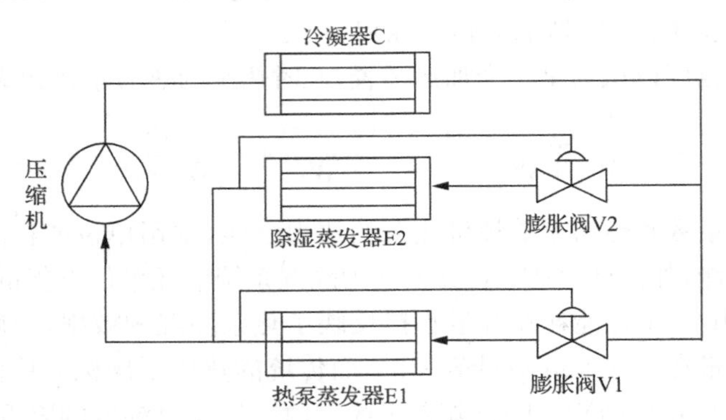

图 9-3 双蒸发器单冷凝器系统图

2. 双冷凝器热泵除湿机

由于制冷系统的冷凝器放热要大于蒸发器吸热，所以干燥室内的空气总体来说是不断地被除湿加热的。而在一些工厂和车间，热负荷和湿负荷都比较大，在除湿的同时需要进行降温，使车间内能保持比较舒适的温度和湿度，当室内空气需要除湿也需要冷却时，采用上述的系统是不能满足要求的，因此，上述系统只适用于干燥木材、食品等的干燥室而不适用于有人工作的车间。为了保证最佳的送风干燥温度，一般增加 1 个辅助热泵冷凝器和 2 个电磁阀(V1 和 V2)或者双位三通阀，通过阀门的通断来调节第二冷凝器的换热量，进而实现对室内温度的控制，如图 9-4 所示。虽然增加辅助热泵冷凝器使系统的调节性能提高，但是由于辅助热泵冷凝器没有得到有效的控制，所以对温度的控制也只能在有冷负荷和湿负荷的场合中实现较小范围的控制。

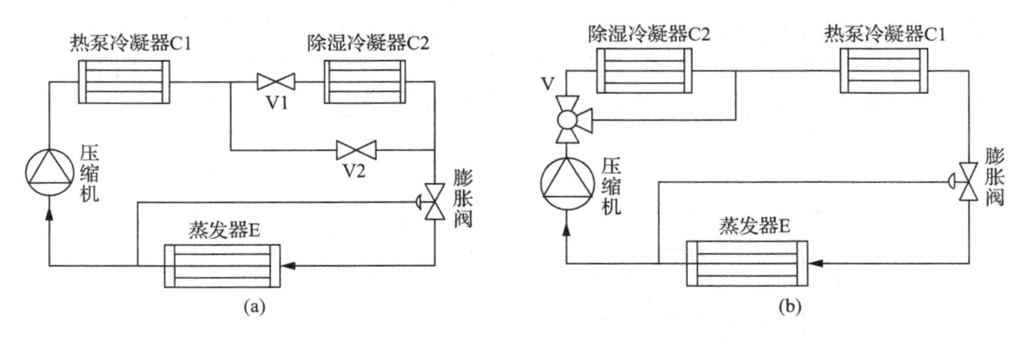

图 9-4　串联冷凝器系统原理图

此外，两个冷凝器也可以采用并联的结构，其原理如图 9-5 所示，热泵冷凝器 C1 为室外换热器，除湿冷凝器 C2 为室内换热器。在一般制冷模式下，电磁阀 V 关闭，该系统是一个普通的单冷凝器单蒸发器的空调系统，实现对空气的制冷和除湿。当系统工作于除湿模式下时，电磁阀 V 打开，两个冷凝器并联，用冷凝器 C2 的冷凝热来弥补蒸发器 E 除掉的空气中的热量，可以实现在不降低空气温度的情况下进行连续除湿。并联的方式使系统的调节性能提高，但是由于第一冷凝器没有得到有效的控制，所以对温度的控制也只能在有冷负荷和湿负荷的场合中实现较小范围的控制。

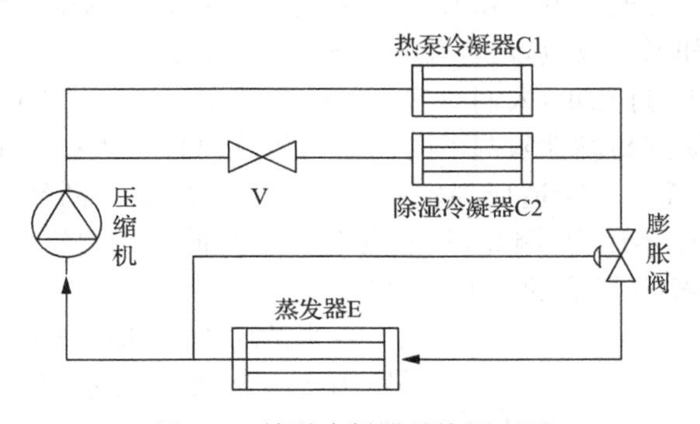

图 9-5　并联冷凝器系统原理图

3. 双循环热泵除湿机

与传统空气除湿干燥技术相比，热泵除湿是一种高效节能的除湿技术，但是，热泵除湿机的除湿温度一般不超过 50℃，所以对于一些需要较高除湿温度的场合并不适用，Lee 等 (2008)提出了一种双循环热泵除湿干燥机，高温级采用 R124 作为制冷剂，低温级采用 R134a 作为制冷剂，经过两级热泵除湿循环后，最终干空气温度可以达到 80℃。如图 9-6 所示，除湿后的湿空气经过高温级热泵循环蒸发器

E1 和低温级热泵循环蒸发器 E2 后，空气的温湿度下降，降温除湿后的空气先后经过低温级热泵循环的冷凝器 C2 和高温级热泵循环的冷凝器 C1，空气的含湿量不变，温度不断升高，从冷凝器出来的高温低湿空气被送入干燥室，对室内的空气进行加热除湿，空气含湿量升高，再次送入热泵除湿器进行冷凝去湿。

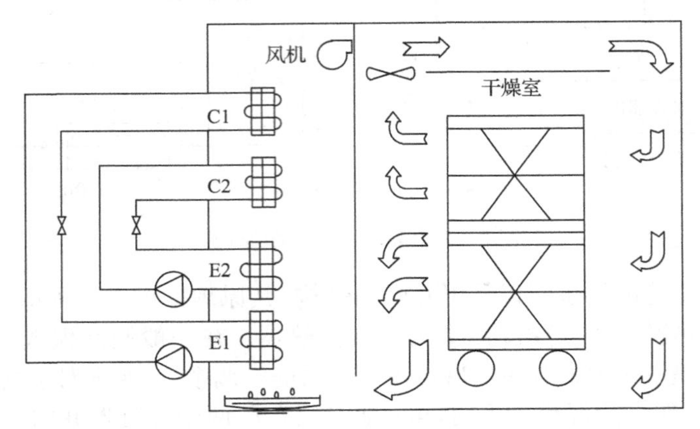

图 9-6　双循环热泵除湿机系统图

4. CO_2 热泵除湿机

目前应用最广泛的是 R134a 作为热泵循环的工质，但是卤代烃类制冷剂泄漏易造成臭氧空洞和温室效应，对环境危害较大。而空气、CO_2、丙烷等天然工质对自然环境没有危害，近几年，人们对这类天然工质作为热泵除湿循环的工质做了大量研究。但是丙烷的易燃性限制了丙烷作为传统卤代烃类制冷剂替代品的应用。CO_2 无毒、不易燃而且不会造成温室效应，另外，CO_2 热泵循环为超临界循环，冷凝压力超过 CO_2 临界压力，因此，从蒸发器出来的低温低湿空气在冷凝器中被加热，能够满足干燥空气所需的大温升的要求。

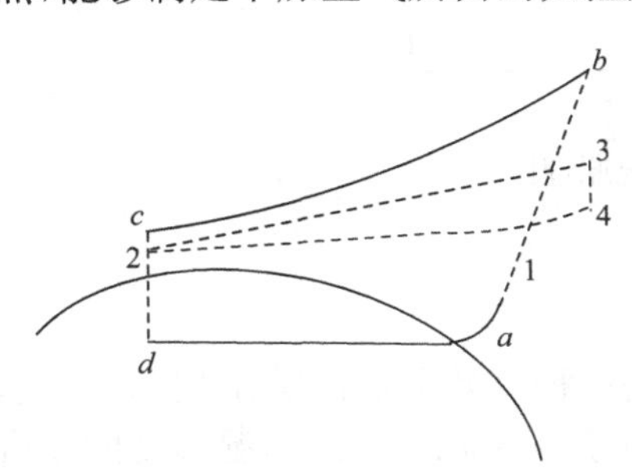

图 9-7　CO_2 跨临界循环 T-h 图

热泵循环工质和空气在 T-h 图中的变化分别用实线和虚线表示，如图 9-7 所示。d-a 表示 CO_2 在热泵蒸发器中等压蒸发过程；a-b 表示 CO_2 在压缩机中压缩过程，可近似认为绝热压缩；b-c 表示冷 CO_2 在热泵冷凝器中的等压冷凝放热过程；c-d 表示 CO_2 的绝热节流过程。与之对应，1-2 表示从干燥室内出来的湿空气在蒸发器中的冷凝去湿过程；2-3 表示去湿后空气吸收冷凝器放出热量，温度不断升高，此时含湿量保持不变；3-4 表示高温低湿空气在干燥室内进行干燥除湿，可近似认为等焓过程；4-1 表示压缩机散热以及空气渗漏造成的损失。

5. 其他混合型热泵除湿机

太阳能辅助热泵除湿主要包括两个回路，即空气回路和制冷剂回路。空气回路主要包括太阳能空气集热器、冷凝器、辅助加热器、干燥室和蒸发器 E1 等，如图 9-8 所示。空气先在太阳能空气集热器中预热，然后在热泵冷凝器中进一步加热。辅助加热器的功率主要由所需的干燥空气温度以及气象条件决定。空气达到所需的温湿度后，进入干燥室内除湿。除湿后的空气进入热泵蒸发器降温去湿，同时通过热泵循环蒸发器 E1 回收冷凝热，用来加热空气。空气不断循环，直到干燥室内产品达到要求的湿度水平。制冷剂回路主要包括集热蒸发器 E2、往复式压缩机、膨胀阀、冷凝器和辅助冷凝器等。其中，蒸发器 E1 和蒸发器 E2 并联，蒸发器 E1 用来对空气进行除湿，而蒸发器 E2 是集热蒸发器。系统中设置辅助冷凝器，以保证热泵冷凝器出来的制冷剂完全冷凝下来。实验结果表明，由于采用太阳能集热器作为制冷循环的辅助蒸发器，以及太阳空气预热器，增加了热泵循环回收的热量，最终太阳能辅助热泵除湿机的 COP 可以高达 6.0。

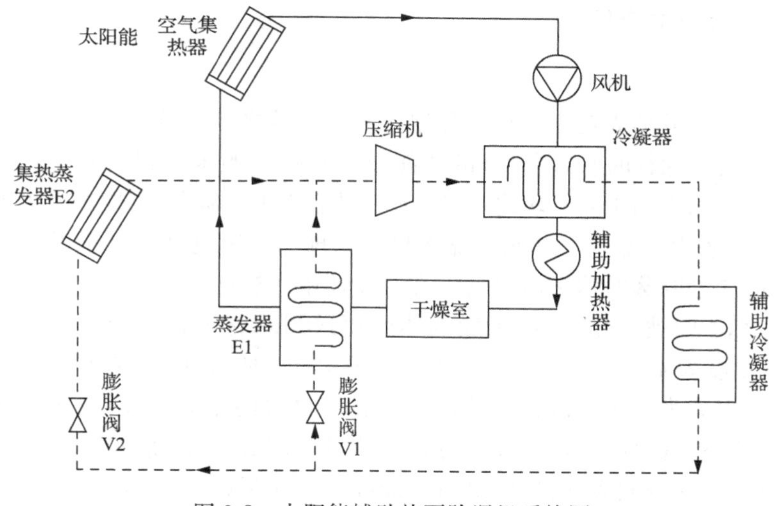

图 9-8　太阳能辅助热泵除湿机系统图

当干燥室内产品的含湿量下降到 20%～25%时，干燥室内的空气经过热泵除湿后绝对湿度变化很小。此时，可以通过改变传热方式，或者将热泵除湿装置与其他设备结合起来，提高除湿干燥的效率，如红外辅助热泵除湿机、微波辅助热泵除湿机以及射频辅助热泵除湿机等。这类辅助手段不仅可以提高干燥产品的品质，而且可以缩短干燥时间。但是这类热泵除湿机造价较高，不适用于大规模应用。图 9-9 为红外辅助热泵除湿机系统图，该除湿机具有传热速率高、反应速率快等特点。

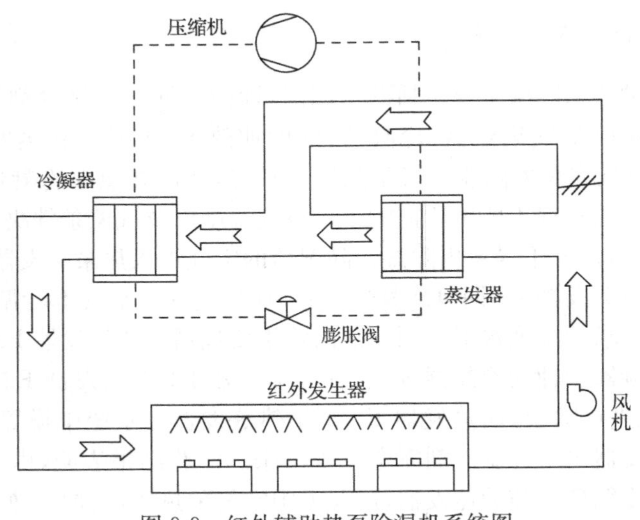

图 9-9　红外辅助热泵除湿机系统图

9.1.4　热泵除湿的应用

1）木材干燥

木材干燥是较早成功应用热泵除湿技术的领域之一。虽然用热泵技术干燥木材比常规气流干燥耗时长，但显著的节能效果和较高的木材利用率使热泵干燥法成为木材干燥加工的主要手段之一，特别适用于商业价值高、干燥难度大的木材。

图 9-10 为用空气-空气热泵干燥木材的原理图。风机将木材干燥使得部分空气强制通过热泵的蒸发器和冷凝器。在蒸发器中，空气经过冷却冷凝后，水分被去除，而在冷凝器中被加热，这些干燥的热风再送回木材干燥室中。达到稳定状态时，室内的温度为 40～45℃。在木材干燥室中设有循环风机，使室内空气加速循环。

干燥过程分为三个阶段：第一阶段，去除木材表面水分，这时要用较高温度的空气，并加速空气循环，可使表面水分快速蒸发，因此设有电加热器补充加热；第二阶段，木材内部水分向表面扩散，这时不能高温快速干燥，否则会使木材发裂；第三阶段，木材表面层状态与周围空气的湿度接近平衡状态，木材水分的蒸发速度取决于木材内部水分的扩散速度，而扩散速度取决于木材内部的温度，因此为了经济运行，应降低空气的温度和流动速度。室外冷凝器可以将部分热泵的热量排到周围空气中，从而可调节循环空气的温度。

2）谷物干燥

谷物干燥是热泵干燥技术的主要研究及应用领域之一，美国于 1950 年就试验用热泵干燥谷物。系统运行时，循环空气先在蒸发器中冷却去湿，再在冷凝器中加热后送入仓内。空气的流动方向是从下而上。实际规模的现场试验表明，电热式

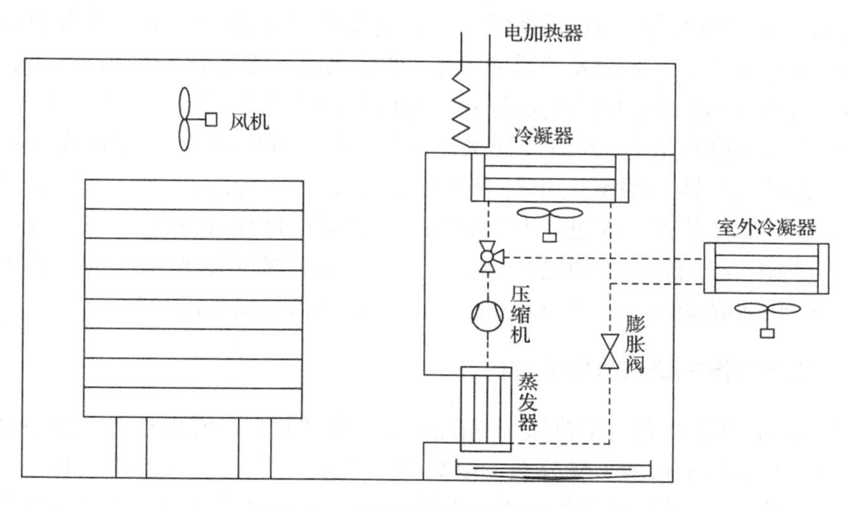

图 9-10　热泵干燥木材的原理图

干燥谷物的除水率约为 1.1kg/(kW・h)，而热泵干燥谷物的除水率约为 1.8kg/(kW・h)，后者比前者能量消耗少 40%左右。目前，英国、德国等发达国家的热泵干燥技术已在谷物干燥加工生产实践中得到了广泛应用。

根据各地的具体情况，在地热或太阳能资源丰富的地区，因地制宜地采用地源热泵或者太阳能吸收式热泵等代替谷物冷却机和一般的空调机组能取得较好的效果。以地下水源热泵为例，其原理如图 9-11 所示。该系统由 3 个子系统组成：地

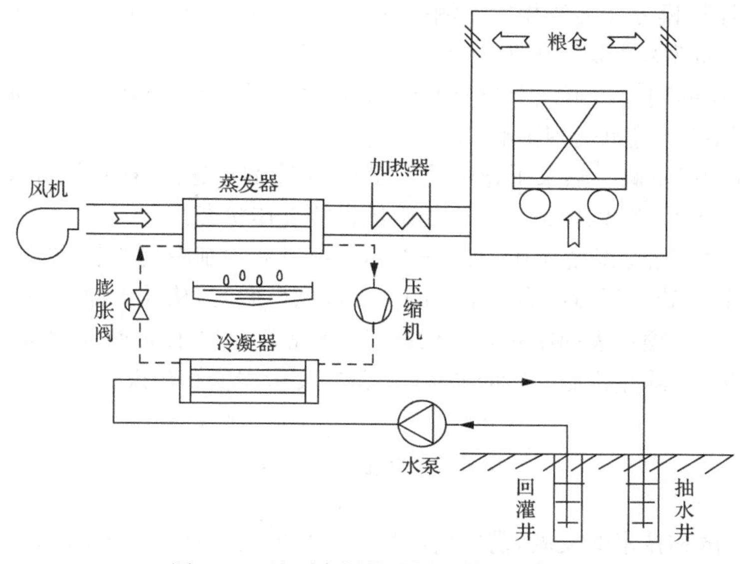

图 9-11　地下水源热泵低温储粮系统图

下水系统、热泵制冷系统和送风系统。水泵由抽水井将水抽出，进入冷凝器吸收热泵工质的能量，升温后从回灌井返回地下；热泵工质经冷凝器降温后，通过膨胀阀进入蒸发器吸收空气的热量；离心风机将过滤后的外界常温空气送入蒸发器，通过热交换，空气被冷却至7℃左右。常温空气在冷却过程中，相对湿度随温度的下降而增大，通过蒸发器后的空气相对湿度可高达95%。为防止仓内谷物增湿或结露，通过空气加热装置对通过蒸发器后湿冷气体湿度加热，使处理空气的相对湿度下降到合理范围。然后，再通过送风管道和空气分配器将这种干冷空气自下而上送入粮仓，从而降低储粮温度，控制粮仓湿度，达到低温储粮的目的。

9.1.5 热泵除湿的缺点与发展方向

热泵除湿的能效大约是热风干燥除湿的2倍，例如，与燃煤加热干燥或者燃气加热干燥相比，热泵除湿干燥分别可以减少45%和42%的一次能源消耗。

我国的热泵发展与应用相对于工业发达国家较为滞后，因此，热泵在除湿领域的应用也受到一定限制，但是发展起点较高，有些研究已处于世界先进水平。

早期热泵的供热温度一般小于40℃，除湿干燥周期长。20世纪70年代后，随着技术的发展，供热温度提高到55℃以上。相对于传统电加热干燥除湿，热泵除湿干燥还存在一些不足之处。

(1) 干燥温度低。热风干燥温度可达100℃，而热泵干燥目前的水平只能做到75℃。

(2) 干燥规模小。目前干燥用压缩式热泵装置规模不大，而蒸汽锅炉规模较大，故在干燥规模方面无法相比。例如，木材干燥时，用蒸汽干燥最大干燥房可达300m^3以上，而热泵干燥最大为100m^3。

(3) 干燥周期长。蒸汽干燥速度快，而热泵干燥周期相对较长，从而延长了干燥时间，干燥的产量也受到影响，生产能力下降。

(4) 维护成本高。热泵干燥机的压缩机、制冷剂过滤器、换热器等装置均要求定期进行维护、检修，以保证干燥机处于优良的工作状态。

(5) 当空气除湿温度在0℃以下时，热泵蒸发器中制冷剂的蒸发温度可能达到−15℃，远低于处于环境压力下空气的露点温度。此时，从被干燥产品脱出的水分很可能在蒸发器翅片表面结霜，一旦发生结霜现象，为了保证热泵除湿的效果，就必须采用必要的除霜措施，从而增加了设备的复杂程度和初投资。

9.2 恒温恒湿机

随着经济和技术的发展，需要恒温恒湿环境的建筑越来越多，如工厂、实验室、档案保存馆和博物馆等，而某些特殊领域对恒温恒湿空调系统温湿度控制精度及稳定性的要求也不断地提高。恒温恒湿空调系统通过冷却、加热、除湿和加湿等手段为这些场合提供所需的热湿环境。

9.2.1　恒温恒湿环境的重要性

文物保存的环境有极其严格的要求，特别是温湿度和空气污染物浓度，国家档案局档案科学技术研究所颁布的《档案馆建筑设计规范》(JGJ25—2010)，对档案馆库房以及各类技术用房的温湿度进行了规定，见表 9-2，而且要求在选定温湿度后，每昼夜温度波动幅度不得大于±2℃、相对湿度不得大于±5%。因此，应用于档案馆等特殊场合的恒温恒湿空调系统需要较高的温湿度控制精度和稳定性，并需要净化过滤装置保证空气品质。不同的文物保存有不同的相对湿度要求，而空气中硫氧化物和氮氧化物含量要求尽可能低，表 9-3 列举了文物保存对部分有害气体限量规格。

表 9-2　档案馆库房以及各类技术用房的温湿度要求

参数		温湿度范围	采暖期	夏季
温度		14～24℃	不小于 14℃	不大于 24℃
相对湿度		45%～60%	不低于 45%	不大于 60%
用房名称			温度	相对湿度
裱糊室			18～28℃	50%～70%
保护技术实验室			18～28℃	40%～60%
复印室			18～28℃	50%～65%
声像室			20～25℃	50%～60%
阅览室			18～28℃	—
工作间(拍照、复制、校对、阅读)			18～28℃	40%～60%
胶片库	复制片		14～24℃	40%～60%
	母 片		13～15℃	35%～45%

注：未设空气调节设备的藏品库房，相对湿度不应大于 70%，并宜控制昼夜间的相对湿度差不大于 5%，贯彻恒湿变温的原则。

表 9-3　文物保存对部分有害气体限量规格

处理气体	设计标准/(mg/m^3)
二氧化硫(SO_2)	0.01
二氧化氮(NO_2)	0.01
臭氧(O_3)	0.01
一氧化氮(NO)	0.05
一氧化碳(CO)	4.00
烟雾灰尘	0.15

不仅在档案保管和文物保存等方面，近年来，随着医疗水平的发展，对医用恒温恒湿设备的需求量不断增加，如二氧化碳培养箱就是其中典型的一种。二氧化碳培养箱是一种能使细胞在人工环境正常生长的科学实验装置，它广泛应用于医学、免疫学、遗传学、微生物学、农业科学、药物学的研究和生产，已成为上述领域实验室最普遍使用的常规仪器之一，其中又以医疗单位使用最为普遍。随着医疗水平的发展，对恒温恒湿培养箱的要求更高，对其实现的功能也有更多的要求。

恒温恒湿空调系统是指对温度、湿度和洁净度都有严格要求的专用空调系统，传统恒温恒湿空调系统主要包括空气处理机组、冷热源、水系统、风系统及配套控制系统等几个部分，如图 9-12 所示。

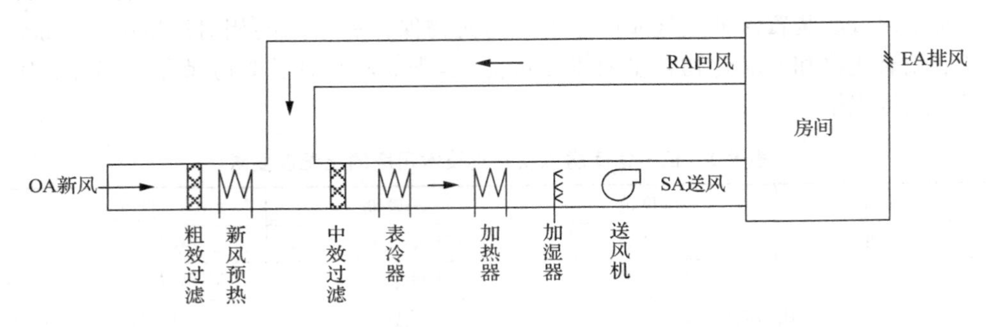

图 9-12　传统恒温恒湿空调系统装置图

传统恒温恒湿空调系统首先将新风 W 和回风 N 温度降低到机器露点以下，达到降温除湿的目的，然后通过加热器加热和加湿器加湿，保证建筑环境的温湿度维持在一定范围。传统恒温恒湿空调系统通常采用全空气一次回风系统，通过自动探测和控制使被调环境达到温度和湿度的相对稳定。其空气处理过程如图 9-13 所示。

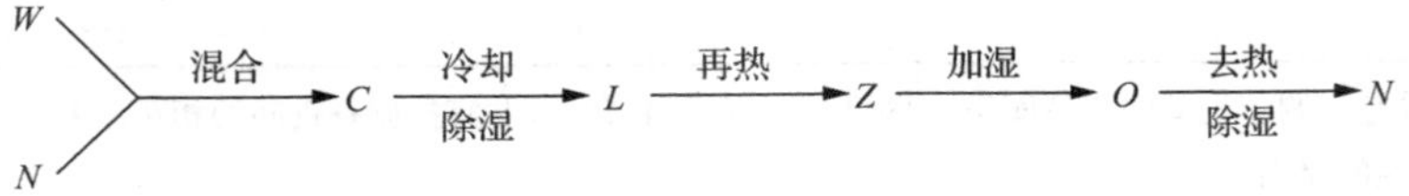

$$\left.\begin{matrix} W \\ N \end{matrix}\right\rangle \xrightarrow{\text{混合}} C \xrightarrow[\text{除湿}]{\text{冷却}} L \xrightarrow{\text{再热}} Z \xrightarrow{\text{加湿}} O \xrightarrow[\text{除湿}]{\text{去热}} N$$

图 9-13　传统恒温恒湿空调处理过程

恒温恒湿空调与普通家用空调区别很大：①恒温恒湿空调采用大风量、低焓差的送风方式，以保持较小的温、湿度均恒性，而普通家用空调送风方面力求舒适，一般恒温恒湿空调送风量为普通家用空调送风量的 2～3 倍；②因湿度快速变化，机组需要频繁除湿，而恒温恒湿空调采用制冷除湿方式，所以要求空调制冷系统能频繁启动，对制冷系统要求非常高，而家用空调压缩机不能频繁启动；③恒温恒湿空调具备功能强大的独立控制主板，必须具备温、湿度检测及气流检测功能，随着机房的要求越来越高，控制主板已经逐步加入来电自启、故障警告、历史数据保存、数据输出、联网监控等功能。

温度精度±1.0℃、湿度精度达±2.0%以内的恒温恒湿空调，称为高精密恒温恒湿空调。由于这类空调大多用于造纸、纺织、制药、烟草、电子、计量等对温湿度特别敏感的领域的实验室，所以又称为实验室专用空调。

精密恒温恒湿空调系统基本用于机房、检验实验室等，所控环境内部基本的散湿主体为人体，并且人员密度很低，故由人体产生的散湿量很小；又由于恒温恒湿的维护结构具有很好的防潮隔热措施，故室内湿负荷很小，即室内湿度的干扰量可仅考虑引入室外新风带入的湿量。

因室内散湿量极小，房间的热湿比数值趋近于无穷大，为了便于分析计算，近似认为送入室内的空气状态与室内空气具有相同的含湿量，即将新风和室内回风混合处理到与室内空气含湿量相同的机器露点，然后通过再热加热到送风状态点，进而再由风机送入室内吸收室内的余热余湿。

9.2.2　恒温恒湿机的空气处理过程

1. 夏季空气处理过程

新风 N 和回风 W 混合后送入表冷段，在表冷段冷却去湿，直到混合空气的温度达到所需的送风含湿量对应的露点温度，即图 9-14 中 L 点所对应的露点温度。然后将降温除湿后的空气送入加热段，当空气温度满足送风温度要求后，由送风机送入室内，实现室内恒温恒湿的要求。

夏季模式空气处理过程在焓湿图上的表示如图 9-14 所示。

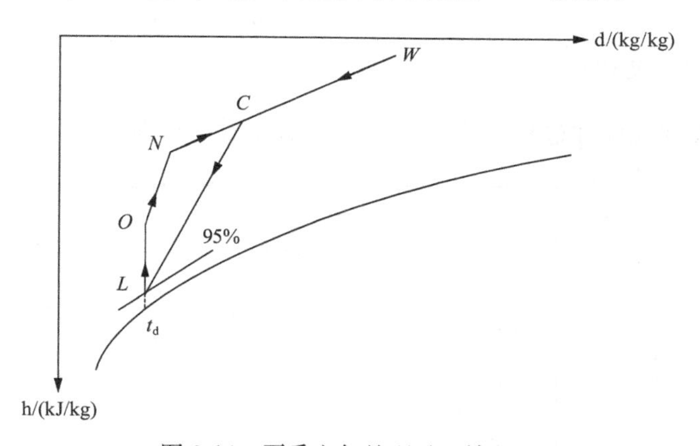

图 9-14　夏季空气处理过程焓湿图

表冷器对室内温度控制的降温与对室内湿度控制的除湿具有双重作用。图 9-14 可以看出，暖通空调工艺必须以除湿优先设计空调系统，即在设计空调系统时，负荷计算、送风温差、送风量的确定以及表冷器的容量选择均以满足除湿条件为前提，然后再考虑温度条件。当表冷器处理空气温湿度出现矛盾时，只能有一种情况，温度满足而除湿不够。为解决这个矛盾，只有再次降温除湿，直至除湿满足条件，然后利用二次加热对温度进行补偿。如果出现除湿满足条件，而降温不够时（这种情况是风机选型过小或者是系统运行中由于故障而风量变小导致送风温差过大所致），这种矛盾不能解决，是暖通工艺所不允许的。原因很简单，再次降温后，虽然能满足降温需要，但是空气的机器露点温度会下降，将导致除湿过大，而湿度无法补偿。

从图 9-14 可以看出，图上 t_d 为该时刻所需处理到的露点温度，当风量一定时，露点温度 t_d 只与 Δd 有关。

定风量时，对于室内余湿 W 不大的干环境空调房间，$W=\Delta d\times G/1000$，Δd 较小，因此，对于相对湿度要求不是很严格的空调系统，可以忽略 Δd 的变化，进行定露点调节控制。这样，定露点调节控制本身就隐含着不精确的问题。

定风量时，对于室内余湿量 W 较大的湿环境空调房间，$W=\Delta d\times G/1000$，Δd 较大，因而，对于相对湿度要求很严格的空调系统，Δd 不能忽略，必须进行变露点调节控制。

整个处理过程如图 9-15 所示。

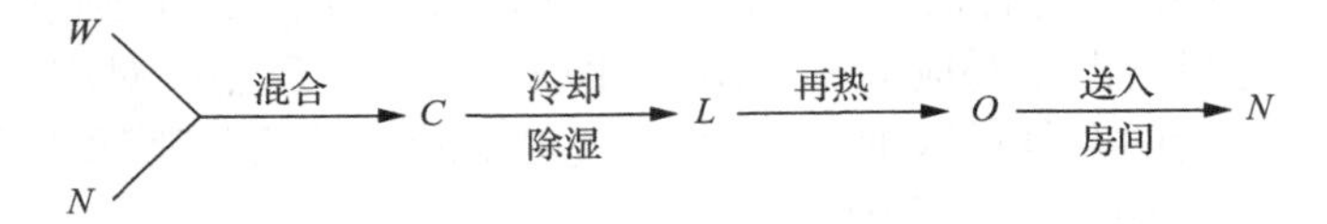

图 9-15　夏季空气处理流程图

2. 冬季空气处理过程

冬季模式空气处理过程在焓湿图上的表示如图 9-16 所示。

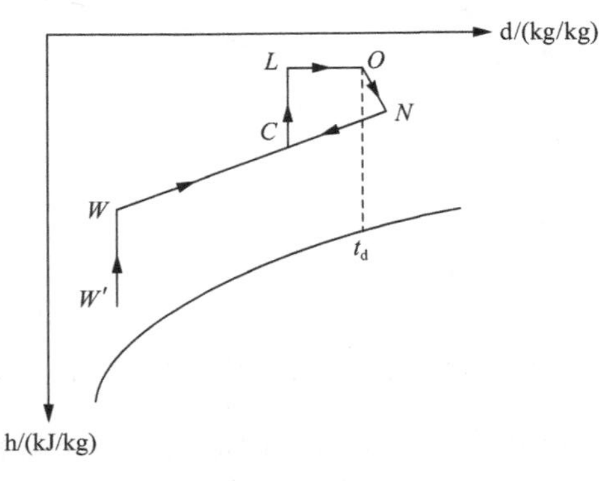

图 9-16　冬季空气处理过程焓湿图

冬季时，当室外温度低于 5℃时，预热器电动调节阀动作，将新风加热到 5℃。当室外温度高于 5℃时，预热器电动调节阀关闭。预热器可以起到防霜冻的作用，在非寒冷地区，可以不用。

空气二次加热后，空气温度虽然达到要求，但是由于冬季室外空气含湿量较小，需要进行喷蒸汽加湿，使空气的露点温度达到 t_d，以满足送风的温湿度要求。

整个处理过程如图 9-17 所示。

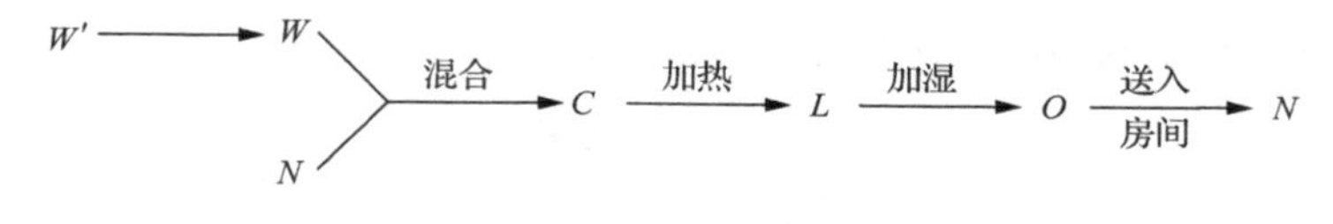

图 9-17　冬季空气处理流程图

3. 过渡季节空气处理过程

春、秋季节工况复杂，雨雪天气会使室外温湿度变化较大，空气处理过程也要随之变化，一段时间内可能会出现需要按照冬季模式方式进行空气处理的工况，也可能会出现需要按照夏季模式方式进行空气处理的工况。过渡季节，除了不定时地出现冬季和夏季两种模式工况，也可能遇到下面的模式工况，即混合点 C 在送风状态点 O 的左上方，本书称这种模式为第三种工况模式。空气处理过程在焓湿图上的表示如图 9-18 所示。

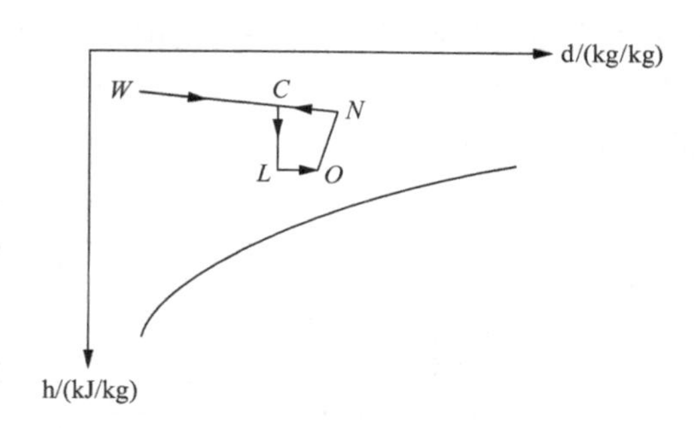

图 9-18　过渡季节空气处理过程焓湿图

整个处理过程如图 9-19 所示。

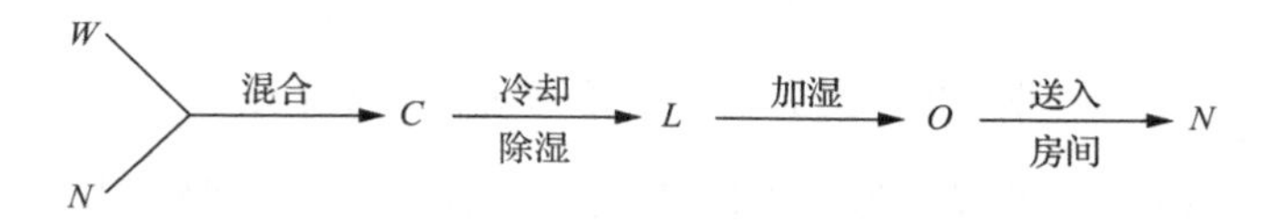

图 9-19　过渡季节空气处理流程图

9.2.3 恒温恒湿空调的自动控制

1. 传统恒温恒湿空调定露点控制方法

空调装置的主要任务是制造使人感到舒适的室内气候环境，以及制造负荷工艺过程所要求的生产环境。与其他机械设备一样，为了完成指定的工艺过程，需要对有关过程参数和性能指标进行调节和控制，以保证系统安全、稳定和高效运行。传统恒温恒湿空调的控制系统如图 9-20 所示。

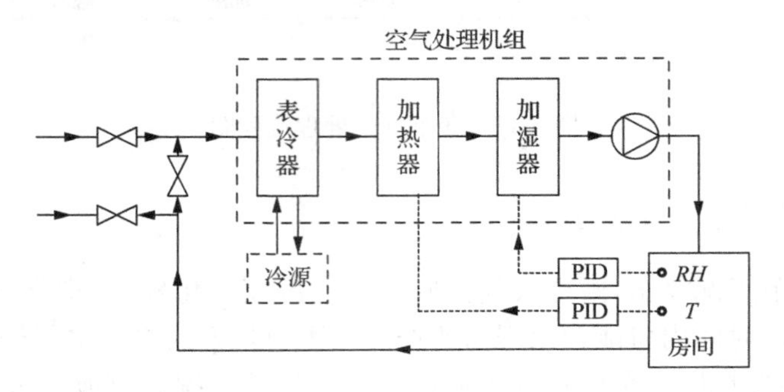

图 9-20 传统恒温恒湿空调控制系统

1）空调系统夏季模式自动控制的实现

（1）室内湿度的自动控制。

用表冷器实现定露点温度的控制，从而在一定范围内维持室内的相对湿度，其空气处理过程对应于图 9-15 中 C—L。

反馈控制系统框图如图 9-21 所示。

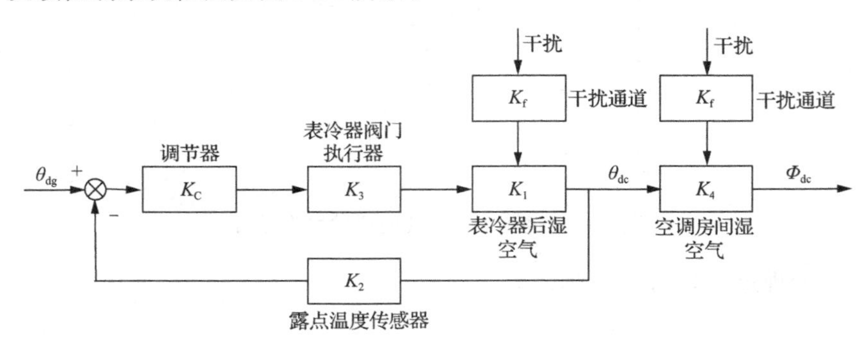

图 9-21 夏季工况室内湿度控制系统框图

从框图上可知，前半部分为露点温度控制过程，属于单回路闭环控制系统，具有自动修正被控量偏离给定值的能力，控制精度高，而整个框图为室内相对湿度控制过程，属于单回路开环控制系统。从自动控制角度来说，开环控制系统控制精度低、抗干扰能力差，说明了定露点调节法的不足。

（2）室内温度的自动控制。

利用再热器补偿表冷器因控制露点温度而产生的过冷量，实现对室温的控制。表冷器除湿使送风温度低于室内温度控制所需要的送风温度，如果不进行温度补偿，会导致室内温度过低，此时用二次加热器对送风进行加热，补偿其冷量。其空气处理过程对应于图 9-15 中 $L—O$。

反馈控制系统框图如图 9-22 所示。

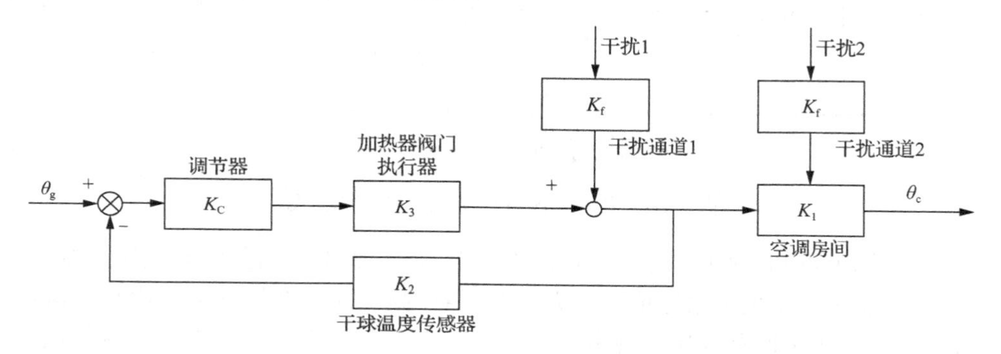

图 9-22　夏季工况室内温度控制系统框图

在控制露点温度过程中，也就是维持室内相对湿度过程中，附带产生了温度扰量，这是不可避免的。这样，整个温度控制系统框图主要有 4 种扰量。

第 1 种：室外热量通过围护结构传给室内产生冷负荷，该冷负荷因室外天气的变化而变化，产生波动扰量。

第 2 种：室内热源直接将热量散出形成的冷负荷，由于室内人员的变动及照明、机电设备的开停所产生的余热变化，也直接影响室温，产生冷负荷扰量。该扰量与第 1 种扰量合称为干扰 2。

第 3 种：新风进出空调系统，与室内焓值之差产生新风冷负荷，该负荷随外界天气状况的变化而变化，产生扰量。

第 4 种：在控制露点温度过程中，由于表冷器处理空气过冷附带产生的温度扰量，该扰量与第 3 种扰量合称为干扰 1。

但是从整个框图上看，温度控制仍然是一个单回路的闭环系统。无论造成偏差的原因是外来扰量，还是内部扰量，控制作用均能反映且总是使系统偏差趋于下降。因此，具有自动修正被控量偏离给定值的能力，控制精度高。

2）空调系统冬季模式自动控制的实现

（1）室内湿度的自动控制。

通过调节干蒸汽加湿器阀门来调节蒸汽加湿量，以保持加湿后的湿空气露点温度恒定，从而在一定范围内维持室内的相对湿度。其空气处理过程对应于

图 9-17 中 L—O 表示。

反馈控制系统框图如图 9-23 所示。

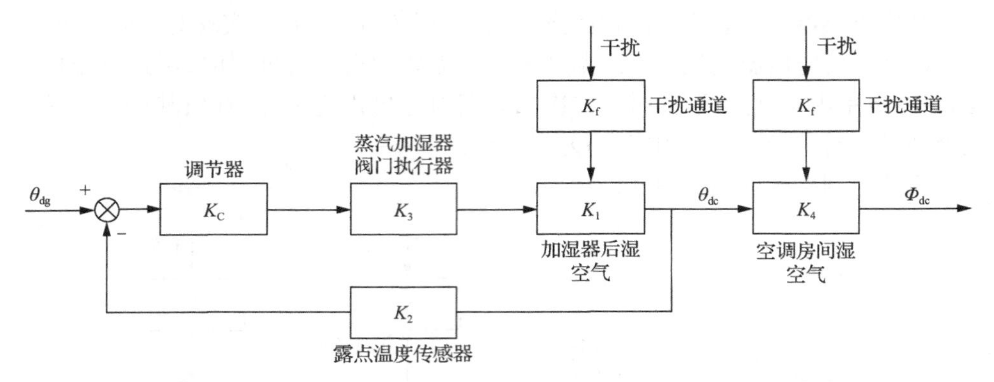

图 9-23　冬季工况室内湿度控制系统框图

从框图上可知，前半部分为露点温度控制过程，属于单回路闭环控制系统，具有自动修正被控量偏离给定值的能力，控制精度高。而整个框图为室内相对湿度控制过程，属于单回路开环控制系统。从自动控制角度来说，开环控制系统控制精度低、抗干扰能力差，说明了定露点调节法的不足。

(2) 室内温度的自动控制。

当室外干球温度低于 5℃时，开启预热器阀门给新风预热，使预热后的新风温度保持在 5℃，当室外干球温度高于 5℃时，关闭预热器阀门，图 9-17 中 W'—W 表示预热的空气处理过程。新风与回风混合后，经二次加热器加热，实现室温控制。C—L 表示二次加热的空气处理过程。

反馈控制系统框图如图 9-24 所示。

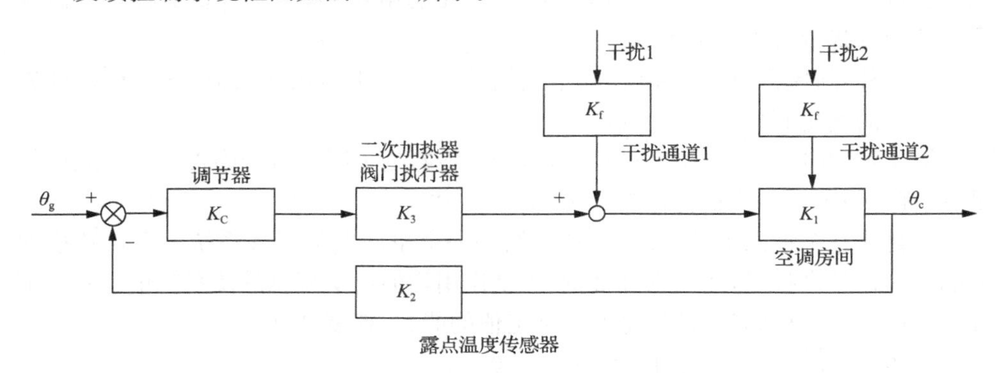

图 9-24　冬季工况室内温度控制系统框图

空气预热温度控制系统，为单回路闭环控制系统，当室外温度低于 5℃时，启动该控制系统，使预热后空气温度保持在 5℃，室内温度控制系统为单回路闭环控制系统，框图中主要有 3 种扰量，分别对应夏季工况前 3 种干扰量。其中，当室外温度低于 5℃时，空气预热温度控制系统补偿了一部分热量，降低了由新风扰量带来的干扰量 1。与夏季工况类似，冬季工况温度控制仍然是一个单回路的闭环系统。因此，具有自动修正被控量偏离给定值的能力，控制精度高。

3）空调系统过渡季节自动控制的实现

过渡季节，当需要夏季模式工况时，按夏季模式进行自动控制；当需要冬季模式工况时，按冬季模式进行自动控制。夏季与冬季模式的自动控制实现形式前面已经分析过，下面分析一下第三种工况模式的自动控制实现形式。此种工况模式的自动控制步骤与框图如图 9-19 所示。

（1）室内湿度的自动控制。

由露点温度传感器 K_2 测得的露点温度 θ_{dc} 与露点温度给定值 θ_{dg} 所得的差值作为调节器的输入，输出值为混合风蒸汽加湿器的阀门开度，以控制混合风处理后的露点温度为一恒定值，达到送风状态点，控制室内空气相对湿度。其空气处理过程对应于图 9-19 中 L—O 的干蒸汽加湿过程。

反馈控制系统框图如图 9-25 所示。

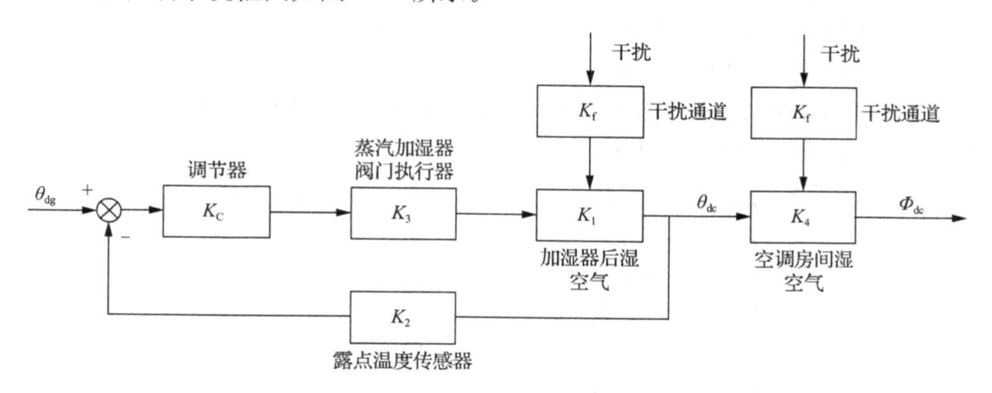

图 9-25　过渡季节室内湿度控制系统框图

其中，沿框图方向第 1 部分干扰来自从室外引进的新风湿负荷，该负荷随室外气候的变化而变化，产生扰量。第 2 部分干扰来自室内湿源和维护结构传湿而引起的湿负荷的扰动产生的扰量。

（2）室内温度的自动控制。

由干球温度传感器 K_2 测得的室内温度 θ_c 与温度给定值 θ_g 所得的差值作为调节器的输入，输出值为混合风表冷器的阀门开度，使混合风处理后达到送风状态点所对应的温度值，以控制室内空气温度。其空气处理过程对应于图 9-19 中 C—L 的干冷却过程。

反馈控制系统框图如图 9-26 所示。

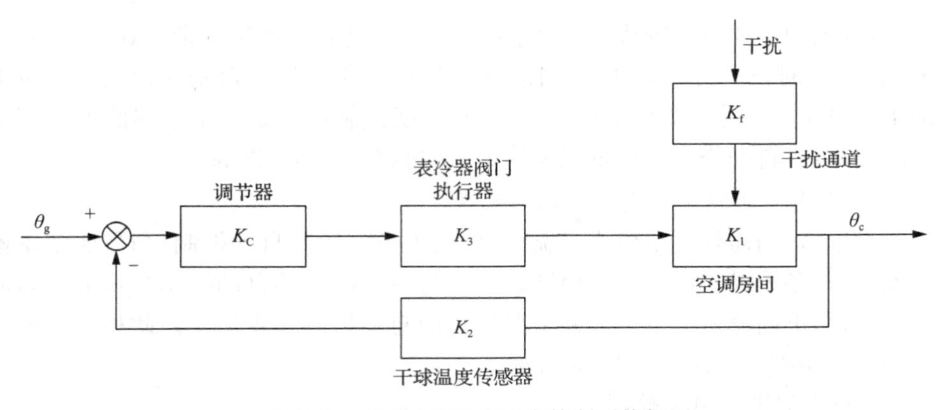

图 9-26　过渡季节室内温度控制系统框图

2. 恒温恒湿空调变露点调节

1）变露点调节的必要性

（1）室内余热量和余湿量对露点的影响。

室内余热量和余湿量均变化，将使室内热湿比 ε 变化，而由于室内余热量 Q 和余湿量 W 减少程度的不同，ε 可能减少也可能增大。

图 9-27 中，如果送风状态不改变，送风参数将沿着 ε′方向变化，最后得到室内状态为 N'，偏离了原来的室内状态 N。

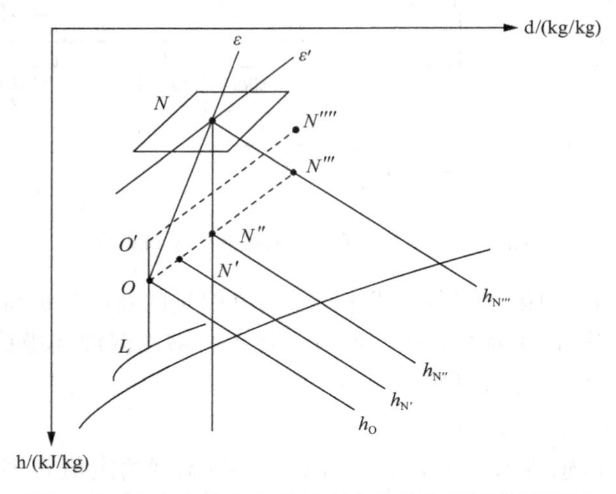

图 9-27　室内余热和余湿均变化定露点调节的焓湿图

在设计工况下：

$$d_N - d_O = 1000\,\frac{W}{G} \tag{9-5}$$

$$h_{\mathrm{N}}-h_{\mathrm{O}}=\frac{Q}{G} \tag{9-6}$$

而当 $\varepsilon'<\varepsilon$ 时，则

$$d_{\mathrm{N'}}-d_{\mathrm{O}}=1000\frac{W'}{G} \tag{9-7}$$

$$h_{\mathrm{N'}}-h_{\mathrm{O}}=\frac{Q'}{G} \tag{9-8}$$

当 $W'<W$、$Q'<Q$ 时，有 $d_{\mathrm{N}}-d_{\mathrm{L}}>d_{\mathrm{N'}}-d_{\mathrm{L}}$，$h_{\mathrm{N}}-h_{\mathrm{L}}>h_{\mathrm{N'}}-h_{\mathrm{L}}$。

若用加大再热来调节，则 O 点可以竖直向上移至 O' 点，最终室内状态点落在了 N'''' 点处，虽然室内温度满足了要求，但是相对湿度却超出了菱形区域。室内要求的空调精度越高，菱形区域就越小，定露点调节的温湿度不相容性矛盾就越突出。

当室内热湿负荷变化不大，且室内无严格精度要求时，或 N' 点仍在允许范围内时，则不必进行调节。如前所述，用定露点调节再热的方法，室内状态点仍超出允许参数范围，则必须使送风状态点由 L 变成 O。显然，$h_{\mathrm{O}}>h_{\mathrm{L}}$，$d_{\mathrm{O}}>d_{\mathrm{L}}$，由此可见，为了处理得到这样的送风状态，不仅需要改变再热，还需要改变露点。

（2）系统风量变化对露点的影响。

即使在定风量系统中，如果不对系统风量进行定风量控制，那么随着空调系统运行时间的延长，过滤器的阻力会不断增大，后期会对系统总风量产生较大影响。特别是高效过滤器对整个系统风量的影响。如果不对系统进行定风量控制，那么随着过滤器阻力的增加，到报警前风量会减少将近 15%。如果系统采用定露点控制，Δd 不变，那么风量的减少会导致送风承担的湿负荷 $W=\Delta dG/1000$ 也减少，在室内余湿量不变的前提下，导致室内湿度增加。

2）改变机器露点的方法

对于具有一次回风的纯蒸汽加湿恒温恒湿空调系统，改变机器露点的方法主要包括改变新风与回风混合比、改变表冷器以及纯蒸汽加湿阀门开度。

改变新风量受到很多条件的限制：①风阀本身精度不够；②除过渡季节有限的时间段外，增大新风量不但会增加新风扰量，还会增加冷负荷，造成能量浪费；③对于有洁净度要求的净化空调，增大新风量会增大净化负担，不但空调房间的洁净环境受到影响，还会折损过滤器的使用寿命。所以，改变机器露点的方法一般多采用改变表冷器或者纯蒸汽加湿阀门开度的方法。

9.2.4　恒温恒湿空调的节能研究

1. 空气处理方式不当产生的附加能耗

空调系统工艺机理给出了不同工况下各空气处理设备应采取的动作规则。本

节主要讲述恒温恒湿空调系统在空气处理方式不当条件下造成的运行方式以及由此所产生的不良后果。

夏季空调控制系统的滞后性、空调控制策略选取的不合理性等原因，致使空调系统在降温除湿的过程中除湿量太大，在送入房间前因为送风温湿度都没达到设定要求，还要对送风进行加热和加湿处理。具体的焓湿图如图 9-28 所示。

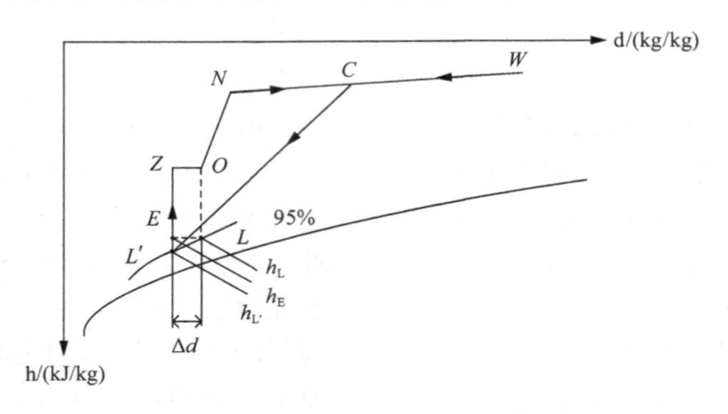

图 9-28　空气处理不当方式(一)焓湿图

W-室外空气；N-室内空气；C-混合风；L-理想情况下降温去湿后混合风；L′-实际降温去湿后混合风；Z-干加热后混合风；O-送风；E-从 L′到 Z 过程中与 L 点相同温度的状态点

由图 9-28 可知，浪费的能量为

冷量 $$Q = G(h_L - h_{L'}) \tag{9-9}$$

热量 $$Q = G(h_E - h_{L'}) \tag{9-10}$$

蒸汽量 $$W = \frac{G\Delta d}{1000} \tag{9-11}$$

而加湿用的蒸汽是通过加热得到的。

同理，冬季空调控制系统的滞后性、空调控制策略选取的不合理性等原因，致使空气处理以夏季的方式运行，空调系统先进行降温除湿的过程，使空气处理过程以不当的方式进行。

由图 9-29 可知，浪费的能量为

冷量 $$Q = G(h_C - h_E) \tag{9-12}$$

热量 $$Q = G(h_E - h_{L'}) \tag{9-13}$$

蒸汽量 $$W = \frac{G\Delta d}{1000} \tag{9-14}$$

而加湿用的蒸汽是通过加热得到的。

处理空气的再热过程由图 9-29 中的 L'—Z 表示，通常的恒温恒湿空调系统为

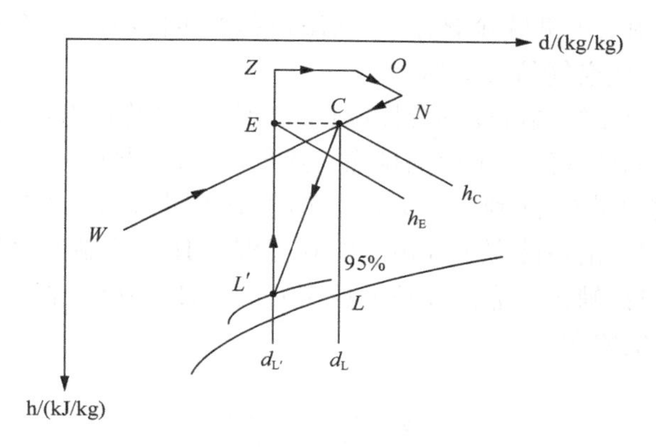

图 9-29　空气处理不当方式(二)焓湿图

W-室外空气；N-室内空气；C-混合风；L-理想情况下降温去湿后混合风；L'-实际降温去湿后混合风；Z-干加热后混合风；O-送风；E-从 L' 到 Z 过程中与 L 点相同温度的状态点

定风量系统，当房间冷负荷减小而制冷系统的制冷量又不能调节时，只能通过调节送风温度来维持室内的空气参数，即必须加大再热量提高送风温度，而实现再热的基本途径是使用电加热器，冷热抵消现象十分严重，这样将造成冷热抵消的负荷更大，能源浪费更严重。

2. 传统恒温恒湿机存在的问题

为保证具有较高的温湿度控制精度，传统的恒温恒湿空调系统在空气的处理过程中存在非常大的热湿补偿损失，同时由于系统通常运行在最大系统容量下，与负荷匹配不当导致大量的能量浪费，而为了保证室内空气品质，系统需要确保一定的新风量，这也增加了系统的能耗。研究显示：对于需要常年运行的空调系统，若采用合适的节能技术，则能使空调系统节能 20.0%～50.0%。

近年来，国内外学者越来越重视恒温恒湿空调系统的节能问题，对恒温恒湿空调系统的节能研究也越来越多。其中，《温湿度独立控制空调系统的设计方法》、《恒温恒湿空调系统的优化控制与性能模拟》、《空调系统节能浅谈》、《空调系统的节能问题探讨》等文献对传统恒温恒湿空调系统存在的问题进行了总结。

(1) 传统恒温恒湿空调系统表冷器统一采用 7.0℃冷冻水供水，造成能源品位上的浪费。并且传统系统冷冻水流量一般固定不变，从而造成表冷器出口空气过冷，需要加热器再热补偿，加湿器加湿补偿，消耗大量能量。

(2) 传统恒温恒湿空调系统设计容量以最大负荷为基准，且固定不变，全年运行造成很大的能量浪费。

(3) 传统恒温恒湿空调系统一般采用定风量，大部分时间造成风量过余，产生很大的能量浪费。

（4）传统空调采用机械除湿方法，除湿过程产生的冷凝水给微生物提供了滋生繁殖的环境，造成空气品质下降。

针对传统空调系统温湿度耦合控制造成能量浪费的缺点，热湿独立控制的空调系统单独使用固体或液体干燥剂排除潜热负荷，将热湿负荷分开处理，从而独立控制室内的温度和湿度，达到节省更多能量的目的。因此，其近年来受到人们的广泛关注，发展迅速。溶液除湿和固体除湿在温湿度独立控制方面具有较好的节能效果，但是由于目前缺少可靠的高精度控制方法，所以冷凝盘管除湿仍然是目前恒温恒湿系统主要的除湿方式。

参考文献

陈明. 2007. 模糊控制技术在恒温恒湿空调中的研究与应用. 西安：西安建筑科技大学.

崔远定. 2004. 空调系统节能浅谈. 江西煤炭科技，(01)：18-19.

郭妹娟，解国珍. 2008. 空调系统的节能问题探讨. 制冷空调学科教育教学研究，403-406.

黄祎林，吴兆林，周志钢. 2008. 热泵除湿技术的应用与发展. 化工装备技术，29(1)：17-21.

李程伟. 2012. 基于模糊控制的医用恒温恒湿系统的研究及应用. 广州：华南理工大学.

李申，沈嘉，张学军，等. 2012. 恒温恒湿空调系统的优化控制与性能模拟. 制冷学报，33(1)：22-27.

马一太，张嘉辉. 2000. 热泵干燥系统优化的理论分析. 太阳能学报，21(2)：208-213.

王培. 2008. 恒温恒湿空调系统的节能研究. 南京：南京理工大学.

张昌. 2008. 热泵技术与应用. 北京：机械工业出版社.

张原. 2008. 温湿度独立控制空调系统的设计方法. 科技情报开发与经济，(35)：191-192.

赵荣义，范存养，薛殿华，等. 2009. 空气调节. 4 版. 北京：中国建筑工业出版社.

Bannister P, Carrington G, Chen G. 2002. Heat pump dehumidifier drying technology-status, potential and prospects. Proc. of 7th IEA Heat Pump Conference, 1: 219-230.

Chua K J, Chou S K, Ho J C, et al. 2002. Heat pump drying: recent developments and future trends. Drying Technology, 20(8): 1579-1610.

Hawlader M N A, Chou S K, Jahangeer K A, et al. 2003. Solar-assisted heat-pump dryer and water heater. Applied Energy, 74(1): 185-193.

JGJ 25—2010，《档案馆建筑设计规范》.

JGJ 66—2015，《博物馆建筑设计规范》.

Lee K H, Kim O J, Kim J R. 2008. Drying performance simulation of a two-cycle heat pump dryer for high temperature drying. Drying Technology, 28: 683-689.

Nekså P. 2002. CO_2 heat pump systems. International Journal of Refrigeration, 25(4): 421-427.

Perera C O, Rahman M S. 1997. Heat pump dehumidifier drying of food. Trends in Food Science & Technology, 8(3): 75-79.

Schmidt S L, Klocker K, Flacke N, et al. 1998. Applying the CO_2 transcitical process to a drying heat pump. Int. J. Refrigeration 21, 202-211.

Zhang X J, Xiao F, Li S. 2012. Performance study of a constant temperature and humidity air-conditioning system with temperature and humidity independent control device. Energy and Buildings, 49: 640-646.